JINXIANG SHIYANG ZHIBEI YU XIANSHI JISHU

金相试样制备与显示技术

（第二版）

韩德伟　张建新　编著
田荣璋　审定

中南大学出版社
www.csupress.com.cn

序

我很喜欢并长期从事金相分析工作，《金相试样制备与显示技术》一书是我策划和组稿的，在作者撰稿过程中，我们又经常在一起切磋问题，出版社委托我对该书进行审定，作者让我作序，不敢推辞。

用光学显微镜观察金属磨面，研究其组织微观形貌与成分和性能的关系，是英国科学家索尔拜(H C Sorby)于 1860 年第 1 次尝试，并于 1864 年在历史上最早发表关于金属显微组织的论文。此后，光学显微镜逐渐成为研究和检验金属材料组织的有效手段。正因为如此，"金相学"被认为是金属学的先导和形成基础，也是早期金属学的代名词。"金相学"后来被推广到其他学科(如矿相学)，乃至从以研究金属材料为对象的技术，拓展到所有材料都应用的一门技术。

大约在 20 世纪 40 年代，电子显微镜腾空出世，不受光波限制，分辨率比光学显微镜高得多。70 年代，高分辨率电子显微术问世，可以观察到单个晶胞内的原子排列。1982 年，宾宁(Binnig)等发明了世界上第 1 台扫描隧道显微镜(STM)，有极高的分辨率，分辨率可达 0.01 ~ 0.001 nm。电子显微镜点分辨率达 0.19 nm，点阵条纹分辨率达 0.102 nm。而光学金相显微镜最大分辨率约为 160 nm。1965 年又出现扫描电子显微镜(SEM)，它可以对约 1 μm 微区大小范围进行材料形貌、成分、结构与取向的综合分析。

　　那么，是不是光学金相显微镜就可以不用或少用了呢？不然，各有各的用途，各有各的长处和不足。目前，金相分析技术仍是材料科学与工程领域最广泛应用的，简单易行的，高效实用的研究和检验方法。金相检验则是各国和 ISO 国际材料检验标准中的重要物理检验项目类别。金相检验分析技术成熟，设备成套，购价便宜，安装容易，操作简便，大小单位都会有能力购置、安装和使用，已成研究、检验金属材料不可替代的常用的一种方法。

　　在过去的几十年中，有过许多关于金相图谱，包括铝合金的、铜合金的、钢铁材料和各种金属及合金的图谱等的著作出版。这些著作对新材料的开发、新工艺的研究；对现场生产工艺和产品品质的监控；对争议的分析、判断和解决，都起到了可贵的作用。

　　我国著名的冶金学家周志宏教授生前曾说过："出色的金相图片是材料与艺术的相互辉映，令人爱不释手。"而"优秀的金相图片，无一不需金相工作者付出大量的精力和心血"。拍摄出优秀的金相图片和对金相试样做精确的分析，固然和金相显微镜的改进、完善和发展有关。但是，没有精湛的金相试样制备与显示技术，有再好的金相显微镜也是枉然。

　　金相检验分析(包括用放大镜或肉眼宏观分析低倍组织)的基本方法是：在待检验的材料上截取试样，打上标记，小的需要镶嵌。然后进行粗磨光、细磨光及精抛光。试样制备完后，再进行组织显示，一般采用化学浸蚀方法，将材料组织蚀刻突显出来，这就是《金相试样制备与显示技术》一书的内容，也是金相分析最关键的工作。金相分析是否正确，图片拍照是否精美，都与这些操作有关，因此说这本书是金相分析必备的应用技术书籍。

在我与作者一起研究资料和审定《金相试样制备与显示技术》一书时，深深感到作者具可深厚的理论基础和丰富的实践经验，用心良苦，把自己多年的实际心得揉入其中，使书稿内容充实而全面，说理清楚，举例实在，紧扣实际应用解决难点，此前尚未见过像这样一本专门讲述金相试样制备与显示技术的书籍，可以说它既是一本专著，又是一本带有手册性质的工具书，是一本不可多得的好书。但是，不能说就十全十美了，有些问题需再版时改进、完善和补充。

作者韩德伟和我是多年共事的老朋友，他老当益壮，退休后在短短的几年内，连续地编撰出版两本书，是值得学习的好榜样。

韩德伟编写的《金属硬度检测技术手册》，2003年才出版，他和张建新合编的《金相试样制备与显示技术》又付梓，可喜可贺。韩德伟非常谦虚，老是说这两本书都是"应用技术"，别人不愿意写我来"滥竽充数"。我看不然。应用技术的图书要有实践经验的人才能编写得出来，才能对现场实际工作人员有教育、指导和技术支持的作用。不重视应用技术就提不高科研、教学质量和产品品质，这是在我国近些年来的实践中证明了的。

中南大学出版社长期重视并真心实意地想在应用技术上下点功夫，组织出版了《铝合金及其加工手册》、《铜合金及其加工手册》，都是填补我国空白的大型工具书，对我国铝和铜的加工业发展及提高加工技术水平起到了推动、支撑和服务的作用。《金属硬度检测技术手册》，深受第一线从事金属力学性能检测工作的读者好评，第 1 次印刷 3000 册，很快售罄。《金相试样制备与显示技术》一书，在未出版之际，已有 1200 册订数，说明市场的需求。正在组织编写的《钛合金应用技术手册》，预计年内交稿……

我觉得中南大学出版社有远见卓识，我们国家太需要应用技术的图书啦，如果能把"应用技术"图书抓下去，对国家科技进步、教学质量提高和产品品质监控定有好处。

统计一下上述几种图书的作者，绝大多数是离退休的老教师、老专家和老工程技术人员。这些人，几十年从事专业工作，有深厚的理论知识，也有丰富的实践经验，还有运用文字整理资料的能力，像这样的离退休科技工作者，是国家的重要财富，不可小视。

另外，《金相试样制备与显示技术》一书的作者，一位是学校长年从事教学的老教师，另一位是多年从事金相制样用品生产的技术人员，二人结合在一起编书出版，应是理论与实际，学校与企业相结合的楷模。

田荣璋

2005 年 4 月

前　言
（第一版）

　　多年来，笔者长期从事金相技术教学和实验室工作，在工作中深切体会到金相试样制备与显示技术对金属研究工作之重要。由于这属应用技术，常在相关图书中有简要介绍，很少见到专门讲述金相试样制备与显示技术的书籍。

　　现在，有了时间，笔者将过去多年收集的一些资料整理出来，又查阅一些相关图书、手册，加上多年工作中的一些体会和本书编写合作者无锡港下精密砂纸厂张建新厂长有多年制造金相器材的经验，合作编写成此书，供读者查阅，也是希望给相关人员一点方便和帮助。

　　全书除绪论外，分通论和各论两篇，通论是讲共性，金属材料金相试样制备与显示技术的基本机理；各论是对每类金属材料，如钢铁、常用有色金属(铝、铜、镁、钛、铅、锌、锡及其合金等)、粉末冶金(包括硬质合金)、粉末烧结材料、钢结硬质合金、金属陶瓷以及高温合金等，均分章、节地论述了有关试样制备及显示技术的特点。此外，对难熔金属、贵金属、稀有金属、半金属及其合金的金相试样显示也提供了与其相适用的浸蚀剂。为了使书内容更全面些，对上述金属材料及零件的低倍组织及缺陷试样制备及显示技术，也作了论述。总之，作者想努力地把书编好，内容充实实用，图文并茂，并使其具有手册功能。

　　书中"举例"，有的是作者本人或作者所在单位同事的工作；也有的是从同行撰写的书籍或杂志或学会交流论文(资料)中择选的；还有的来自相关标准，想借此证明本书所述内容的有效和复现性,增加读者对本书内容的认同感。

本书内容适用于大、中、小型机械、冶金、金属材料加工厂金相室和与金属材料有关的高等院校、研究院所的工程技术人员、教师、研究生及高年级相关专业学生参考使用;亦可供作金相技术办班用书、技术人员等级培训、等级考试学习班作为教材选用。

本书的编写和出版,要特别感谢中南大学出版社及出版社原社长兼总编辑田荣璋教授给予的大力支持和帮助。在本书编写过程中,从选题至纲目设定,田教授都给予了具体的关心、帮助和指导;在审定时反复推敲、字斟句酌,认真修改直至定稿付样。

上海材料研究所李炯辉高级工程师、北京有色金属研究总院王桂生高级工程师、湖南机械工程学会原理化分会主任朱旭仁高级工程师、中南大学材料科学与工程学院及李红英教授、周善初教授、谢先娇高级实验师对本书的编写都给予了具体的关心和帮助;以及在编写本书时所用参考资料及学会交流论文的原作者、标准起草人和相关出版者一并表示衷心感谢。

由于编写人水平所限,不当和失误之处,祈请赐教和指正。

韩 德 伟

2005 年 1 月于中南大学

前　言
（第二版）

　　《金相试样制备与显示技术》一书，第一版是在田荣璋教授大力帮助和审定后，于2005年5月由中南大学出版社出版的，印5000册，投放到市场立刻受到读者青睐和好评。中国金相分析网做了全面介绍，并说该书是一本非常好的金相专业书籍。在网上也有很多读者夸奖说该书能解决有关金相的所有问题。客户评级为5星，9.5分。有人还认为这本书是相当不错的，装帧精良，内容上继承了传统的制备技术，又结合了新的方法，理论联系实际，全面易懂，非常适用，不可多得，可谓是金相工作者的随身手册和良师益友。该书出版不到三年就已售罄，之后不断遭到盗版，很多人在网上求助，学生互相传阅或复印。有人把该书做成电子文档被频繁下载，很多读者通过多种方式要求再版，这些对作者是极大鼓励。但书中不足之处多多，作者心知肚明，若想再版不是轻而易举之事，需下番苦功夫。

　　我已退休多年，这些年虽做一些笔耕服务之事，因年事已高，有力不从心之感。张建新同志（手机号：13906173338）忙于业务又无暇顾及，但在多方面的鼓励下，特别是田荣璋教授的精神支持和帮助，使我鼓起勇气，下定决心实现再版。

　　根据各方面的意见和田荣璋教授的指导，我想尽力对书稿进行修改和补充，使其更加完善和实用。

　　第一版金相组织显示方法中，对浸蚀法、干涉层法、高温浮凸法等等都有介绍和讨论，唯独对光学法省掉了笔墨。实际上光学法中的明场、暗场、偏振光、相衬等均在金相组织显示中有特别或多的应用，因此，趁第二版机会对光学显示方法内容作了简要补充，以求补正。关于不锈钢、工模具钢及高温合金方面的金相样品制备与显示技术以及相关资料需求颇多，在第二版中，做了重点补充。此外，还补充了像快速固化冷镶嵌、砂轮切割片系列、特性及适用、抛光织物材质及适用等等资料。附录中原有的金相标准目录全部更新成国家现行的标准目录。再版不易，尽可能地将书中错误减少到最低限度。

想象是美好的，结果要靠实践来检验。等书再版后，请读者和专家多提意见。

在书稿的修改、补充过程中，得到了深圳市标准技术研究院郑蔚敏、韩静二位同志提供中国现行金相国家标准的帮助。史海燕编辑在出版社内部帮助作者办理出版手续。唐仁政、李松瑞、周善初、邓至谦和谢先娇等诸教授给予作者多方面的支持和鼓励。特别应该提到的是我的师辈——金属材料著名专家、政府特殊津贴获得者、资深高龄的田荣璋教授，不辞辛苦，帮助作者计划、修改、编写，然后又逐字逐句地认真斧正、审定。没有上述诸位的热情帮助和辛勤劳动，本书不可能顺利完稿和出版。我和张建新同志在此对他们一并表示感谢！

编著者　韩德伟

2013 年 12 月 12 日

目 录

第 1 篇 金相试样制备与显示通论

第2篇　金相试样制备与显示各论

第3篇　低倍组织及缺陷试样制备与显示

绪 论

    1864 年英国科学家索尔拜(H C Sorby)首创了在显微镜下观察金属材料微观形貌的方法。他的成就在于开创了利用光学金相显微镜和试样制备及显示技术方法,从而打开了人类认识研究金属微观世界的大门。多少万年来,人类只能依赖眼睛的自然鉴别能力(人眼鉴别能力 D 值在 >0.15 mm)认识客观物体。自显微镜应用以后,通过显微镜能观察认识远远小于人类眼睛自然鉴别能力的细节。随着科学技术的进步与发展,金相显微镜不论在结构上和光学系统上都有了很大的改进。但因为光学金相显微镜受到光源波长和观察对象细节衍射效应以及透镜成像的物理规律所限制,发展到现在其鉴别能力 D 值约为 2×10^{-4} mm(~ 200 nm),有效放大倍数在 1000 倍左右。

    20 世纪 30 年代出现了电子显微镜,电子显微镜是采用比可见光波长短很多的电子波作为光源,其分辨本领远远超过了光学显微镜,其鉴别能力已能达 $0.3 \sim 0.5$ nm,即与金属点阵中原子间距相当,可以使晶体薄膜样品中周期性的点阵平面、原子面或晶面得到清晰的观察。此外,微观形貌分析的仪器还有更新的发展,从光学显微镜(OM)发展到电子显微镜(TEM)、扫描电镜(SEM)、场离子显微镜(FTM)和扫描激光声成像显微镜(SPAM)等。其他还有如图像分析仪,高、低温显微镜、高压电镜等等。

    在金相学研究中正是利用这些新仪器才得以研究金属及其合金的微观组织以及在高、低温下,在受各种外力作用下微观组织相应发生的变化规律。

    这些金属微观形貌结构分析仪器结构精密、操作复杂,设备投资和维护费用大，目前仍属贵重仪器设备。光学金相分析技术的主要工具是金相显微镜，从研究微观组织及其结构特点，人们把光学金相显微镜和电子显微镜以及场离子显微镜等都归纳入金相学的研究范畴，但它们之间鉴别能力和有效放大倍数差别很大，请参见图 1 所示。

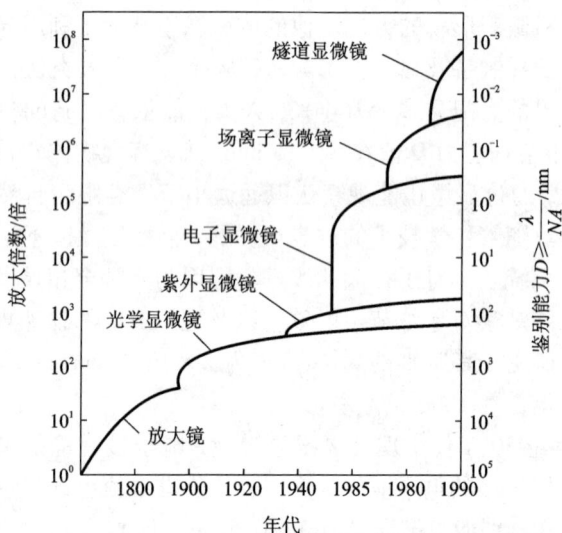

图1　金相微观仪器的进展

图 1 中鉴别能力 D 值公式应用为 $D \geqslant \dfrac{\lambda}{NA}$，式中 NA 值为金相显微镜的物镜数值孔径，λ 为光源波长。数值孔径 NA 是反映物镜的集光能力，集光能力与进入物镜之光线锥所张开的角度——孔径角有重要关系。根据理论的推算和试验证明：显微镜对于试样上细节部分的鉴别能力，主要决定于孔径角的大小，孔径角大，从试样上反射进入物镜的光线就越多，使细节小的 1 级反射

极大值也能进入物镜，鉴别能力就高、呈像鲜明且清晰。在物镜上看到标有 0.20、0.65、0.95 等数值，即为 NA 值。$NA = n \cdot \sin\varphi$ 式中 n 为物镜与试样之间的介质折射率；φ 为物镜孔径角的半角，φ 亦称为角孔径。物镜的孔径角一般不超过 140°，因此 φ 一般不会超过 70°，当角孔径 φ 为 70° 时则 $\sin\varphi = 0.94$，对于干系统镜时，介质为空气，n 为 1，当介质用松柏油时 $n = 1.515$，则其最大数值孔径 $NA = 1.42$。当介质用 α 一代溴萘为介质时 $n = 1.658$，最高数值孔径 $NA \approx 1.60$。

从以上简要讨论和图 1 中看出，其鉴别能力在 300 nm 左右，如用斜射光照明 $D \geqslant \dfrac{\lambda}{2NA}$，则鉴别能力可达 200 nm 左右。

而电子显微镜因为其电子光波波长很短，所以其分辨能力已能达 0.3 ~ 0.5 nm，有效放大倍数可达几十万倍左右。

光学金相显微镜和电子显微镜、场离子显微镜等，比较它们之间分辨能力和放大倍数差别很大，但由于光学金相显微镜比较简单，实用性大，应用最为广泛，因此至今仍是研究分析金属微观组织最常用的一种方法。通过这种方法使人们可以了解到金属微观组织的一些客观特征和通过某些工艺处理以后引起的组织变化规律，从而作为金属科学研究方法应用于机理探讨、新合金、新工艺的研究等诸多方面。特别是在应用于生产实践中时，是控制产品质量和监测与改进工艺的重要常规试验方法之一。

近些年国际金相学会议上提交论文中仍有相当比例完全用光学金相技术研究获得成果。或部分使用光学金相与电子显微术相结合开展研究工作。由此可见，尽管近代在科学研究中已更多应用电子显微分析技术，但光学金相分析技术仍然不会失去其应用的重要和广泛性。

在利用金相显微镜分析研究金属及其合金过程中，除科学合理地使用显微镜以及准确判定和分析外，应特别注意到研究和评价材料微观组织形貌、结构的对象和依据是金相试样，因此，应认识到优良的金相试样取样制备及显示技术在金相分析工作中是具特别重要的环节。本书中的内容以介绍金相试样制备及显示技术为主，也包括低倍试样的制备与显示。

金相试样制备过程中，从选样、取样、磨光和抛光至显示出金相组织供最终在金相显微镜下进行观察分析和记录(包括利用胶卷、胶片、计算机电子版及数码相机记录等多种方法)等全过程有多个步骤，每一环节都不应忽视，都应严格认真处理，否则很难获得正确的理想的结果。

金相试样制备流程如图2。

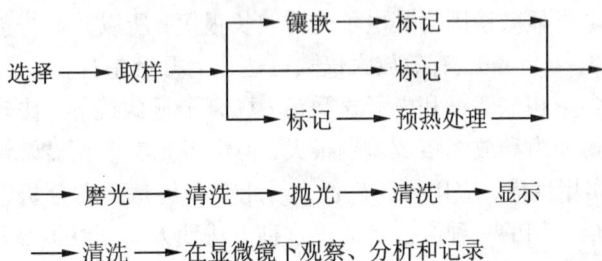

图2　金相试样制备流程图

第 1 篇

金相试样制备与
显示通论

第 1 章　　金相试样制备

1.1　试样取样与标记

　　金相分析中正确的选取试样是为获得客观准确分析结果提供先决的重要条件。否则由于忽视和不当取样，往往会影响分析结果的准确，甚至会导致错误的判定。

1.1.1　取样原则

　　1）检查对象，如有技术标准或协议规定的，应按规定取样。

　　2）应在工件或材料确具代表性的部位取样。

　　3）压力加工材应同时截取横向及纵向金相试样。对于长的压力加工材，如管、棒、线（丝）、板、带（条）材，还应分别在两端截取试样。

　　横向试样垂直于变形方向截取；纵向试样沿平行于变形方向截取。

　　4）对经过一系列整体热处理后的机械零件，其内部组织是较均匀的，可以截取任一截面的试样。

　　5）生产过程产生的废品及机械零件的失效分析，一般应在破损处取样，同时还应在远离破损处取样，以便作比较分析。取样检测后应注意保存残体，以便重复和补充验证检测之用。新的破损及断口应注意对破损及断口处保护，勿使污染以利观察分析。

　　6）作材料的工艺研究时，应视研究目的的不同在相应位置取样。

7）作工艺检验的样品，应包括完整的加工处理和影响区，例如：热处理应包括完整的硬化层；表面处理的应包括全部喷涂和渗镀层；铸件应从表面到中心；焊接件应包括焊缝、热影响区和基体。

1.1.2　纵、横断面主要检查项目

1）纵断面检查

（1）观察金属的变形程度，如有无带状组织等；

（2）鉴别和评定非金属夹杂物的类型、形态、大小、数量和分布及等级；

（3）化合物的形状、分布以及偏析情况；

（4）轴和曲轴等工件中不同截面的过渡区（α角区）、焊接部位的纵截面（包括焊缝金属、熔合线、热影响区、母材）等的组织及缺陷。

2）横断面检查

（1）金属夹杂物相以及自边缘至中心各部位金相组织的变化（包括过烧）情况；

（2）非金属夹杂物的类型、大小、数量及在横断面上的分布；

（3）显微组织中晶粒的大小及晶粒度；

（4）经表面处理后（如表面淬火、化学热处理、镀层、喷涂层等）的组织及层深；

（5）表面缺陷：如脱碳、氧化、腐蚀层深度、裂纹等检查；

（6）碳化物网级别，等等。

1.1.3　试样截取时应注意事项

1）防止试样在截取过程中出现过热，以免试样组织因受热而发生变化。特别是用火焰切割或电弧切割引起局部熔融时，应

将熔融部分及附近出现的过热部分完全去除。用金相试样切割机或普通砂轮片切割机切割时均应用水充分冷却，使最终获得不受温度影响的理想试样。

2）无论采用何种切割方法，都会在试样的切割面形成程度不同的变形层，这一变形层会对金相组织产生影响，因此在切取时应力求将变形层减至最小。如用金相试样切割机切取时，对砂轮切割片的厚度、粒度以及切割速度均应选取和控制。

3）截取样品时应注意保护试样的特殊表面：如热处理表面强化层、化学热处理渗层、热喷涂层及镀层、氧化脱碳层、裂纹区以及废品或失效零件上的损坏特征，不允许因截取而损伤。

4）对试样的切割位置、形状、大小、磨面选择确定后，在试样上打上标记并作好准确记录。

5）推荐取样尺寸。推荐取样尺寸见图1.1。

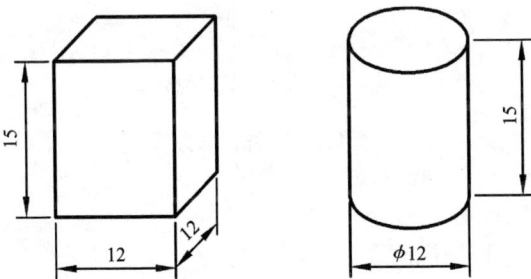

图1.1　金相试样尺寸

GB/T 13298—91 金相显微组织检验方法中，推荐试样尺寸以磨面面积小于 400 mm²，高度 15～20 mm 为宜。

1.1.4　试样截取方法及设备

1）试样截取方法

常用试样截取方法如图1.2。

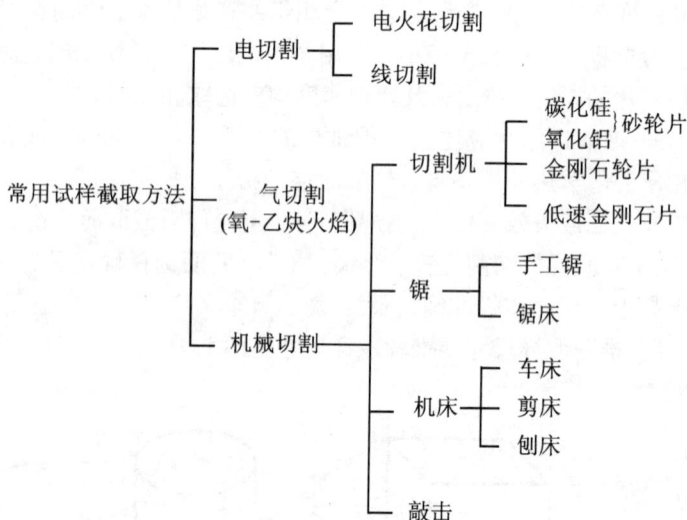

图1.2　试样截取方法

（1）机械切割

① 试样切割机截取

在图1.2试样截取方法中，最常选用的为金相试样切割机截取。它适用于各种硬软材料的切割，具有切割面平整，较光洁，变形层较薄等优点。

这类切割机使用自耗或非自耗切割轮片。自耗式砂轮切割片有两种，一种为碳化硅片，另一种为氧化铝片。砂轮片磨料有粗有细，粗粒切割速度快，细粒的切口光滑。砂轮片粘结剂有树脂和橡胶两种，树脂砂轮片只适用于干法切割，橡胶砂轮片则适用于湿法切割。金相试样切割机均用液体介质冷却和润滑。

自耗式砂轮片通过粘结牢度控制砂轮片的硬度。"软"砂轮片粘结较疏松，磨料容易暴露和脱落。其磨损速度快，适合切割硬材料。硬砂轮片孔隙度较小，其磨损速度慢，因而适合切割软材料。

金相用自耗式砂轮切割片：砂轮切割片系列、特性及适用参见表1.1。

表1.1　切割片系列、特性及适用材料

系列	材料	产品特性	规格/mm	适合切割的材料
S 硬	棕刚玉 A	产品硬度：较硬 适应切割材料的硬度：HRC50 以下 消耗速度：中 线速度：60 m/s	$\phi250\times2\times32$	球墨铸铁，可锻铸铁，高磷铸铁，合金铸铁，青铜及末淬火钢等
			$\phi300\times2\times32$	
			$\phi350\times2.5\times32$	
P 软	棕刚玉 A	产品硬度：较软 适应切割料的硬度：HRC50 ~ 60 消耗速度：快线速度：60 m/s	$\phi250\times1.2\times32$	优质碳素钢，合金工具钢，合金结构钢，碳素工具钢，不锈钢，轴承钢及淬火钢
			$\phi250\times1.5\times32$	
			$\phi250\times2\times32$	
			$\phi300\times2\times32$	
			$\phi350\times2.5\times32$	
			$\phi400\times2.8\times32$	
S 硬	碳化硅 GC	产品硬度：较硬 消耗速度：中 线速度：60 m/s	$\phi350\times2.5\times32$	灰口铸铁，黄铜，铸铝，铝合金，钨，钼，锌等
P 软	铬刚玉 PA	产品硬度：较软 适应切割材料的硬度：HRC60 ~ 70 消耗速度：快线速度：60 m/s	$\phi250\times2\times32$	特种球墨铸铁，轴承钢，合金结构钢，高速钢，高钒高速钢，不锈钢，合金工具钢，碳素工具钢，优质碳素钢及硬度较高易烧伤的工件
			$\phi300\times2\times32$	
			$\phi350\times2.5\times32$	

金相用砂轮片实物照片见图1.3。

图1.3　金相用砂轮片

金相试样切割机实物照，以 Q—4 型为例见图1.4。除此之外，还有 GQ—1 型、GQ—2 型、Q—100 型等。

非自耗式金刚石轮片专用于低速切割机上，金刚石轮片是在圆形金属片的边缘部分用粘结剂粘上一薄层金刚石粉，有非常好的切割效果，对试样表面损伤较小，适用于印刷电路板之类的精密及高硬度材料的切割。

低速金刚石(轮片)切割机标准转速为 200 r/min，轮片厚度一般为 0.15~0.38 mm，直径为 $\phi76~\phi152$ mm。SYJ-150 型低速金刚石片切割机实物照片见图1.5，其切割示意图见图1.6。

② 手工锯

适用于硬度不高于 350HBS 的材料和零件，如经正火、退火、调质处理后的低碳、中碳钢。特别适用于铜、铝、锡、铅等有色金属及其合金的切割。

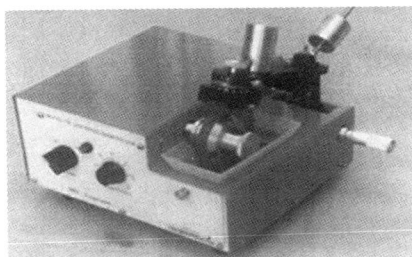

图 1.5　SYJ－150 型
低速金刚石片切割机

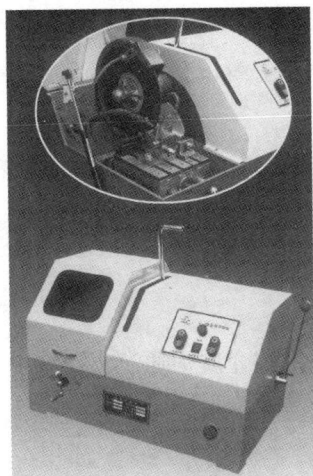

图 1.4　Q—4 型金相
试样切割机照片

最大切割宽度　60 mm
最大切割高度　80 mm
最大切割直径　ϕ60 mm
冷却液可循环使用

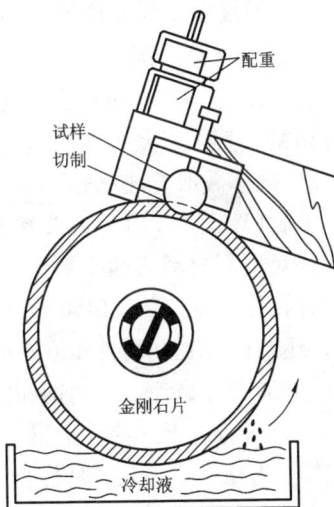

图 1.6　低速金刚石片
切割机的切割示意图

③ 机械切削加工

采用车、铣、刨、剪等机床加工方法获取试样，取得的试样尺寸准确，两端面平行度好，表面较光洁。注意剪切时剪切面有变形。

④ 敲击

适用于高硬度、异形、脆性大的材料，敲击获得的小块试样可通过镶嵌使试样规格化。

（2）火焰切割

适用于厚度大、尺寸大、形状较复杂的被检件进行初步取样的切割，然后再用其他方法将其因火焰切割所造成的热影响区全部去除，最终获得尺寸规范的小试样。

（3）电火花切割

它是采用 ϕ0.16 mm 的钼丝，在绝缘油介质中通过火花放电进行切割。其优点是被切割试样表面平整，光洁度好、无变形。

2）试样截取方法比较

韦勒（Wellner）用 X 射线法和显微硬度法研究了三种试样截取方法对不同材料表面变形层的影响，所采用的截取方法是用氧化铝砂轮片切割（转速 1450 r/min，片厚 1.6 mm）、电火花切割、低速金刚石片切割（转速 150 r/min，片厚 0.3 mm）。被切割的材料有：电解铜、碳钢、不锈钢和钛，其变形层深度见图 1.7。

手工锯切对于一些软金属，如铝、镁、铅、锡、锌、铜及其合金取样，为减小变形层，是最合适的。

电火花切割和线切割适用于一些特硬材料。

3）试样截取后的相应处理

试样截取后，应根据试样材料特征、检测目的、试样形状等情况分别进行不同的处理。

（1）预先处理

试样规则，又不需要进行热处理和镶嵌的，应该在标记后进

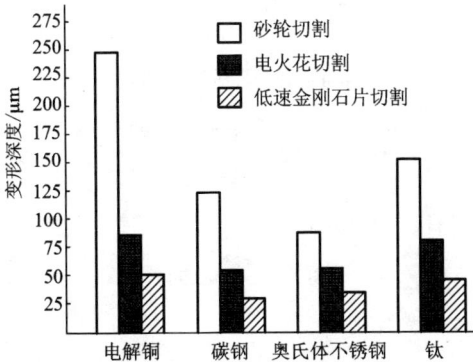

图1.7　试样截取方法与不同金属的变形深度

入磨光和抛光程序。

　　如试样经过表面处理需作表层组织检查和层深测定的试样，截取后宜先作镶嵌，标记（机械夹持的可先作标记），再进入磨光和抛光程序。

　　准备测定本质晶粒度、评定工具钢中碳化物不均匀性或非金属夹杂物的试样，则需经预先热处理。这些试样应先标记，经热处理后再进行磨光、抛光工作。

　　（2）标记

　　试样只有在知道它的来源、工艺过程以及检测目的才具有客观分析的依据。因此，应首先作好登记并对试样进行标记，使它在以后制备过程中不会发生错乱。为避免在打印、振动雕刻过程中发生局部变形，应在试样磨面的背面打印、刻写。标记应在截取试样后立即进行。标记方法见图1.8。

标记方法 ─┬─ 镶嵌(适用有机玻璃镶嵌)
　　　　　　　镶嵌的同时放入写有标记的卡片
　　　　　├─ (手)刻号(适用塑料镶嵌)
　　　　　├─ 电刻 ─┬─ 电笔刻
　　　　　│　　　　└─ 振动雕刻
　　　　　└─ 打印

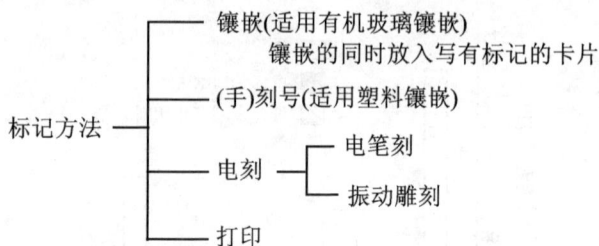

图 1.8　标记方法

1.2　试样镶嵌

　　截取而磨平的试样，如尺寸合适均不需要镶嵌，可直接进行磨光和抛光。

　　遇到下列情况的试样，需进行镶嵌后再进行磨光和抛光。如薄板、带、片、箔、细管、细线、丝材以及钟表、仪器等小零件；需要检查表面薄层的组织以及层深测定的试样，如渗碳层、氮化层、表面淬火层，金属渗镀及喷涂、脱碳层等试样，因自动磨光抛光机的试样定位夹具对试样尺寸有规格要求，为了适应，必须将试样镶嵌。

1.2.1　试样镶嵌方法

　　金相试样镶嵌方法有多种，见图 1.9。如何选用应根据试验室条件及试样具体情况，如试验室用国产 XQ - 1 型镶嵌机，该机型无进出冷却水装置，应选用热固性塑料镶嵌；如具有进出水冷却的镶嵌机，则即可选用热固性也可选用热塑性镶嵌材料镶嵌。如试样对温度敏感，则应选用冷镶嵌法。特薄试样可选用粘贴方法等。

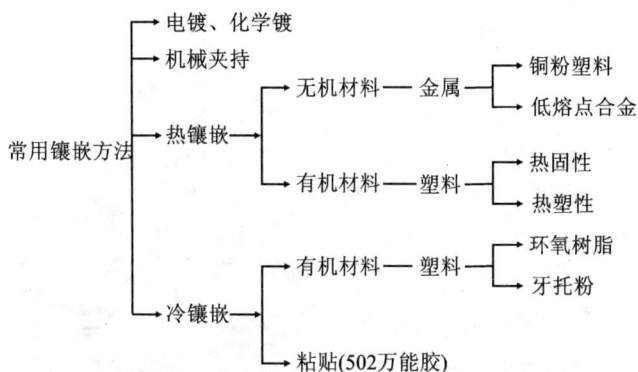

图 1.9　常用试样镶嵌方法

1）热镶嵌

热镶嵌法用热固性和热塑性两种材料，在这两种材料中，国内目前应用最普遍的为热固性材料镶嵌。此外低熔点合金镶嵌也有应用。

（1）热固镶嵌。最常用的是酚醛塑料。酚醛塑料可单独使用，也可在酚醛塑料中加入少量木屑粉混合后使用。加入木屑粉后的混合物称为电木粉。电木粉较酚醛塑料硬度稍高。热固镶嵌除常用酚醛塑料外也可用邻苯二甲酸二丙烯作为热固材料。邻苯二甲酸二丙烯中可加入少量玻璃纤维、石棉或铜屑作填充。普通热固性塑料的性能见表 1.2。

表 1.2　热固性镶嵌材料的典型性能

塑　料	成　形　条　件			加热后变形温度 /℃	透明度	化学稳定性
	温度 /℃	压力 /N·mm⁻²	时间 /min			
酚醛（木屑粉填充）	135～170	17.2～29	5～12	140	不透明	被强酸强碱腐蚀
邻苯二甲酸二丙烯（石棉填充）	140～160	17.2～20.7	6～12	150	不透明	被强酸强碱腐蚀

热固镶嵌是在金相镶嵌机上完成。以 XQ—2B 型为例，镶嵌机上主要包括加压、加热装置和压模三部分。镶嵌时将准备好的试样磨面向下，放在下模上，在套筒中根据试样大小和高低放入适量塑料后，装上模，固紧顶压螺杆，先转动加压手轮到压力指示灯亮，再加热，设定温度与实测温度均有数字显示，并能自动控温。加热后由于镶嵌塑料逐渐软化，压力指示灯会熄灭，此时应增加压力至指

图 1.10   XQ—2B 型镶嵌机照片

示灯亮，稍待几分钟(一般为 8 ~ 12 min)，停止加热，此时镶嵌已完成。去掉压力，转开顶压盖，上升压模，即可取出镶嵌好的试样。热固镶嵌的特点是在成型温度下树脂已成为坚硬的凝聚块，可在卸除压力后立即脱模。对镶嵌机无冷却水装置要求(见图 1.10)。

国产 GXQ—1 型镶嵌机，由手动液压加压，具有温度、压力、时间数字显示。模具有四种直径：$\phi25$ mm、$\phi30$ mm、$\phi40$ mm、$\phi50$ mm，按需选用，更换方便。温度、时间均可设定和控制。最高温度 ~300℃，功率为 1600 W，并有水冷却装置，可适用于热固和热塑镶嵌。

(2)热塑镶嵌。热塑镶嵌用材料为热塑性树脂，常用的有甲基丙烯酸甲酯(俗称有机玻璃)、聚苯乙烯等。常用热塑性塑料的性能见表 1.3。

表 1.3 热塑性镶嵌材料的典型性能

塑 料	成 形 条 件			加热后变形温度 /℃	透明度	化学稳定性
	温度 /℃	压力 /N·mm^{-2}	时间 /min			
有机玻璃	140 ~ 165	17.2 ~ 29	6	75 ~ 85	透明	不耐强酸
聚苯乙烯	140 ~ 165	17.2	5	85 ~ 100	透明	—
聚氯乙烯	120 ~ 160	15	5	60	不透明	耐酸碱

热塑镶嵌的操作与热固镶嵌的操作基本相同,主要区别是热塑镶嵌必须在压力下冷却,因此镶嵌机上必须有冷却水进出管路,在镶嵌过程中加热加压和保持合适时间后,在未卸压力前通水冷却后始可卸压脱模,带有进出冷却水的镶样机即适用于热固镶嵌也可进行热塑镶嵌。

有一种镶样机没有进出冷却水装置,但加热器与模具是可分离的(见图1.11),先加热加压和保持一定时间后,

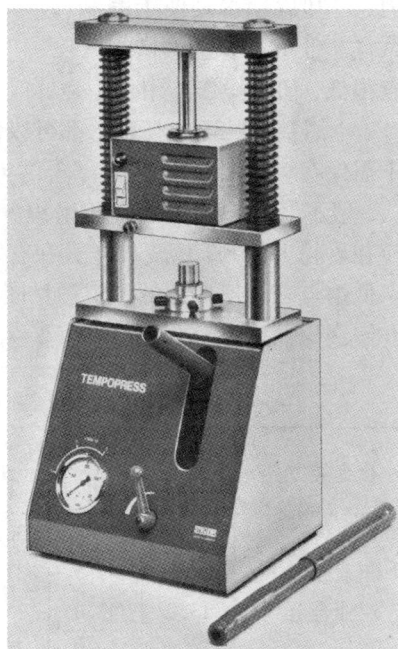

图 1.11 热塑镶样机实物照片

卸开压力很快将整套模具取出，放入水中冷却，模具冷却后，再将模具放回到镶样机上，利用镶样机上加压装置脱模。这种镶样机能适用热塑和热固两种塑料镶嵌。

（3）低熔点合金镶嵌。低熔点合金镶嵌法特点是简单易行。多是将试样放置在一块光洁平板（如玻璃）上，外面用一合适尺寸的铜管、铝管、钢管或硬塑料短管将试样套起来，再将低熔点合金熔化浇注到套圈内，冷却后即得到便于磨制的试样。低熔点合金镶嵌因其

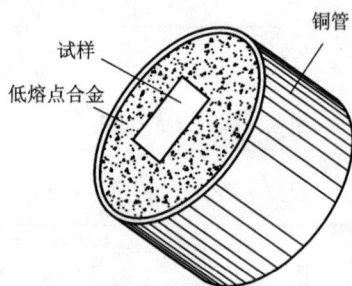

图 1.12　低熔点合金镶嵌示意图

熔点很低，便于操作。用一小烧杯或小瓷坩埚盛装少量低熔点合金，一个酒精灯甚至一杯开水都可以使之熔化。经过检验的样品如不需保存时，回收低熔点合金供再次使用。也因为合金熔点低，一般不会影响试样的金相组织。低熔点合金镶嵌后的试样，不应在砂轮上磨制，磨光操作宜在有水湿润的条件下用水砂纸磨制。低熔点合金镶嵌后的示意图见图 1.12。

镶嵌用低熔点合金成分见表 1.4。

表 1.4　低熔点合金的成分和熔点

合金类型	合 金 成 分 /%				熔 点 /℃	
	Sn	Bi	Pb	Cd	固相点	液相点
四元合金	15.4	38.4	30.8	15.4	70	97
工业合金	11.3	42.5	37.7	8.5	70	90
工业合金	13.0	42.0	35.0	10.0	70	80
Wood 合金	12.5	50.0	25.0	12.5	70	72
四元共晶合金	13.1	49.5	27.3	10.1	70	70

（4）铜粉镶嵌

在酚醛塑料粉中加入约十分之一的细铜粉，充分混合均匀后，按热固镶嵌法进行镶嵌，镶嵌后的试样具有导电性能。

2）冷镶嵌

冷镶嵌法适用于不能加压（对易脆碎样品）、不能加热、特薄、特小试样，甚至金属微粉不受氧化的情况下镶嵌。也适用于多孔、带缝隙的试样。

（1）快速固化冷镶嵌

①金相专用冷镶嵌料

这种专用镶嵌料多用进口原料，即由镶嵌料（固体粉状）和固化剂（液态）组成。商品供应时镶嵌料和固化剂为分别包装，这种镶嵌料在使用时放热低、固化过程中热收缩性小，在随后磨样、抛光过程中耐热性好。抗腐蚀、无毒，环保安全。

②使用方法

a.除去需要镶嵌试样上的油污并将其放置于模具内中部。

b.镶嵌，用小塑料杯或小烧杯，先将固化剂适量（视欲镶嵌样品的多少）倒入烧杯中，再向杯中加入1.4倍质量分数的胶粉，并迅速用玻璃棒搅拌，使之充分混合后成稀糊状，注入预先准备好的镶制模具中，静置10～15 min后即能固化。

c.从模套中取出镶好的试样，即可进行磨制、抛光等工作。

商品供应的镶嵌料胶粉一般为1000 g包装，固化剂为0.8 L塑料瓶装，并附塑料镶制模具数个，见图1.13。

（2）牙托粉冷镶嵌

牙托粉为医用牙科材料，无腐蚀、无毒、无污染。经实践证明，应用于金相试样冷镶嵌中，是很好使用的一种冷镶嵌材料。镶嵌操作上比用环氧树脂方便，固化时间也较环氧树脂短。牙托粉为粉状物质，将其装入小烧杯（或小瓷坩埚）后，适量加入牙托水，搅拌调制成稀胶质状并具一定流动性后，如同使用环氧树脂方法，浇注入镶嵌模具中即可（可以用硬模也可以用软模），浇注结束后静置，固化时间约 20 min。

图 1.13

　　商品供应自凝牙托粉为塑料小瓶包装，每瓶 100 g，自凝牙托水为每瓶 100 mL 玻璃瓶盛装。合理的搭配使用 100 mL 牙托水与 1 瓶（100 克/瓶）牙托粉配比为宜，实际使用时可按每 12 g 牙托粉配合 10 mL 牙托水调制。

　　倾斜镶嵌适用于对薄层组织试样（如扩散层、镀层、热喷涂层、氮化层等）的观察及测量。倾斜镶嵌可增加表观的薄层可视厚度，试样在模子中倾斜一个小的角度，观察时薄层的增宽度取决于倾斜角度的改变。倾斜镶嵌宜选用环氧树脂或牙托粉作为镶嵌材料。倾斜试样镶嵌倾斜角与层宽度增量的关系见图 1.14。

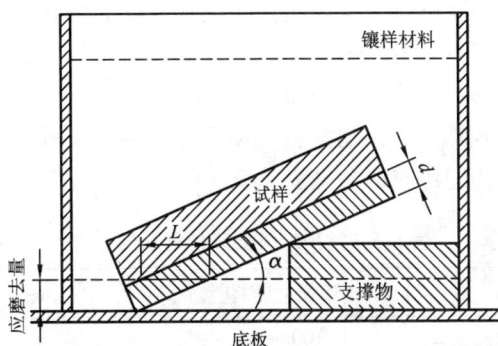

图1.14　倾斜镶嵌增加可视宽度示意图

d——表面层厚度；L——观察厚度；

α——倾斜角度；$L = \dfrac{d}{\sin\alpha}$

倾斜角与层宽度增量的关系

层宽增加 L/d	倾斜角 α	层宽增加 L/d	倾斜角 α
25:1	2°20′	5:1	11°30′
20:1	2°50′	2:1	30°
15:1	3°50′	1.5:1	40°50′
10:1	5°50′		

（3）环氧树脂冷镶嵌

试样冷镶嵌，是将配制一定固化剂的树脂注入模具中，在室温静置一段时间而成。它不需要加热加压，无需专用的镶嵌机，所用器材简单、价廉并容易满足各种大小试样的要求。

冷镶嵌法使用聚合塑料，主要成分是由环氧树脂加固化剂组成。冷镶嵌法的反应式为：环氧树脂 + 固化剂 = 聚合物（放热）。固化剂主要是胺类化合物。固化剂用量要适当，用量太多时，会使高分子键迅速终止，降低聚合物的分子量，使强度降低；另一方面会由于放热反应而使镶嵌料温度升高。如果固化剂用量太少，则固化不能进行完全。通常固化剂占总量的10%左右。在环氧树脂中除开加固化剂外，还应适量加入增韧剂以提高其韧性。

① 环氧树脂冷镶嵌用材料及其配比

应用的树脂有：聚酯树脂、丙烯树脂和环氧树脂。环氧树脂应用最多，其配比成分参见表1.5。

表1.5　常用冷镶嵌硬化树脂的配方

序号	镶　嵌　料	用量/g	固化温度/℃	备　　注
1	E 型环氧树脂 乙二胺 邻苯二甲酸二酊酯	100 8～10 18	室温	乙二胺 8～10 g，冬天取上限，夏天取下限
2	E 型环氧树脂 苯二甲胺 邻苯二甲酸二酊酯	100 18 18	室温	
3	E 型环氧树脂 液体聚酰胺树脂	100 100	室温	可不配其他固化剂
4	618 环氧树脂 邻苯二甲酸二酊酯 二乙烯三胺(或乙二胺)	100 15 10	室温：24 h 60℃：4～6h	镶嵌较软或中等硬度的金属材料
5	618 环氧树脂 邻苯二甲酸二酊酯 二乙醇胺	100 15 12～14	室温：24 h 120℃：10 h 150℃：4～6 h	固化温度较高，收缩小，适宜镶嵌形状复杂的有小孔和裂纹等试样
6	6101 环氧树脂 邻苯二甲酸二酊酯 间苯二胺 碳化硅粉或氧化铝粉 （粒度尺寸≈40 μm)	100 15 15 适量	室温：24 h 80℃：6～8 h	镶嵌硬度高的试样或有氮化层的试样。填充料的微粉可根据需要调整比例

② 冷镶嵌用模具

用于试样冷镶嵌的模具材料，必须具有一定的化学稳定性，即它不会与镶嵌材料，特别是有机溶剂（如固化剂）发生化学反应。适用于做浇注模的材料有多种，其中合适于多次使用及低温固化的是硅橡胶和聚氟乙烯塑料。硅橡胶和聚氟乙烯塑料制模具属软性模具，由于其塑性好、承受变形的能力强，因此在冷镶嵌试样固化后脱模容易且可反复使用。硬性模具可供选用材料较多，如铝管、铜管、硬塑料管等。软性镶嵌模可做成拆卸式和整体式的两种。浇注过程及拆卸参见图 1.15。

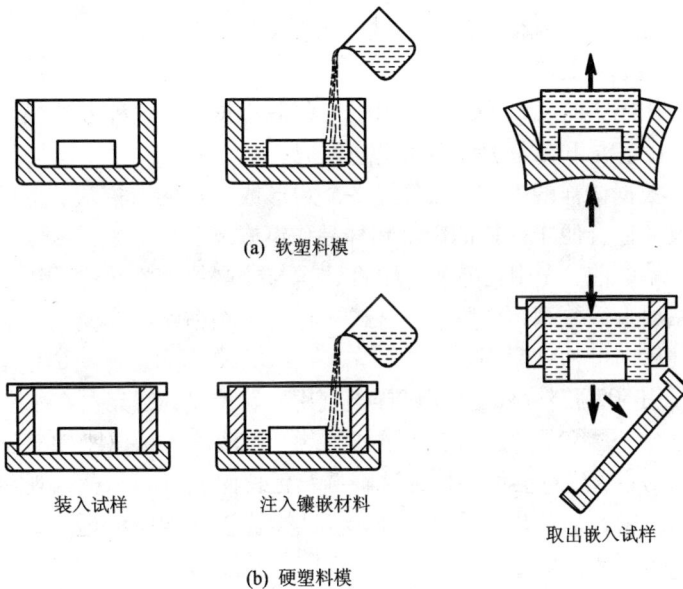

(a) 软塑料模

装入试样　　　　　注入镶嵌材料

(b) 硬塑料模

取出嵌入试样

图 1.15　金相试样的冷镶嵌

（a）软塑料模；（b）硬塑料模

③ 冷镶嵌方法

a. 冷镶嵌用器具

冷镶嵌时用的器具较简单，主要是模具、小烧杯（或瓷器皿）、玻璃搅拌器、粗天平（或小秤）和平板（如玻璃）等。

b. 冷镶嵌的操作步骤

准备和清理好模具（硬模或软模），并在模腔表面上涂一层脱模剂，可用凡士林、真空油、硅油等以利于脱模。在模底板上放置好待镶嵌试样。用小秤称量调配冷镶塑料，用玻璃棒搅拌均匀后，将配好的镶嵌塑料沿模腔均匀浇入，浇入的高度视试样的大小和便于握持。在室温或规定的温度下静置足够时间，使镶嵌塑料充分硬化。脱模取出后的试样立即编号及标记。

（4）粘贴冷镶嵌

用502胶粘贴镶嵌，适用于一些薄小试样，这种方法操作简便，在室温下无需加压即可迅速完成。

根据试样的大小，准备好一个圆形或方形的镶嵌块，也可选取尺寸适合便于握持的废金相样品作镶嵌座。

粘贴前，先用乙醇或乙醚将试样与镶嵌块擦洗干净，然后在粘贴面上滴数滴502胶液，将试样与镶嵌块粘贴面紧密迭合，十分钟后即可粘贴紧固。

用502胶粘贴的金相试样不宜用砂轮磨制，磨光可在水砂纸上进行，避免温度过高造成试样脱落。胶液滴入量以刚能盖没粘贴面为宜，过量会使粘接强度降低及延长固化时间。金相观察分析结束后，如不准备保存试样，将试样置于丙酮中浸透，试样即可从镶嵌块上取下。

（5）真空冷镶嵌

真空注入是使用冷镶嵌材料（如环氧树脂等）加固化剂调制，盛装于小杯中，通过真空泵启动后在真空室内形成负压，开启插入小杯中的胶管夹，小杯中的冷镶嵌料在大气压力下被很快压入真空室内冷镶嵌模内，并充分渗入到试样的细微孔隙或裂纹中。

　　这种真空镶嵌法，适用于多孔或有细裂纹的试样。特别是粉末冶金、金属陶瓷试样等。见图1.16。

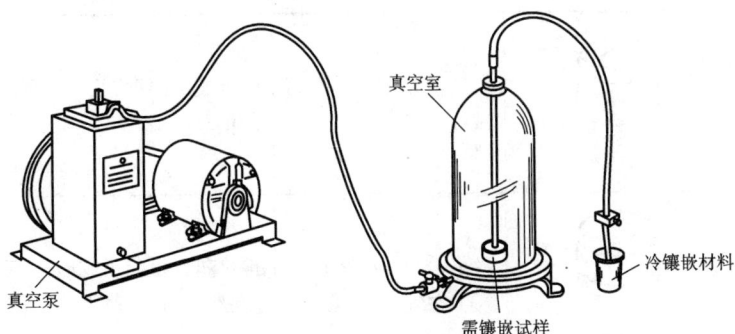

图1.16　真空镶嵌设备示意图

（6）热、冷镶嵌缺陷成因及排除方法

　　热、冷镶嵌缺陷成因及排除方法见表1.6和表1.7。

表1.6　热固镶嵌缺陷的成因及排除方法

电木和邻苯二甲酸二丙烯		
缺　陷	成　因	排除方法
中心开裂	在给定型腔面积中，切片太大试样有尖角	增大型腔尺寸，缩小试样尺寸

续表 1.6

电木和邻苯二甲酸二丙烯

缺　陷	成　因	排除方法
棱边收缩	塑料收缩过大,脱离试样	降低成形温度,脱模前稍冷却模具
圆周开裂	吸了潮气,成形时混入了空气	预热塑料粉或预成形,在液态时瞬间释放压力
胀　裂	固化期太短,压力不足	延长固化周期,从液态过渡到固态期间,施加足够压力
未溶化	成形压力不足,固化温度下时间不够,粉末塑料增加了表面积	采用适当的成形压力,增加固化时间,使用粉末时,快速密封好,模型隔板,并施压以消除局部固化
碎　裂	脱模时或脱模后固有应力的释放	脱模前冷却到较低温度,沸水中加热定型

表 1.7 某些冷镶嵌缺陷的成因及排除方法

缺 陷		成 因	排除方法
环氧化物	开裂	烘炉熟化温度太高,树脂和硬化剂配合比例不当	修正树脂硬化剂配合比
	气泡	当搅和树脂和硬化剂时搅拌太猛	缓慢搅拌混合物,以防止空气混入
	变色	树脂硬化剂配比不当硬化剂氧化	修正配合比,容器保持密封
	软镶样	树脂硬化剂配比不当,树脂和硬化剂搅和不当	修正配合比,充分搅拌混合物

3)机械夹持

对于需要研究表层组织以及异形、较薄的试样,可以使用机械夹具。它有利于保护试样边缘不被倒棱和便于握持磨光抛光。制作夹具材料一般多选用低碳钢、不锈钢、铜合金等。机械夹具的形状,主要根据被夹试样的外形、大小及夹持保护的要求选定。常用的有平板夹具、环状夹具和专用夹具三种。

(1)平板夹具

根据试样大小用钢板加工成适合尺寸的两块平板,厚度一般为 2~3 mm,配用一定长度的两个螺栓(常用 M4~M6 的螺栓和螺母），将两块平板连接在一起，即能快速简便的固定试样，夹持时应使试样磨面稍凸出，紧固后即可进行磨光和抛光。平板夹具见图 1.17。

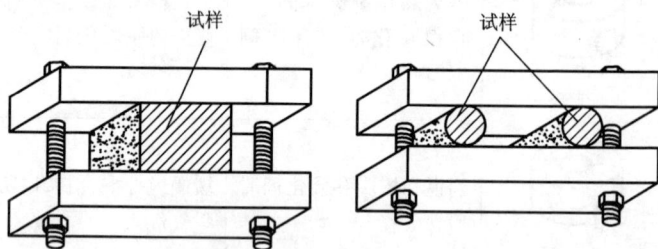

图 1.17　平板夹具

（2）环状夹具

环状夹具尺寸可根据试样大小、形状而定。常用环状夹具尺寸为 φ20 mm×15 mm×3 mm，材料为低碳钢管。在环高的 1/2 处加工一个 M3 的细牙螺纹孔，再配一个长度适合的 M3 螺钉拧入螺孔即可。用它可夹持各种小块的板、棒、条和各种尺寸适合的小试样。环状夹具结构图和应用举例见图 1.18 和图 1.19。

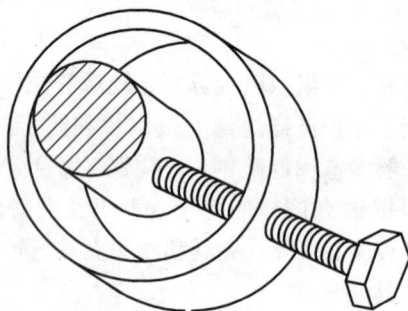

图 1.18　环状夹具的结构示意图

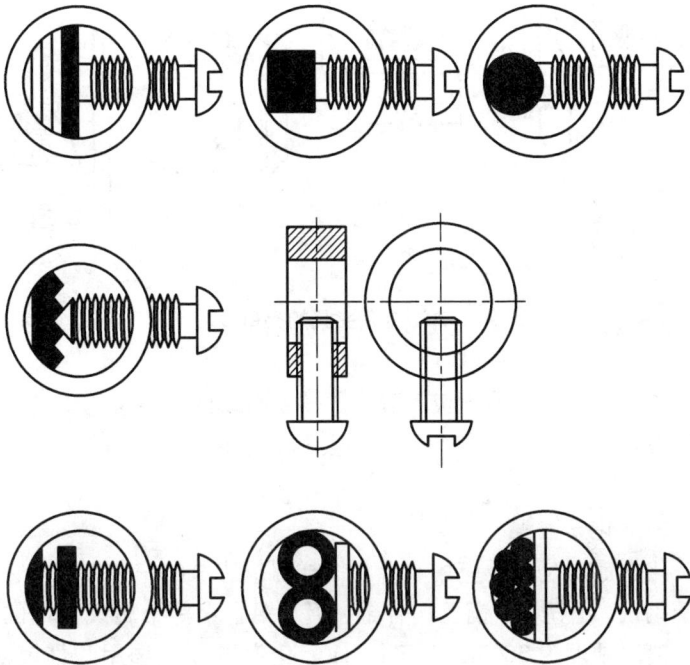

图 1.19　环状夹具的应用举例

（3）专用夹具

需要经常检查表面处理后的组织情况，又具有固定形状的试样，可根据其形状特点设计专用夹具，参见图 1.20。

4）化学镀和电镀保护层

在金相分析研究工作中，有时需要检验极端表面的组织，保护表层除开特别的镶嵌方法（如真空镶嵌）外，还可用化学镀和电镀方法保护。在金相分析工作中常用的为镀铬、镀铜、镀铁和镀镍等。

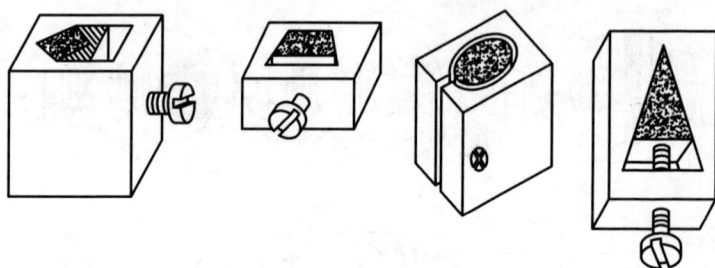

图1.20　专用夹具的应用举例

勿论是化学镀或电镀，清洗试样表面以保证镀层的附着力是很重要的。一般清洗剂可采用去污剂、溶剂或弱酸、弱碱等溶液。

（1）化学镀镍

化学镀镍是广泛应用于金相试样保护边缘的一种方法。它常用于钢铁、不锈钢、铜及铜合金、铝及铝合金等金属试样上的镀覆。镀层硬度为300 HV～500 HV。化学镀镍宜选用酸性镀液，因为酸性液适用于在金属基体上沉积比较厚的镀层，溶液稳定性好，沉积速度快。化学镀镍溶液成分及工艺条件参见表1.8。

（2）电解镀铜、镀镍、镀铁

以下方法适用于不能直接化学镀镍的材料。电镀用仪器可用电解抛光电源。操作时可先镀一层底铜，再镀镍、镀铁。电镀工艺见表1.9。

表 1.8　酸性化学镀 Ni-P 合金溶液组成及工艺条件

配方及工艺条件	配方编号					
	1	2	3	4	5	6
硫酸镍 $NiSO_4 \cdot 7H_2O$/g·L⁻¹	21	25	34	20~25	30	28~30
次磷酸钠 $NaH_2PO_2 \cdot H_2O$/g·L⁻¹	24	24	35	15~20	15~25	18~22
醋酸钠 NaAC/g·L⁻¹	—	—	—	8~12	15	20
乳酸 $C_3H_6O_3$(80%)/mL·L⁻¹	30mL/L	—	—	—	—	—
柠檬酸钠 $Na_3C_6H_5O_7 \cdot 2H_2O$/g·L⁻¹	—	—	—	8~12	15	—
丙酸 $C_3H_6O_2$(100%)/mL·L⁻¹	2mL/L	—	—	—	—	—
丁二酸 $C_4H_6O_4 \cdot 6H_2O$/g·L⁻¹	—	16	10	—	5	—
苹果酸 $C_4H_6O_5$/g·L⁻¹	—	24	35	—	—	—
氨基乙酸 $CH_2(NH_2)COOH$/g·L⁻¹	—	—	—	—	5~15	—
Pb^{2+},以 $Pb(AC)_2$ 形式加入/mg·L⁻¹	1	3	1	—	—	—
硫脲 $CS(NH_2)_2$/mg·L⁻¹	—	—	—	—	—	—
pH值	4.5~5.5	5.8~6.0	4.5~5.5	4~5	4~5.5	4.5~5.5
温度/℃	90~95	90~93	88~95	85~95	85~95	80~85
沉积速度/μm·h⁻¹	17	48	25	<12	12~15	<15
镀层中磷/%	8~9	8~11	—	8~10	7~11	—

表 1.9　电解镀铜、铁、镍溶液及工艺

A. 镀铜

氰化铜　Cu₂(CN)₂	22.5 g	方法：32 ~ 38℃，电压 4 ~ 6V
氰化钠　NaCN	33.7 g	作用 1 ~ 2min。pH 值应在 12.0
碳酸钠　Na₂CO₃	15 g	~ 12.5 之间，不得低于 12.0。
硫代硫酸钠　Na₂S₂O₃·5H₂O	0.2 g	使用 NaOH 提高 pH 值。游离氰化物含量保持在 7.5 g/L

B. 镀铁

电解铁[22]		方法：三氯乙烯中蒸气脱脂并
氯化亚铁	288 g	在热的磷酸硅酸钠——Calgon
氯化钠	57 g	溶液中阴极清洗 15 s，电流密
蒸馏水	1000 mL	度 60 mA/cm²，温度 90℃，pH 值为 1.0

C. 镀镍

氯化镍　NiCl₂·6H₂O	30 g	方法：88 ~ 93℃，调整 pH 到 4
次磷酸钠　NaH₂PO₂·H₂O	10 g	~ 6。此法亦可电镀钴，只需将
柠檬酸钠　Na₃C₆H₅O₇·5½H₂O	10 g	氯化镍用氯化钴代替
蒸馏水	1000 mL	

1.3　试样磨光

　　澳大利亚科学家萨莫尔斯(L E Sameuls)对金相试样的机械磨光及抛光进行了大量的实验研究。他提出，凡是使用固定磨料(如砂轮片、砂轮和金刚石磨盘以及各种砂纸)制备试样的过程称为磨光。凡是使用松散磨料(如加入各种磨料微粉悬浮液、喷雾抛光剂、抛光膏等)制备的过程称为抛光。

1.3.1 磨光机制

磨光在金相试样制备过程中是一个重要的环节，它不单纯是要将试样磨光，还具有在磨光过程中注意去除在截取时带来的损伤和变形层的作用。当然，在磨光过程中一方面去除由于砂轮片切割等引入的严重变形层，同时在磨光过程中也不可避免的会产生磨制引入的新的表层应变，见图 1.21。

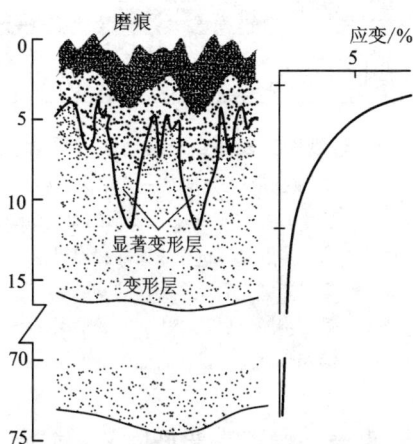

图 1.21 磨制后试样表层的应变分布

从图 1.21 上可以看出，最表层为严重变形层(磨痕)，层深较薄呈黑色。向下，可以看到应力集中从磨痕向下呈放射状扩展，其应变量仍大于 5%，通常称这层为显著变形层。再向下则形成浅蚀条纹，据认为是存在形变的扭折带的标志，应变小，称之为变形层。

磨制产生的变形层对金属的显微组织会产生影响，只是因材料的不同、制样过程的差异引起的变形深度不同，表现形式不同

而已。常能见到的如在珠光体钢中变形层使珠光体片层扭曲，
锌、铅金属由于变形层导致的晶粒破碎和产生机械孪晶等。

砂纸磨光表面变形层消除过程见图 1.22。

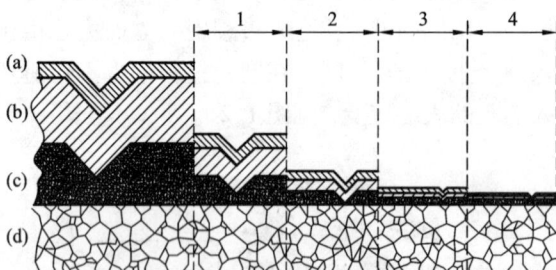

图 1.22　砂纸磨光表面变形层消除过程示意图

(a)——严重变形层；(b)——变形大的层；

(c)——变形微小层；(d)——无变形的原始组织；

1——第一步磨光后试样表面的变形层；

2——第二步磨光后试样表面的变形层；

3——第三步磨光后试样表面的变形层；

4——第四步磨光后试样表面的变形层

磨光过程中，既有消除严重变形层又有形成新的变形层可
能，因此在磨光过程中，应注意砂纸及磨光器材的选用和操作方
法，合理制定磨光工艺，尽量将变形层减至最小。

1.3.2　磨光用器材

1）磨光用砂纸。磨光过程中用的砂纸应为耐水砂纸、砂带。
耐水砂纸、砂带系以树脂为粘结剂将人造或天然磨料粘结在抗水
纸基表面制成的一种耐水附涂磨具。耐水砂纸上涂附的磨料为刚
玉(Al_2O_3)或碳化硅(SiC)。金相用细砂纸一般均为碳化硅。

砂纸上附涂磨料粒度的粗细是砂纸编号的重要指标。为与国

际标准(ISO)接轨,现等效采用 ISO6344—1998 标准,制定了新国家标准即 GB/T 9258—2000(原标准号为 GB/T 9258—1988)。新标准中定义粗磨料粒度直径为 3.35~0.053 mm,从 P12~P220 共 15 个粒度号。细磨料微粉粒度直径为 58.5~8.5 μm,从 P240~P2500 共 13 个粒度号。

直至现在金相用砂纸标记往往不够规范,特别是用细微粉制作的金相砂纸多用"W"标记(还习惯并用 O、O1、O2……至 07 代号)。有关"W"标记及其粒度请参见本章 1.4.1 节抛光微粉内容。

在金相磨光过程中,无论是用机械或手工磨光,所用多为微粉涂附砂纸,砂纸会越来越多采用"P"标记,使用人员应关注 P 标号和对应的中值粒径值。

附涂磨具(包括砂纸、砂带)用刚玉或碳化硅磨料的粒度标记和粒度组成(GB/T 9258—2000 规定)参见表 1.10 和表 1.11。

表 1.10 微粉 P240~P1200 的粒度组成(GB/T 9258—2000)

粒度标记	d_{S0} 值最大 /μm	d_{S3} 值最大 /μm	中值粒径 d_{S50} /μm	d_{S95} 值最小 /μm
P240	110	81.7	58.5±2.0	44.5
P280	101	74.0	52.2±2.0	39.2
P320	94	66.8	46.1±1.5	34.2
P360	87	60.3	40.5±1.5	29.6
P400	81	53.9	35.0±1.5	25.2
P500	77	48.3	30.2±1.5	21.5
P600	72	43.0	25.8±1.0	18.0
P800	67	38.1	21.8±1.0	15.1
P1000	63	33.7	18.3±1.0	12.4
P1200	58	29.7	15.3±1.0	10.2

注:这些值仅适用于按 GB/T 2481.2—1998 中的沉降管粒度仪测定

表 1.11 微粉 P1500 ~ P2500 的粒度组成

粒度标记	d_{S0} 值最大 /μm	d_{S3} 值最大 /μm	中值粒径 d_{S50} /μm	d_{S95} 值最小 /μm
P1500	58	25.8	12.6 ± 1.0	8.3
P2000	58	22.4	10.3 ± 0.8	6.7
P2500	58	19.3	8.4 ± 0.5	5.4

注：这些值仅适用于按 GB/T 2481.2—1998 中的沉降管粒度仪测定

    2）金刚石研磨盘。金刚石（刚玉）研磨盘是使用酚醛树脂将金刚石微粉粘结于研磨盘上。根据金刚石微粉的粗、细选用，区分为粗磨盘和精磨盘。这种磨盘有很强的磨削力，高效并能获得很好的磨光效果，适用于硬质、脆性的材料以及复合材料的研磨。完全可以代替用水砂纸磨光程序。金刚石研磨盘价格较贵，但耐用、寿命长。

    磨料粒度虽已启用新标记，但实际工作中仍会遇到用原粒度和目数标记的情况，为便于查对，现给出砂纸原用粒度和目数标号与磨料尺寸关系图和对照表。见表 1.12，图 1.23。

表 1.12 原用金相砂纸粒度号、粒度及代号对照表

粒度号	基本粒度尺寸/μm	代号
120#	W125	
140#	W100	
180#	W80	
200#	W70	
240#	W63	
280#	W50	
320#	W40	0
400#	W28	01

粒度号	基本粒度尺寸/μm	代号
500#	W20	02
600#	W14	03
800#	W10	04
1000#	W7	05
1200#	W5	06
1400#	W3.5	07
1600#	W3	
1800#	W2.5	
2000#	W2	
2500#	W1.5	
3000#	W1	
3500#	W0.5	
4000#	W0.1	

3）磨光用设备

磨光用设备一般有以下几种类型，见图 1.24。

（1）自动磨光机。自动磨光机的特点是具有无级调速功能、可给定压力和磨制时间并动态显示和自动控制。不需人员操作，一次可完成多个试样磨光。

（2）机械磨光机。国内外有多种型号的预磨光装置，其共同的特点是预磨机构带有流水不断地流入旋转的磨盘中，圆形砂纸置于磨盘上，浮在盘上的砂纸在旋转盘离心力的作用下将砂纸下的水抛出盘外，砂纸与盘间形成负压，大气压力将砂纸紧紧地压在磨盘上，磨制时很牢固平稳。如目前金相试验室应用较多的 M－2 型和经改进后的 M－2A 型均属此种类型（见图 1.25 和 1.26）。在这种预磨机上利用各种不同粒度号的金相水磨砂纸，即可对试样进行粗、细和精磨光。

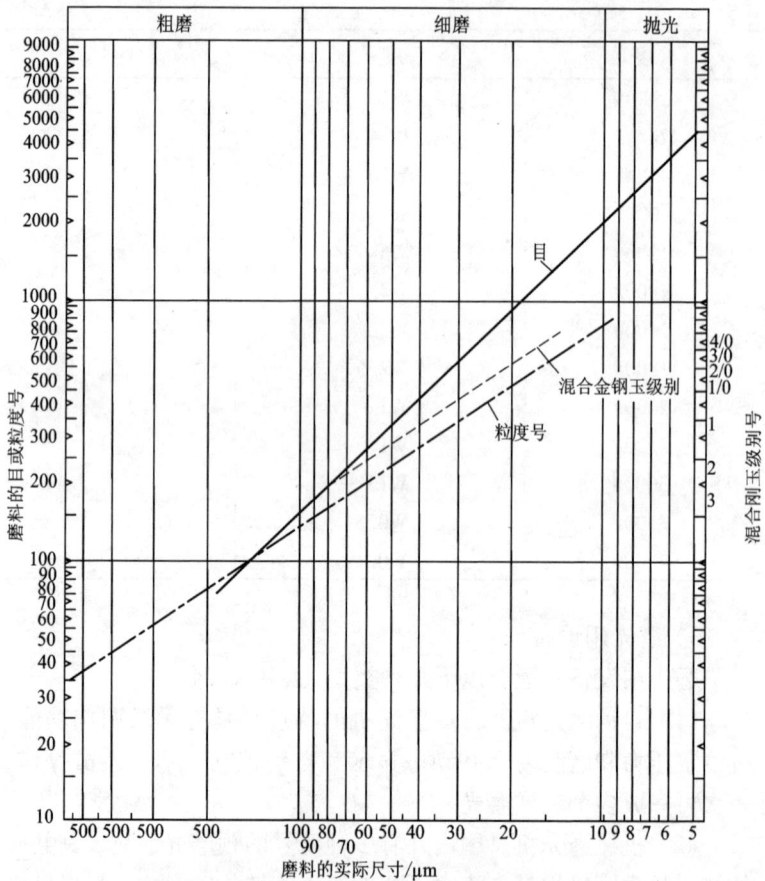

图 1.23　磨粒的目或粒度号以及混合刚玉的
级别与磨料实际尺寸间的关系

　　还有砂带磨光机，如 GM—1 型。

　　（3）手工湿磨装置。装置适用于粗、细磨光，四根压条可将
四种不同粗、细标号的水砂纸（也可用成卷的）紧紧地压在平板玻

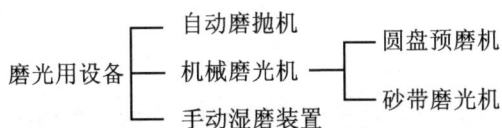

图 1.24　抛光设备分类

图 1.25　M—2 型金相预磨机照片

技术参数：

磨盘直径：ϕ230 mm 双盘

磨盘转速：左盘 450 r/min，右盘 550 r/min

砂纸直径：ϕ205 mm

电动机：0.55 kW，380V，50Hz

璃上。装置向操作者稍有倾斜，工作面上方有小孔流出的水流经过砂纸，见图 1.27。这种装置优点是：结构简单，操作方便。流动的水能及时将磨屑及脱落的磨料冲走，减少脱落磨粒与试样面的滚压作用，使砂纸上固定磨粒的尖锐棱角始终与试样面接触，保持良好的切削作用。还可避免硬的磨粒嵌入试样表面，造成假

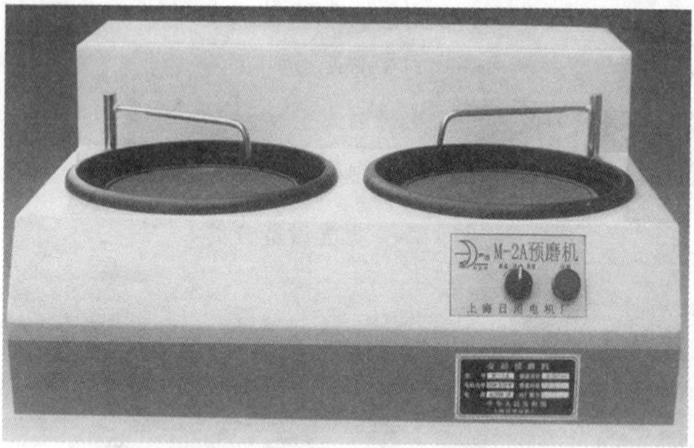

图 1.26　M—2A 型金相预磨机照片

技术参数：

磨盘直径：φ230 mm　双盘

磨盘转速：320～500, 600～1000 r/min

砂纸直径：φ205 mm

电动机：0.25/0.37 kW, 380 V, 50 Hz

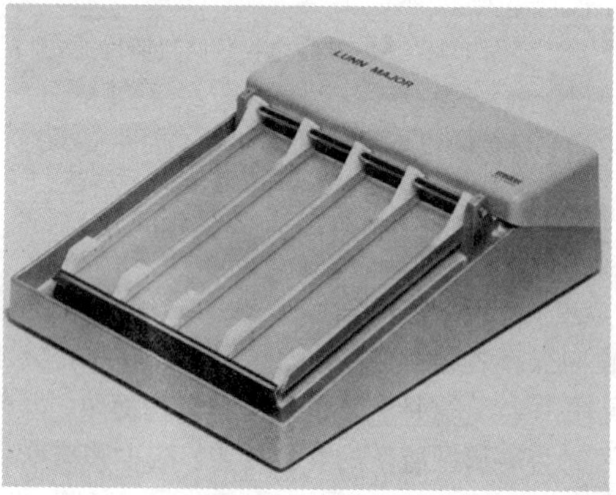

图 1.27　手工湿磨装置

象，特别是在检查非金属夹杂物等级时尤为重要。流动的水能起到很好的润滑及冷却作用，可防止表面过热。磨制时产生的金属微粉(特别是铅、镉等对人体有害)被流动的水及时带走，有利于环境保护和人身健康。

　4) 磨光操作

　　磨光一般有两种，即手工磨光和机械磨光。

　　(1) 手工磨光。手工磨光是金相试验室最常用的方法，将砂纸(或砂布)平放在玻璃板上，一手将砂纸按住，一手将试样磨面轻压在砂纸上，并向前推进，进行磨光。磨光操作见图1.28，试样磨面在磨光过程中的变化见图1.29。

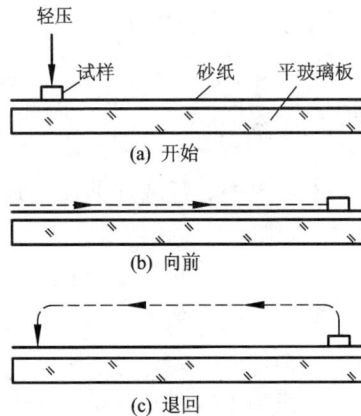

图 1.28　手工磨光操作

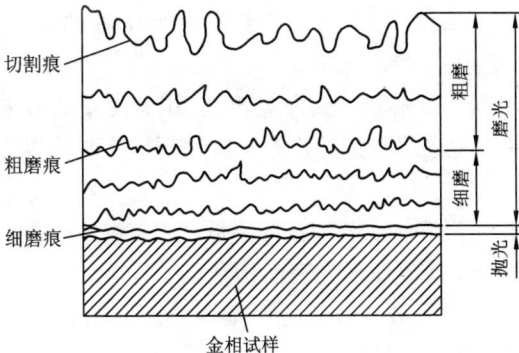

图 1.29　试样磨面在制备过程中所起的变化

对已经整平的试样，一般可从 P360 号砂纸开始，经 P400 号至 P800 号砂纸。这时砂纸所留下的磨痕很容易在抛光时消除。对于较软的有色金属试样可以再经更细的 P1000 号金相砂纸精磨光后再进行抛光。

磨光时应注意的事项：

① 为了保证磨面平整不产生塌边和弧度，磨削应遵循单方向向前推动时磨制，然后提起试样退回。在回程中不与砂纸接触。

② 磨制时，对试样的压力应均匀适中，压力太小磨削效率低；太大则会增加磨粒与磨面间的滚动产生过深划痕。此外，用力过大又会发热并造成试样表面变形层。

③ 当新的磨痕盖过旧的磨痕，而且磨痕是平行时，就可以更换下一号砂纸。

④ 更换砂纸时，不宜跳号过多，因为每号砂纸的切削能力是保证能在短时间内将前面磨痕全部磨掉来分级的。若跳号过多，不仅会增加磨削时间，而且前面砂纸留下的表面强化层和扰乱层也难以消除。

⑤ 更换砂纸时，试样、玻璃板及操作者的双手均应清洗洁净。

⑥ 每更换一次砂纸，试样应转动 90°，使新磨痕方向与旧磨痕垂直。易于观察粗磨痕的逐渐消除情况，使能获得逐步磨光的正确信息。

⑦ 砂粒一经变钝，磨削作用降低，不宜继续使用，否则磨粒与磨面产生滚压现象而增加表面扰乱层。

⑧ 砂纸应分号放置，切勿粗细混放。磨制过硬质材料的砂纸不宜再用来磨制较软材料。

（2）机械磨光。试样也可选用机械磨光方法，将圆形水砂纸贴在抛光机或预磨机的转盘上，预磨机均带有供水装置，水砂纸靠离心力和水紧贴于转盘上，在预磨机上磨制时，脱落的磨料微粒和金属磨屑会被流水带走，减少微粒在磨面和砂纸间流动，因而试样表层变形扰乱层会减小。流动的水可以不断冷却试样，组织不会因发热而变化。

1.4　试样抛光

　　试样抛光的目的是为了除去试样磨面上留下的磨痕，得到似镜面的表面，为显示组织做好准备。理想的抛光面应是平滑光亮、无划痕、无浮雕、无塑性变形层和不脱落非金属夹杂物。

　　金相试样的抛光方法按其作用本质划分，常用的有以下几种，见图 1.30。

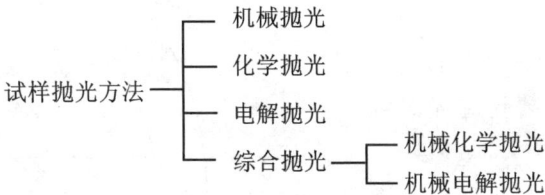

$$试样抛光方法 \begin{cases} 机械抛光 \\ 化学抛光 \\ 电解抛光 \\ 综合抛光 \begin{cases} 机械化学抛光 \\ 机械电解抛光 \end{cases} \end{cases}$$

图 1.30　抛光方法

　　金相试样最终显示前的品质是由抛光品质决定的。而抛光前试样磨面表面磨制及产生变形层的情况又直接影响抛光品质。因此，在进行抛光工作以前，必须对磨面进行检查，如果在磨面上还留下有较深的磨痕，即使这些深磨痕为数极少，在抛光过程中也是难于去除的。在这样的情况下，应重新对试样磨光，使在磨面上只留下单一方向的均匀的细磨痕及较浅的变形层时，才能进行抛光。

1.4.1　机械抛光

1）机械抛光的机制

观察磨光的表面，有可见明显磨痕。但在抛光良好的试样表面上呈镜面状况时，人眼和在光学显微镜下观察均不见划痕，说明抛光是可以消除磨痕的，也说明抛光过程的机制与磨光有区别。多年研究探讨的结果，一般认为试样在抛光过程中同时产生两种不同的作用：

（1）抛光微粉的磨削作用

微粉嵌在抛光织物上，抛光微粉以弹性力与试样面作用，因此在试样表面上产生的切屑和划痕都要比磨光时细得多，见图 1.31。

（2）抛光过程的滚压作用

抛光盘上的磨粒不是稳固的嵌在抛光织物间隙里，而是很容易脱出。当抛光盘转动时，这些不稳固的抛光微粉在抛光盘与磨面之间转动着，对磨面产生机械的滚压作用使表面凸起部分的金属移向凹洼部位，常称为"金属的流动"。此外，抛光织物的纤维与磨面之间的机械摩擦亦助长了表层金属的流动。图 1.32 表示描绘金属流动的情形。

（3）抛光机制探讨

在抛光过程中"磨削"和"滚压"何者起主要作用，各国学者的看法不一。实际情况可能随磨料的形状、硬度而异。早在 1887

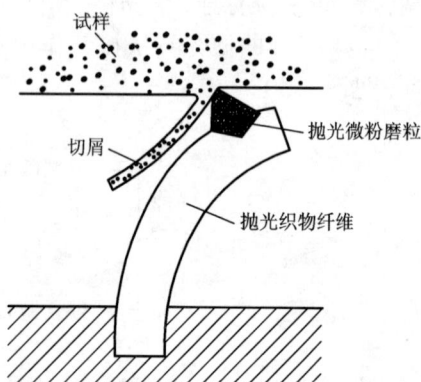

图 1.31　抛光时试样磨面被切削的示意图

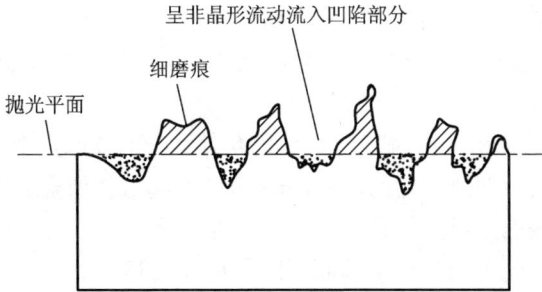

图1.32　抛光时表层金属的流动

年索尔拜(H C Sorby)认为金相试样抛光后所以能够获得光亮无痕的磨面是由于表层金属流动的结果。其后，在1921年拜尔培(S G Beilby)提出了抛光的经典理论，他认为，抛光时试样表面凸起部分被挤抹到低凹处，最后表面被一光滑层所覆盖。自从X射线衍射分析方法广泛地被用来研究金属结构后，鲍登(Bowden)和休阿斯(Hughes)等学者于1937年提出一个似乎很合理的拜尔培层形成机制，即当磨料擦过试样表面凸起处时，局部的接触点受热可达到熔点，而使凸起处金属流到凹处，由于受到激冷而使这部分材料成为非晶态，最后构成了拜尔培层。抛光是一个热激活过程。根据电子衍射的测试，拜尔培层的厚度为2 ~ 5 nm。

　　1957年萨莫尔斯(Samvels)利用现代研究手段，做了大量试验研究工作，利用"表面加厚现象"研究了精抛光作用的本质，提出了与拜尔培相反的意见。他指出精抛光纯粹是一个磨削过程，并没有金属表面的流动。

　　萨莫尔斯认为，机械抛光和磨光机制基本相同，抛光时磨料相当于刨刀，根据它的取向，有的磨料可产生切削作用，有的磨料只能使表面产生划沟。

磨光试样表面会留下不同程度的变形层。抛光也会引起产生轻微变形层(特别是对较软的金属在抛光过程中压力过大、时间过长),这会使显微组织受到影响或不真实,有时也会降低组织衬度。

当一个金相试样因磨光和抛光不当而产生较严重变形时,纯铝的金相样品证实,它的表面(微观的)看起来就像画上了很多细线条,这些细线条一般是直的,并以明确无误的方向穿过每一个晶粒,而方向则随晶粒不同而不同,见图1.33。

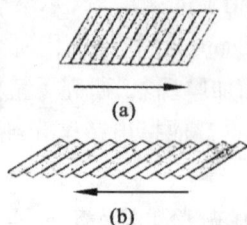

图 1.33　塑性形变显示出金属晶体中的滑移面

仔细研究表明，这些细线条是由于晶体中相邻薄层互相滑移所形成的阶梯的痕迹。这些滑移与纸牌斜摊在桌上的状况相似。滑移发生在晶体中的某些特定的平面上，并且是沿着这些平面上的某些晶轴方向进行的。这种结构方式可以使得滑移面中的一个面上的原子以切变方式离开，另一个面上和它们原来处于相邻地位的原子，而沿着这个面以一种有秩序的方式滑移。在这一过程中，滑移的面带着一半的晶体前进，最后与另一面上一组新的相邻原子重新结合起来，并与原来晶体一样完美，因而回复了晶体原先的性质和内部结构。图1.33这张显微镜照片显示一个形变过的铝试样，每一晶粒中的平行线是当金属受到应力而在晶粒中某些晶面上滑移时所形成的阶梯（见图1.33a），这种滑移与一副纸牌摊在桌子上的滑移相似（见图1.33b）。

（4）抛光实践

虽然拜尔培和萨莫尔斯对金相试样机械抛光机制有不同的学说，但实际抛光操作是重要的。精细操作技术、合适地选用抛光微粉（种类及粒度）、浸蚀剂以及正确地采用抛光方法，如机械化学抛光、机械电解抛光，为减小变形层影响采用机械抛光与化学浸蚀交替进行等操作方法，最终可以获得客观的、真实的金相组织试样。

2）抛光微粉和抛光织物

（1）抛光微粉

抛光微粉在抛光过程中起磨削作用。因此要求微粉强度硬度大，颗粒尺寸均匀，外形呈多角形且不易破碎，这样才能保证试样抛光的品质。抛光微粉在金相制样中供作抛光悬浮液、喷雾抛光剂、抛光膏添加剂。

在原GB2477—1983磨料粒度及其组成标准中规定微粉标记为W，俗称"微"标，W是汉语"微"字拼音（WEI）的字头。GB2477—1983中规定共分9级，即从W63至W5。W5以下还划分 5 级，即 W3.5、W2.5、W1.5、W1.0、W0.5。上述标准已为新标准 GB/T 2481—1998 所取代。新标准定义粗磨粒从 F4 ~ F220 共 26 个号，基本粒筛孔尺寸从 4.75 mm 至 63 μm 范围内。微粉从 F230 ~ F1200 共 11 个粒度标记，粒度中值从 53 μm 至 3.0 μm 范围内。这一范围的微粉在金相试样磨光和抛光中应用最多，对其粒度和标记，金相辅助器材制造商和用户应予以重视和关注。

为比较参考，以下列出"F"标记和"W"标记的粒度分级及粒度中值尺寸，见表 1.13 和表 1.14。

表 1.13　微粉的"F"标记及粒度中值

粒度标记	d_{S50} 粒度中值/μm
F230	53 ± 3.0
F240	44.5 ± 2.0
F280	36.5 ± 1.5
F320	29.2 ± 1.5
F360	22.8 ± 1.5
F400	17.3 ± 1.0
F500	12.8 ± 1.0
F600	9.3 ± 1.0
F800	6.5 ± 1.0
F1000	4.5 ± 0.8
F1200	3.0 ± 0.5

表 1.14　微粉的"W"标记及基本粒尺寸

粒度	基本粒	
	尺寸范围/μm	质量/% 不少于
W63	63 ~ 50	50
W50	50 ~ 40	50
W40	40 ~ 28	50
W28	28 ~ 20	45
W20	20 ~ 14	45
W14	14 ~ 10	45
W10	10 ~ 7	40
W7	7 ~ 5	40
W5	5 ~ 3.5	40

金刚石微粉在金相试样制备中是最理想的抛光材料，多以喷雾抛光剂和抛光膏状态使用。金刚石微粉粒度尺寸范围和粒度组成见表 1.15。

表1.15 金刚石微粉粒度尺寸范围和粒度组成
（GB/T 2481.1—1998 egvISO8486—1.1996）

粒度标记	公称尺寸范围/μm			粗粒最大尺寸/μm		细粒最小尺寸/μm		粒 度 组 成
	相似圆直径 D	颗粒宽度 $B=D/1.29$		D	B	D	B	
0~0.5	0~0.5	0~0.4		0.7	0.5	—	—	1. 不得有大于粗粒最大尺寸以上的颗粒;
0~1	0~1	0~0.8		1.4	1.1	—	—	
0.5~1	0.5~1	0.4~0.8		1.4	1.1	<0.5	<0.4	2. 粗粒含量不得超过3%;
0.5~1.5	0.5~1.5	0.4~1.2		1.9	1.5	<0.5	<0.4	3. 细粒含量:3~6以细的各粒度不超过8%;4~8至10~20不超过18%;10~22至36~54不超过28%;
0~2	0~2	0~1.6		2.5	1.9	—	—	
1.5~3	1.5~3	1.2~2.3		3.8	2.9	1	0.8	
2~4	2~4	1.6~3.1		5.0	3.9	1	0.8	
2.5~5	2.5~5	1.9~3.9		6.3	4.8	1.5	1.2	
3~6	3~6	2.3~4.7		7.5	5.8	2	1.6	
4~8	4~8	3.1~6.2		10.0	7.8	2.5	1.9	4. 最细粒含量:各种粒度不超过2%
5~10	5~10	3.9~7.8		11.0	8.5	3	2.3	
6~12	6~12	4.7~9.3		13.2	10.2	4	3.1	
8~12	8~12	6.2~9.3		13.2	10.2	4	3.1	
10~20	10~20	7.8~15.5		22.0	17.2	6	4.7	
12~22	12~22	9.3~17.1		24.2	18.8	7	5.4	
20~30	20~30	15.5~23.3		33.0	25.6	10	7.8	
22~36	22~36	17.1~27.9		39.6	30.7	12	9.3	
36~54	36~54	27.9~41.9		56.7	44.0	15	11.6	

（2）抛光微粒的性质和使用

常用金相抛光微粉有氧化铝（Al_2O_3）、氧化铬（Cr_2O_3）、氧化镁（MgO）和金刚石（一般用人造金刚石）等。这些微粉性能见表1.16。

表1.16　各种微粉性能

材　　料	莫氏硬度①	特　　　点	适　用　范　围
氧化铝（刚玉，包括人造刚玉）	9	白色透明，α-Al_2O_3 粒子平均尺寸 0.3 μm，外形呈多角状。γ-Al_2O_3 粒度为 0.01 μm，外形呈薄片状，压碎后成细小的立方体	粗抛光和精抛光
氧化镁	8	白色，粒度极细且均匀，外形锐利呈八面体	适用于铝、镁及其合金和钢中非金属夹杂物的抛光
氧化铬	9	绿色，具有很高硬度，比氧化铝抛光能力稍差	适用于淬火后的合金钢、高速钢，以及钛合金抛光
碳化硅（金刚砂）	9.5~9.75	绿色，颗粒较粗	用于磨光和粗抛光
金刚石粉（包括人造金刚石粉）	10	颗粒尖锐、锋利，磨削作用佳，寿命长，变形层少	适用于各种材料的粗、精抛光，是最理想的磨料

注：①测定矿物硬度用莫氏硬度，金刚石最硬，莫氏硬度为10

① 氧化铝（白刚玉）。磨料代号为 WA，是一种常用的抛光磨料，有天然和人造两种。其硬度高，约为莫氏9级，仅稍低于金刚石和碳化硅。极纯的氧化铝为无色透明，人造刚玉经电熔而成。氧化铝具有三种结晶形态，即 α、β、γ 型。γ 型氧化铝为正方晶系，粒度可细至 0.03 μm，宜作精密抛光用。α 型氧化铝为

六方晶系，粒度一般在 0.3 μm 以上，市场商品供应的抛光微粉多属此类，可直接使用。β 型氧化铝由于其硬度较低，切削力差，一般不宜于金相抛光。

② 氧化铬（铬刚玉）。磨料代号为 PA。氧化铬是具有高硬度呈绿色的一种抛光微粉，宜用于钢铁材料及其淬火后的钢试样抛光。氧化铬现在使用最为普遍，因为化学纯的三氧化二铬试剂粒度极细，一般可直接使用。

③ 氧化镁。氧化镁是一种精抛光微粉，它的颗粒细，且具有尖锐的外形和良好的磨削刃口，唯硬度稍低，适用于铝、镁等有色金属及其合金的金相试样抛光。也适用于铸铁试样及评定钢中非金属夹杂物试样的抛光。因其易潮解，在潮湿的空气或水中，会缓慢地发生化学变化，形成氢氧化镁。若在空气或水中有足够量的二氧化碳存在时，则氢氧化镁又会转变成为碳酸镁。碳酸镁硬度低，因而会完全失去抛光磨削作用。

氧化镁应放在干燥容器或环境中保存。使用时氧化镁粉应用蒸馏水调制成悬浮液状，立即使用。也可将氧化镁粉直接洒在抛光盘绒布上，再滴一点蒸馏水后用手在盘上抹成糊状展开，尽量使微粉嵌入绒布纤维中使用。在抛光过程中只需加少量蒸馏水以保持绒布上有一定湿度和润滑性即可。抛光完后应将抛光绒布取下洗净，然后浸在 2% 盐酸水溶液中，残留的氧化镁及形成的碳酸镁结块能与盐酸作用形成溶于水的氯化镁（$MgCl_2$），抛光织物可继续使用。

④ 金刚石微粉。金刚石微粉多为人造金刚石，是理想的抛光微粉，硬度最高，莫氏硬度 10 级。棱角尖锐，切削能力强，效率高，寿命长，对硬、软材料都有良好的切削作用。如在合金试样中存在硬、软相差悬殊的相，用金刚石微粉抛光可以得到良好的效果。此外，如硬质合金等高硬度材料，用金刚石微粉才能有效的抛光。

在抛光过程中，基本上纯粹产生磨削作用，无滚压作用，所以表面变形层及拜尔培层几乎不会产生或影响层甚薄。

金刚石微粉多以做成研磨抛光膏商品形式供应市场。其成分除金刚石粉外，还有硬脂酸、三乙醇胺、润湿剂（肥皂乳剂）、水。金刚石粒度为 5、3.5、2.5、1、0.5 μm。在使用时只需挤出少量研磨膏于抛光盘上，用手指涂抹均匀使其纳入绒布间隙内，然后喷洒少量润湿剂（常用蒸馏水或蒸馏水加少量丙三醇混合液）。为了防止金刚石微粉的散失，抛光盘宜用慢速，最低 190 r/min，一般为 300~500 r/min。

⑤ 碳化硅（金刚砂）。碳化硅具有很高的硬度，莫氏硬度在 9.5~9.75 级，碳化硅有黑、绿色两种，黑碳化硅磨料代号为 C，绿碳化硅代号为 GC。在硬质合金试样制备中是必选用的材料。

⑥ 碳化硼（B_4C）。磨料代号为 BC，碳化硼是仅次于金刚石和立方氮化硼的高硬材料，低密度、高模量和优良的高温性能，主要用作各种磨料使用。在金相制样中，用于钢结硬质合金和硬质合金粗、细磨光和抛光使用，抛光使用时其粒度应在 W5 以下。

抛光微粉多以组成抛光剂后作用。金相抛光剂通常有三种类型：悬浮液抛光剂、膏状研磨膏、喷雾抛光剂。抛光剂都是由抛光微粉与适当溶剂配制而成。

悬浮液抛光剂。通常是由操作者在试验室里选用合适的抛光微粉（包括种类和粒度）与蒸馏水配制而成。粗抛光可选用 6 μm（W7）粒度的微粉；精抛光可选用约 1 μm 粒度的微粉。抛光用悬浮液的微粉浓度没有严格规定，一般是粗抛光用浓度大些，精抛光用浓度稀薄一些。一般常用浓度是 1000 mL 蒸馏水中加 5~10 g Al_2O_3 或 Cr_2O_3 粉。

膏状研磨膏。市场商品供应的一般有以下三种：

A. 金刚石研磨膏。适用于多种金属及其合金金相试样的研磨及抛光；

B. 氧化铬研磨膏。适用于黑色金属金相试样的研磨及抛光;

C. 氧化铝研磨膏。适用于有色金属及其合金金相试样的研磨及抛光。

喷雾抛光剂。是一种磨料微粉加有湿润剂、蒸馏水的悬浮液,经装置于密封金属罐筒内,筒内具有一定压力,压下顶部钮,悬浮液会均匀呈雾状喷射到抛光织物上,喷雾抛光剂有不同抛光微粉和粒度品种,供选用。一般效果较好。

(3)抛光织物

各种金相试样及仪器、仪表等零件的精密抛光。精抛后能达到光洁▽8 ~ ▽12(Ra 0.4 μm ~ Ra 0.05 μm)。选对抛光织物与相对应的磨料粒度对称,是抛出理想光洁度的关键,见表1.17。

表 1.17　抛光织物材质、适用磨料和粒度

织物材质	磨料粒度	最适合磨料	织物材质	磨料粒度	最适合磨料
尼龙	W7 - 20	金刚石喷雾抛光剂 金刚石悬浮液 金刚石研磨膏	植绒	W1 - 3	氧化铝抛光粉 氧化铬抛光粉
帆布	W5 - 14	金刚石喷雾抛光剂 金刚石悬浮液 金刚石研磨膏	呢绒	W1 - 3	金刚石喷雾抛光剂 金刚石悬浮液 金刚石研磨膏
平绒	W5 - 10	金刚石喷雾抛光剂 金刚石悬浮液 金刚石研磨膏	洋绒	W1 - 3	金刚石喷雾抛光剂 金刚石悬浮液 金刚石研磨膏
呢料	W3 - 5	金刚石喷雾抛光剂 金刚石悬浮液 金刚石研磨膏	丝绸	W0.5 - 3	金刚石喷雾抛光剂 金刚石悬浮液 金刚石研磨膏
丝绒	W3 - 5	金刚石喷雾抛光剂 金刚石悬浮液 金刚石研磨膏	精抛绒	W0.3 - 3	氧化铝抛光粉 氧化铬抛光粉

① 抛光织物的作用。织物纤维间隙能储存抛光微粉，微粉部分露出表面从而产生磨削作用。并能储存部分润滑剂，保持抛光剂的合适润滑度，避免试样表面过热。织物上的纤维或绒毛与试样表面的湿润摩擦，能使试样面更加平滑光亮。

② 常用抛光织物。按织物绒毛长短可分为以下三类：

长绒毛织物，如长毛绒、丝绒等，能储存较多微粉和润滑剂。毛绒对试样表面摩擦作用大，能获得光亮镜面，适用于作最终的精抛光。但因长毛绒与试样面摩擦力过大，在做钢中非金属夹杂和铸铁中的石墨相检查时不宜选用。

短绒毛织物，如法兰绒、毛呢、平绒、帆布等，是常用的粗、精抛光均适用的织物。

无绒毛织物，如丝绸、人造丝织品、尼龙和化纤织物等，适用于配合金刚石微粉进行试样抛光。

③ 抛光织物的使用。过去使用抛光织物时，都是将抛光织物用套圈箍紧在抛光机盘上，这种装置法浪费材料。固定稍有不当时很容易起皱。抛光时常飞出试样，平整度也受影响。近些年对抛光织物的固定装置有多种改进。如织物背面涂有粘结剂并用薄膜保护。根据抛光盘尺寸购进适合尺寸和品种的抛光织物。使用时，只要揭去背面薄膜，就可以牢固的粘贴在抛光盘上，使用方便，还提高了抛光品质。

自己选用的织物，也可做成可粘贴的。购瓶装压敏胶（CX型），使用时，用小刷蘸压敏胶涂刷于抛光布背面，稍晾干 2～3 min，就可以牢固的粘贴于抛光盘上。

自配粘接胶，其配方为香蕉水 100 mL、透明的聚氯乙烯塑料粉 25 g。将塑料粉浸泡在香蕉水中，装瓶密封，塑料粉溶解后成透明胶液状，即可使用。

（4）磁性连接盘

磁性连接盘适用只有一个固定盘的抛光机。磁性连接盘是一

块与抛光盘同直径(可略小)的橡胶圆垫,厚 2 mm,橡胶圆垫的
正面(上面)是磁性的(在制作橡胶板时,橡胶内单面添加有铁
粉,后轻充磁)。磁性连接盘通过双面胶与抛光盘粘结。另用直
径与抛光盘相同的薄镀锌低碳圆钢板一块(厚度为 0.6 mm),抛
光布通过双面胶粘贴于镀锌圆钢板上。抛光盘上有磁性橡胶垫,
镀锌圆钢板上有抛光布,将镀锌钢板对正移近磁性橡胶垫时,依
靠磁力会很方便地形成稳固的连接,取下时只要将镀锌钢板揭起
即可无损分离,见图1.34。

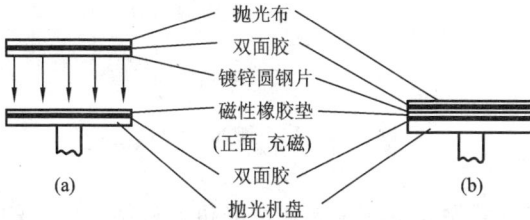

图1.34　磁性连接抛光盘

(a)——安装示意图;(b)——安装完的抛光盘

　　当抛光机上只有一个固定抛光盘时,如用双面胶粘抛光织
物,一般来讲只有抛光织物磨损、划破时,才行更换。但实际工
作中,当抛光不同金属材料试样时,如钢、铝、镁、铅等等,因抛
光微粉选用不同,对抛光精细要求不同,材料硬软不同,在固定
盘粘贴的抛光织物需更换时很不方便,也太浪费。如果用磁性连
接盘,只要多准备几块圆形镀锌钢片,分别粘贴不同的织物,各
对应其适用的试样,就可方便快捷进行更换。更换下来的粘贴圆
板钢也易于保存,需要时再重新安装使用。这种方法适用于高等
院校内不同科研项目的操作人员、研究生和工厂检测人员对不同
材料抛光时使用。磁性橡胶连接盘和相配用的镀锌圆钢板及双面
胶圆形片均有商品供应(无锡港下精密砂纸厂生产)。

3)机械抛光设备　机械抛光机分类见图1.35。

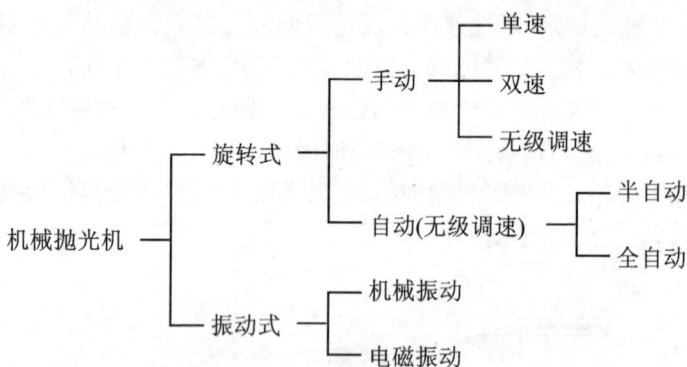

图1.35　机械抛光机分类

（1）旋转式抛光机　旋转式抛光机主机结构大致相似，主要由电动机，抛光盘、罩和盖，机壳和电器开关等组成。电动机驱动抛光盘作水平旋转运动。常用的有单盘和双盘抛光机两种。抛光机的速度设置有多种，单速的不同机型有不同的单一速度（转数），如1400 r/min 或 1000 r/min。双速的不同机型可选用两种速度搭配如（500 r/min、1000 r/min）或（900 r/min、1400 r/min）等。无级调速的一般为 0～500 r/min 或 0～1000 r/min。

① 旋转手动抛光机。除开抛光机速度区别外，主要是抛光机结构上有特点。如 DMP-4 型金相研磨抛光机，该机带有两个平面砂轮（一为碳化硅、一为白刚玉），取去抛光盘后，砂轮通过底盘上的凸台定心，平置于底盘上，将压盖压于砂轮中心，用螺栓紧固在抛光机轴上，即可进行粗磨光（此时有流水不断供给冷却）。抛光机还配备有三个磁性互换盘，可分别粘贴砂纸、织物。换上有砂纸的磨光盘可进行细磨光。粗、细磨光后，换用带抛光织物的抛光盘，即可进行抛光。一机三用，很方便，这是该机型

的特点，见图1.36。

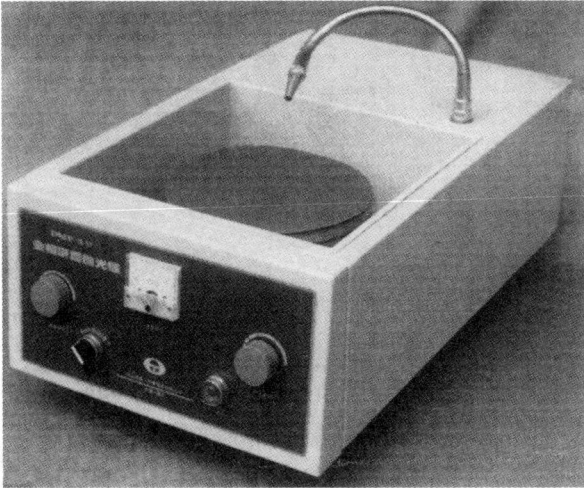

图1.36　DMP—4型金相抛光机实物照片

②　自动抛光机。分半自动和自动两种。

国产 UNIPOL – 801 和 UNIPOL – 1501 型精密研磨抛光机属半自动式，可半自动研磨、抛光2～3个试样，带有数字显示，无级调速并有定时器，可预设置抛光时间，抛光悬浮液通过自动滴送器自动添加。机型小巧，无需人工操作，见图1.37。

国产 DMP—4A10(DMP—3A10)自动金相研磨抛光机属自动式，可自动研磨、抛光3～9个试样，具有无级调速(0～500 r/min)；压力动态显示(1～200 N)；制样时间预设置和数字显示等功能，见图1.38。

(2)振动抛光机

振动抛光在产生振动的装置作用下，借试样的惯性在抛光织物上运动，其运动规律是试样绕自身轴向并沿抛光织物周边作自

图 1.37   UNIPOL – 801 型精密研磨抛光机照片

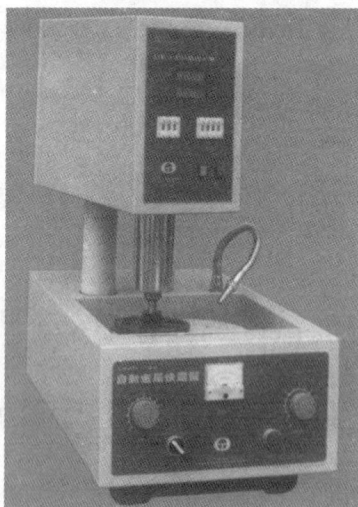

图 1.38   DMP—4A10 自动研磨抛光机照片

转和公转运动,同时伴随着低频率的轻微振动。振动抛光不需人持试样操作,每套装置可放十余个试样,且可随时方便的取出或放入,故效率较高,且抛光的试样品质好,夹杂物不易脱落。

4)机械抛光操作和试样清洗

制备优质光洁的金相试样,除抛光织物和微粉的正确选用外,还需要正确的抛光方法和熟练的技巧。

在抛光之前,由于截取、磨光后的试样,可能仍存在有残油或磨光后附着的磨料微粒,因此进行抛光前必须进行清洗(在抛光后、显示后,试样均应进行清洗)。

如磨光后的试样仍残存有油渍,去油可用无水乙醇(C_2H_5OH)、甲醇(CH_3OH)、乙醚$[(C_2H_5)_2O]$、苯(C_6H_6)和丙酮$[(CH_3)_2CO]$作去油清洗。去油清洗后,用热水冲洗再在酒精中浸洗并吹干。

没有带油的试样,试样可用流水冲洗并用软毛刷或棉花擦洗。

超声清洗是最有效和彻底的清洗方法,不仅可以除去表面的污物,而且可由空泡作用除去嵌在缝隙、气孔内的细小污物。通常清洗时间为 $20 \sim 30$ s。

除此之外,抛光盘、工作台面和操作者的手,也应清除保持洁净。

抛光时应将试样拿牢执平,开始时轻轻放下与抛光织物接触,再适当增加压力,压力不宜过大,避免增厚变形层,如果用力过小,抛光会耗费时间。保持适当压力并逆抛光盘旋转方向用力并适时转动。

抛光盘转速应根据材料特点选用。如果是不可调速的,粗抛时可在靠抛光盘外缘进行抛光,精抛时可在抛光盘 1/2 半径外进行。如果抛光机具有调速功能,钢铁和较硬的材料可选用较快的转速为 $800 \sim 1000$ r/min,较软的金属及合金如铝、铜、锌……等则可选中等速度，如 400～600 r/min，对于软的材料如铅、锡及其合金以及所有试样精抛光时都可选用较慢的速度抛光，如 150～400 r/min。

抛光悬浮液浓度要控制适当，微粉浓度过大并不会提高抛光速度；浓度太低则会明显降低效率。

注意控制湿度，湿度是通过抛光悬浮液来调节。湿度不足易使磨面产生过热或粘结抛光剂并降低润滑性，磨面失去光泽。软合金则易抛伤表面，出现麻点、黑斑。湿度太大会减弱抛光的磨削作用。检验在抛光织物上湿度是否合适的办法，是观察试样抛光面上水膜蒸发的时间，当试样离开抛光盘后，抛光面上附着的水膜应在 2～5 s 内蒸发完毕。

一些软的试样如铅、锡、锌、铝等，易产生表面变形层，可用抛光–浸蚀交替操作或抛光–化学抛光方法进行消除。

硬质合金因为它硬(硬度最高可达 93.5HRA，相当于 70HRC 以上)，所以它的金相试样制备包括抛光都与一般常用方法有区别。

完成抛光程序的试样应及时进行清洗和检查。

(1) 低倍检查。将试样的抛光面置于明亮光线照射下，用人眼或放大镜仔细观察。观察时朝不同角度转动，更易看清试样上的情况。合格的抛光面应当符合以下要求：

① 平整、光洁、反射性好；

② 无污渍、斑点、水迹、抛光剂残留物；

③ 无划痕；

④ 无橘皮状皱纹——多为变形扰乱层所致；

⑤ 无麻点——抛光引起的蚀坑；

⑥ 需保护的边缘未被倒角。

如存在上述前三项缺陷，宜重新抛光予以纠正，如有后三项缺陷及深划痕，须重新磨光和抛光。

(2) 显微镜检查。对于重要和需摄影的试样应在放大 100×

显微镜下进行检查,应符合以下要求。

① 无妨碍金相摄影的划痕;

② 无组织及夹杂物曳尾现象;

③ 无玷污;

④ 无因磨料嵌入而引入的黑点。

1.4.2 化学抛光

化学抛光是藉化学药剂的溶解作用而得到抛光的表面。这种方法操作简便,不需任何仪器设备,只需要选择适当的化学抛光液和掌握最佳的抛光规范,就能快速得到较理想的光洁而无变形层的表面。

1)基本原理

金属试样表面,由于各组成相的电化学电位不同,形成了许多微电池,因此在化学溶液中会产生不均匀溶解。在溶解过程中试样面表层会产生一层氧化膜,试样表面凸出部分由于黏膜薄,金属的溶解扩散速度比凹陷部分快,因而逐渐变得平整。因化学抛光的速度较慢,抛光后的表面光滑,但形成有小的起伏波形,不能达到十分理想的要求。在低和中等放大倍数下利用显微镜观察时,这种小的起伏一般在物镜垂直鉴别能力之内,仍能观察到十分清晰的组织。化学抛光时兼有化学浸蚀作用,因此多数情况下能同时显示组织,抛光结束即可以观察组织,不需再做浸蚀显示。

2)化学抛光溶液

化学抛光溶液主要由氧化剂和黏滞剂组成。氧化剂起抛光作用,它们是酸类和过氧化氢。常用的酸类有:正磷酸、铬酸、硫酸、醋酸、硝酸、氢氟酸等。黏滞剂用于控制溶液中的扩散和对流速度,使化学抛光过程均匀地进行。

3)化学抛光操作

试样准备。试样应经精磨光，最后一道砂纸磨至 P800 号（W28）。磨光后清洗。

根据试样材料选择化学抛光液配方，配溶液时应用蒸馏水，药品用化学纯试剂。对某些不易溶于水的药品，如草酸需加热到 60 ℃，对某些药品甚至需加热到 100℃ 才能溶解。过氧化氢（H_2O_2）和氢氟酸（HF）腐蚀性很强，需注意安全。化学抛光溶液应在烧杯中调配，试样可用竹或木夹夹住浸入抛光液中，一边搅动并适时取出观察直至达到抛光要求为止。

化学抛光溶液经使用后，溶液内金属离子增多，抛光作用减弱。如果发现作用缓慢、气泡减少，则应更换新药液。

化学抛光结束后，试样应立即清洗、吹干。

4）化学抛光的优缺点

① 优点。操作简便、快速，无需专用仪器。抛光后的试样表面无变形层，可抛光经镶嵌后的试样，可同时抛光试样的纵、横断面。

② 缺点。抛光溶液易失效，溶液消耗快，试样的棱角易受蚀损，抛光面易出现微小波纹起伏，高倍观察受到影响。

1.4.3 电解抛光

1935 年吉奎特（Jacuquet）将电解抛光这一方法应用于金相制样。目前在工厂、学校和研究院所已广泛应用，特别是一些硬度较低，易于在磨抛过程中形成变形层的金属材料，如高锰钢、马氏体不锈钢和一些软的有色金属材料等，有良好的效果。

电解抛光（也称阳极抛光或电抛光）是把试样作为阳极，另一种经选择的金属作为阴极，将试样放入电解液中，接通直流电源，在一定的电制度下，使试样磨面上凸起处产生选择性溶解，逐渐使磨面变得平整光滑，之后经电解浸蚀显示出试样的组织。

电解抛光与机械抛光相比，其优点是：软的金属材料机械抛光易出现划痕，需要用精细的抛光方法和熟练的抛光技术，才能得到良好的抛光面，而用电解抛光则很容易得到一个无擦划残痕的磨面。电解抛光不产生附加的表面变形，易消除表面变形扰动层。对于较硬的金属材料用电解抛光法比机械抛光法快很多。电解抛光适应性较机械抛光好，能够抛光多面的或非平面异形试样。电解抛光对于某些金属材料，经试验一旦确立了抛光规范，用简单的操作技术就能得到很好的抛光面，而且复现性好，电解抛光装置还能进行阳极复膜处理，在铝及其合金的应用中，会得到非常好的组织显示效果。

尽管电解抛光有许多优点，但现在仍不能完全代替机械抛光，因为电解抛光对金属材料化学成分的不均匀性及显微偏析特别敏感。所以对具有偏析的金属材料难于进行良好的电解抛光，甚至不能进行电解抛光。含有夹杂物的金属材料，如果夹杂物受电解浸蚀，则夹杂物会被全部抛掉；如夹杂物不被电解液浸蚀，则保留下来的夹杂物会在试样表面上突起形成浮雕。电解抛光因金属材料的不同，相适应的电解抛光液也不相同。直流电压的高低、电流密度的大小也有差异，在没有参考依据情况时，需进行相当多的试验工作来确定相适应的电解抛光规范。

1) 电解抛光原理

目前对电解抛光的本质还没有一个完全肯定的解释，有好几种假说企图说明其机理。但是没有任何一种假说能够充分解释所有的实验数据。现在的解释有黏膜假说、扩散假说、电解去晶假说、电冲击假说等。

在以上的假说中，薄膜理论被认为是较合理的假说。

薄膜理论认为：电解抛光时，靠近试样阳极表面的电解液，在试样上随着表面的凸凹不平形成了一层厚薄不均的黏性薄膜。由于电解液被搅动，在靠近试样表面凸起的地方，扩散流动得快，形成的膜较薄；而靠近试样表面凹陷的地方，扩散流动得较慢，形成的膜较厚。试样之所以能够抛光与这层厚薄不均匀的薄膜密切相关。膜的电阻较大，所以膜很薄的地方，电流密度大；膜厚的地方，电流密度小。试样磨面上各处的电流密度相差很多。凸起顶峰的地方电流密度最大，金属迅速地溶解于电解液中，而凹陷部分溶解较慢，见图 1.39。这样，凸出部分逐渐变平坦，最后形成光亮平滑的抛光面。

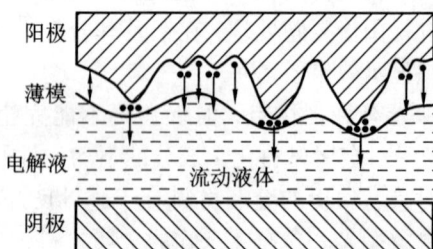

图 1.39　电解抛光原理示意图

要保持这一层有利于电解抛光的薄膜，需要一些条件的配合，除与抛光材料的性质，所采用电解液的种类有关外，还与抛光时所加的电压与通过的电流密度有关。根据实验找出的电压－电流关系曲线，可以决定合适的电解抛光规范。

法国学者杰盖研究了各种金属及合金的电解抛光特性。得到不同类型的电压－电流曲线，将它们分为两类：

第一类：电压－电流曲线（见图 1.40）。

铜、钴、锌、镁、钨等金属及其合金属此类。

① A 到 B 之间，电流随电压的增加而上升，电压比较低，不足以形成一层稳定的薄膜；即使一旦形成也就很快地溶入电解溶液中，不能电解抛光。只有电解浸蚀现象，电解浸蚀就是利用这一现象进行。

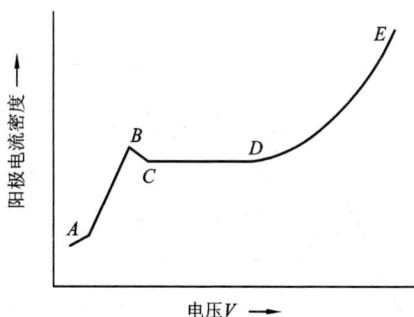

图1.40　第一类电解抛光特性曲线

②*B*到*C*之间，试样表面形成一层反应产物的薄膜，电压升高电流下降。

③*C*到*D*之间，电压升高，薄膜变厚，相应的电阻增加，电流密度保持不变。由于扩散和电化学过程，产生抛光。*C–D*之间是正常的电解抛光范围。

④*D*到*E*之间，放出氧气，由于氧气的形成，导致试样表面点蚀。这可能是由于表面吸附气泡，使膜厚局部减小而产生的。

上述四个阶段中的电化学反应式如图1.41所示。其中Me是代表金属，Me^{2+}代表金属离子，e代表电子。

在实际电解抛光过程中，如果把*BC*、*CD*和*DE*段都观察一下，则发现只有*C–D*之间没有和其他现象（钝化膜形成和氧释放）的重合。因此大多数金相电解抛光规范相当于*CD*的水平线段。很少使用*DE*段。而且*CD*段愈宽愈有利于电解抛光。*DE*段大多用于工业生产（阳极光亮法）。

这里还需要强调说明的一点是图1.41上所包括的线段，在实际的测定中并不总是如此明显，对于电阻很大的电解质，根本不可能分清各个阶段，有些金属也不能明显地区分各个线段。

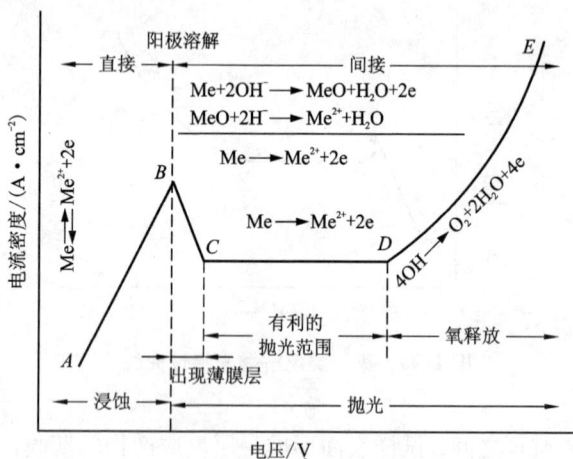

图 1.41　典型的电解抛光曲线

　　有上述特性的金属，电解抛光容易控制，BC 段的范围随金属性质而有宽窄的变化，约在数伏电压之间。

　　第二类：电压 – 电流曲线，见图 1.42。

　　铁、铝、铅、锡、镍、钛等金属及合金属此类。

　　这一类金属在电解液中所产生的物理化学现象与第一类相同，但它的电压 – 电流曲线没有明显的分为几个阶段，主要是没有抛光电流不随电压而变的水平段。当电压升高至 B 点开始起抛光作用，继续增加电压，电流亦随之升高。这种情况下不易控制抛光。但可用测定电阻和电压间的关系来控制。实线 oee' 是电压与电阻的关系曲线。oe 段电压过低，只有腐蚀作用，电阻变化较小。ee' 段为电解抛光阶段，形成稳定薄膜。当电压继续增加，到达 e' 点时薄膜最厚，电阻值也最高。再增加电压，薄膜被击穿，电阻值下降，产生点蚀现象（过腐蚀）而无抛光作用。电解抛光时

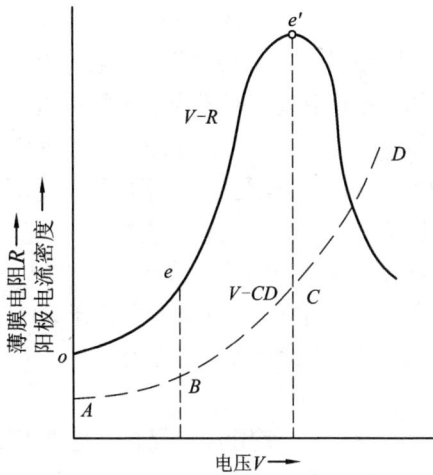

图 1.42　第二类电解抛光特性曲线及电压与电阻关系

电压可控制在 *ee′* 段。

2）电解抛光溶液

电解抛光溶液的成分是确定电解抛光品质的重要因素，正确的选用抛光溶液至关重要。根据电解抛光过程的特性和操作的需要，一般对电解抛光溶液有下列要求：

① 应该有一定的黏度；

② 当没有电流通过时，阳极不受浸蚀，在电解过程中阳极能够良好的溶解。

③ 电解液中应该包含一种或多种大半径的离子，如 PO_4^{-3}、ClO_4^{-1}、SO_4^{-2} 或大的有机分子。

④ 便于在室温下有效地使用，随温度的改变不敏感。

⑤ 配制时应该简单、稳定、安全。

电解抛光溶液一般由以下三部分组成。

酸类：过氯酸、铬酸、正磷酸、硝酸等。具有氧化能力，是电解抛光的主要组成成分。其作用，有的是钝化或氧化试样产生沉积于阳极上的黏稠膜。有的是去钝化，其浓度以刚好能使氧化层稳定并保持很薄，有的则改变所形成的薄膜性质。

溶媒：用来冲淡酸类，并能溶解在抛光过程中磨面上所产生的薄膜，如酒精、水醋酸、醋酸酐、甘油等。

水：控制电解液的浓度，一般应用蒸馏水。

电解抛光溶液一般分为两类：

① 冷电解抛光液。它的使用温度应低于50℃，为了保证这一条件，在使用过程中应给以充分的水冷却。过氯酸电解液属于此类。

② 热电解抛光液。在使用时应保持一定温度，铬酸电解液就属典型的热电解抛光液。

根据试样材料在查阅资料选用电解抛光溶液时，应注意使用温度提示。

安全提示：高氯酸是被经常选用的电解液，如高氯酸－醋酸－水溶液是吉奎特首先推荐使用的一种电解液。电解抛光效果很好。但配制这类溶液时应特别小心谨慎，否则有发生爆炸的危险。图1.43是高氯酸－醋酸－水溶液的三元相图。从图1.43中看出爆炸倾向与浓度有关，可燃区是经常使用的电解液成分。如果配制的成分距爆炸区较近，更应特别注意。因为，由于液温升高、溶液蒸发，成分局部发生变化而进入危险区，有发生爆炸危险。因此配制时宜用冰水，使用时应保持充分搅动和冷却，保证溶液温度低于30℃。

3）电解抛光装置

电解抛光装置可分为两类。一类为专门设计制造的成套装置，有专用电源，其中包括整流和连续电压调节及定时控制装置等。另有电解液容器，除有固定阴极外，还有一个耐蚀的小电动

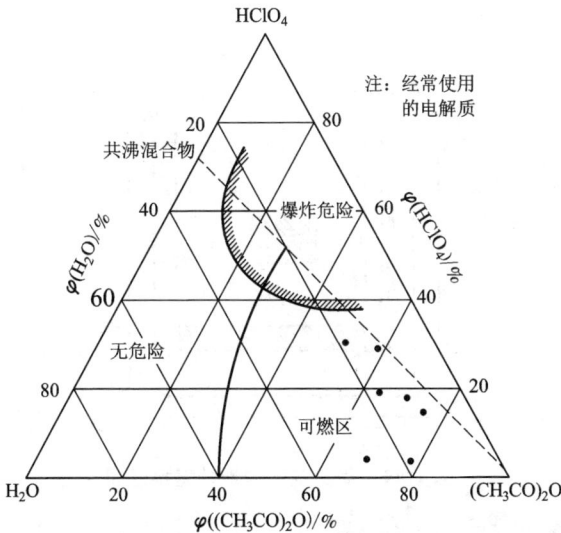

图1.43 高氯酸－醋酐－水混合物爆炸、可燃成分

泵，驱使电解液循环流动与阳极试样接触。国外有产品其成套性
甚至包括电解抛光与金相显微镜组成一个整体，通过耐酸泵将电
解液提升至抛光试样，在抛光过程中可通过显微镜观察试样抛光
过程，抛光完成后，适时通过旋钮降低电压显示出试样组织。

另一类装置实用简单，抛光装置在实验室内很容易建立起
来，电解抛光装置示意图见图1.44。金相电解抛光仪见图1.45。

简易电解抛光装置一般采用直流电源，电压一般量程为0～
60V。最好选用商品供应的金相用电解抛光仪，电压是可调节的，
电流表以mA和A刻度，并有直流输出正负极插口。电解抛光槽
一般用玻璃烧杯即可，容量500 mL，太小温度易升高，使操作困
难。若采用"冷"电解抛光液，电解槽要放入盛有冷却水或流动水
的容器中，以保证抛光时，电解液能得到及时充分的冷却。当用

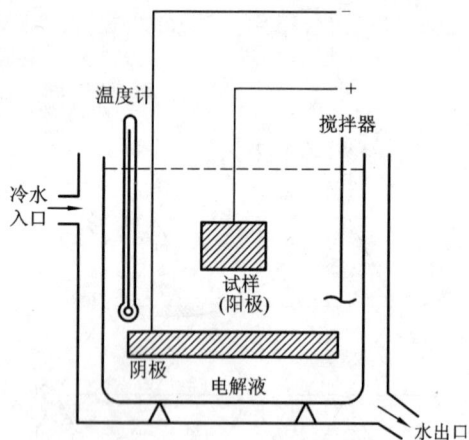

图 1.44　简易电解抛光装置示意图

图 1.45　金相电解抛光电源照片

"热"电解抛光液(50～80℃)工作时，则应用可控温的热水浴配合。抛光用的阴极板材料可采用不锈钢板、铅板和铝板等。表面积应大于 50 mm²，以保证电解抛光时电流均匀。金相试样作为阳极，通过不锈钢小夹子夹紧放入电解液中，将磨面对正阴极保持适当距离。抛光过程中可插入一只温度计，以便监测电解液温度。

金相工作者没有经验时，一般是根据需要抛光材料的特点，查阅有关手册给出的电解液及抛光规范，进行准备和抛光操作，少走弯路。

有时所给数据不确切、不完整，加上材料的差异，抛光效果不稳定，不理想，这时，可进行一些试验、探索工作，建议关心以下要点：

① 试样在电解抛光溶液槽中的取向；

② 阴极材料选用；

③ 阴阳极表面积比；

④ 阴阳极间的距离；

⑤ 电解抛光溶液温度；

⑥ 试样在电解抛光溶液中的深度；

⑦ 电流密度和电压；

⑧ 电解抛光时间。

4) 电解抛光操作步骤

① 测量试样抛光的表面面积；

② 用洗涤剂彻底清洗试样，清洗后用蒸馏水漂洗，如果试样表面与水不完全湿润，应再重复清洗；

③ 用与电源正极已联结好的不锈钢夹夹牢试样边部；

④ 将电解液注入电解槽中；

⑤ 将阴极板放入电解液中并与电源负极导线联结；

⑥ 把试样放入电解液中，接通电源，调整到所要求的适当

电压；

⑦ 调整阳极距离，便于得到预期的电流密度；

⑧ 达到所要求抛光的时间，取出试样，断开电源开关。立即用水漂洗，然后酒精清洗，干燥后即得到抛光好的试样。

1.4.4　综合抛光

以上述及的机械、化学、电解三种抛光方法，都有各自的特点，也都得到了广泛的应用。但由于某些材料的特性，用以上三种方法单独进行而难于抛光和显示时，可选用综合抛光方法（对某些材料是必须选用的）。综合抛光方法分类见图 1.46。

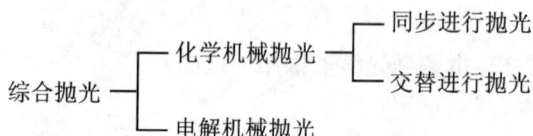

综合抛光 ┬ 化学机械抛光 ┬ 同步进行抛光
　　　　　│　　　　　　　└ 交替进行抛光
　　　　　└ 电解机械抛光

图 1.46　综合抛光方法分类

1）化学 – 机械抛光

化学机械抛光方法可同步也可交替进行。

（1）化学 – 机械抛光同步方法

这是在机械抛光的抛光微粉悬浮液中加入有化学活性的药剂，使试样抛光面在受到抛光微粉磨削作用的同时，受到化学腐蚀作用。也可以是在常规的机械抛光过程中适时加入化学抛光液，使抛光、腐蚀（促进抛光的作用）和润湿同时进行。在抛光的同时得到组织显示、或有利于抛光品质。很多金属材料及其合金（特别是硬质合金）试样制备均适用这种方法。

（2）化学 – 机械抛光交替方法

这种方法适用于一些易产生变形层和易氧化的软金属试样，

如铅、锡等。机械抛光按常规方法进行，短时抛光后（约几分钟），试样用竹夹夹住放入选定的化学抛光液中晃动10余秒，目的是腐蚀去除表面氧化层和变形层。之后又进行短时机械抛光和化学抛光，如此反复3~4次后，试样面应越来越亮，至光亮洁净为止。

2）电解-机械抛光

电解-机械抛光是将电解抛光与机械抛光结合为一体的试样抛光方法。

抛光盘与一塑料圆盆组合，盆中盛适量电解质和抛光微粉混合液。将试样接通阳极，抛光盘以点接触擦动方式接通阴极。戴手套持试样如机械抛光法操作。电制度参考相关手册。电解液常用的成分有硫代硫酸钠、草酸、苦味酸、过氧化氢等的稀溶液。

电解-机械抛光装置参见图1.47。

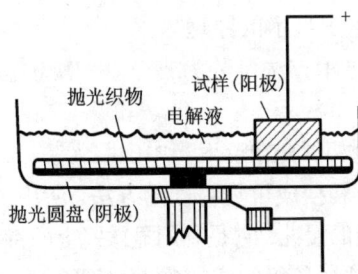

图1.47　电解-机械抛光装置

第 2 章　金相试样组织的显示方法

　　光学金相显微镜是利用磨面的反射光成像的。要鉴别金相组织，应使试样磨面上各相或其边界的反射光强度或色彩有所区别。某些组成相，如灰口铸铁中的石墨、钢中的非金属夹杂物以及复合材料中的陶瓷增强物等，它们本身就有独特的反射能力，因此可以利用抛光磨面直接进行金相研究。大多数组成相对光线均有强的反射能力，这就需要利用物理或化学的方法对抛光磨面进行专门的处理，以使试样各组织之间呈现良好的衬度。这就是金相组织的显示。试样中各组成相及其边界具有不同的物理、化学性质，利用这些差异使之转换为磨面反射光强度和色彩的区别，这就是金相组织显示的原理。

　　金相组织的显示方法可分为光学法、浸蚀法、干涉层法和高温浮凸法等几类。

　　光学法是把金相试样在反射光中肉眼无法分辨的光学信息如偏振状态或位相差异转换成可见衬度的方法，所用试样可不经其他显示处理或仅作轻微的浸蚀，它是利用显微镜上的特殊附件来实现的。

　　浸蚀法是藉试样各组织组成物间物理化学性质的差别，使其表面产生选择性浸蚀的方法，此时试样表面的微观起伏与其内部组织相对应，从而显示出组织特征。常用的显示手段有：化学浸蚀、电化学溶解及蒸发、离子溅射等。

　　显示组织的另一条途径是在抛光磨面上形成一透明薄膜，当光在薄膜上发生干涉时，试样内各相间光学参数的区别、薄膜厚度的区别等均使各相上的干涉色发生变化，从而显示出试样的组织。此类方法称为干涉层法。

　　高温浮凸法是利用抛光试样在加热或冷却过程中相变的体积效应使试样表面形成与组织变化相对应的浮凸，从而显示出组织的一种方法。在高温显微镜下它可以动态地显示相变过程。

　　此外还有磁性金相法和装饰法等。

　　各种显示方法综合列于表 2.1。

表 2.1　金相试样组织显示方法

方　法	物　　理	物理 – 化学	化　学
光学法	明场、暗场、偏振光相衬、微分干涉衬度	—	—
浸蚀法	热蚀、阴极真空浸蚀	电解浸蚀、恒电位选择浸蚀	化学浸蚀
干涉层法	热染、真空镀膜、离子溅射成膜	阳极复膜 恒电位阳极化及阳极沉积	化学染色
高温浮凸法	高温金相法		
其他		磁性组织显示	装饰显示法

2.1　光学法

　　若试样中所研究的组成相与基体对入射光的反射能力有显著差异，就可以直接在明视场下观察抛光磨面，这是最简单的光学法。由非金属元素组成的相，对光线的反射能力明显低于金属，例如灰口铸铁和球墨铸铁中的石墨、铸造铝硅合金中的初晶硅和共晶体中的晶硅，均能在抛光磨面上直接观察到它们的形貌及分布状态。金属的氧化物、硫化物及氮化物等，也具有非金属的光学特性，统称非金属夹杂物，它们不仅反射光强度不同，往往还具有特殊的色彩或有透明与不透明之别，这些都将成为鉴别非金属夹杂物的重要依据。另外，显微裂纹和疏松等缺陷可直接观察。还有一些金属元素的吸光能力较强，不经其他显示手段也可清晰可见，如铅黄铜和铅青铜中铅的分布等。

有一些试样，其磨面上的反射光包含着反映组织特征的光学信息，例如光学各向异性金属（锌、铀等）反射光的偏振状态随晶体取向而异，具有微小高度差的试样其反射光的位相具有差别，虽然人眼无法直接分辨出这些差别，但利用光学附件使其转化为亮度和色彩的差别，就能显示出组织细节。这种利用光学手段显示组织衬度的方法就是光学法。所用光学附件有偏振光、相衬和微差干涉衬度装置等。

光学法显示组织是依据试样中各组成相光学性质的区别，试样无需人为地浸蚀或覆膜，从而避免了这些过程可能引入的假象。在具有相应金相显微镜附件的条件下应优先使用这一方法。

2.1.1 明场

明视场照明光路行程。明视场照明有平面玻璃反射和棱镜反射照明两种（参见图2.1～图2.2）。

平面玻璃反射照明的特点是经垂直照明器转向的光线会均匀的直射在试样表面，被浸蚀后的显微组织特征经物镜、目镜得到清晰平坦的图像，这种照明方式，光线可充满物镜孔径角，使物镜的分辨能力能得到最好的发挥，特别适宜在高倍下的观察。其不足之处是光线透过平面玻璃后损失较大，故映像衬度较差，缺乏立体感。

棱镜反射照明。这种照明是利用三棱镜作为折光元件，光源经棱镜全反射后，通过物镜光束便斜射到试样表面。这种照明方式与平面镜相比较光线损失较少，镜筒内炫光较低，图像亮度大、衬度好。但这种照明方式物镜内只有一半充满光线，降低了物镜的数值孔径，致使分辨能力会降低一些，但衬度较好，富有立体感。适合在低倍如 100× 或以下使用。

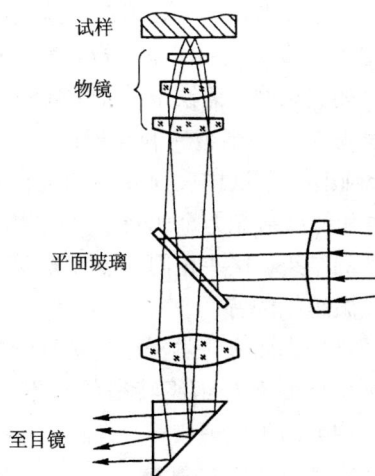

图 2.1　平面玻璃反射垂直照明器的光路行程

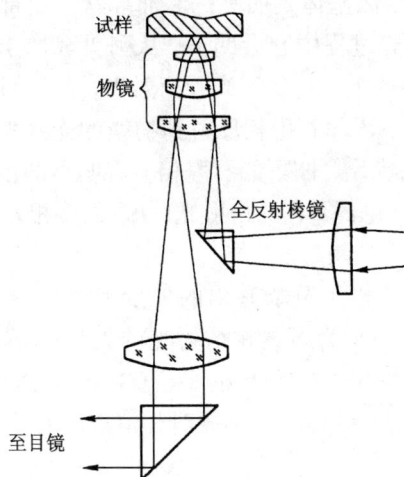

图 2.2　棱镜反射垂直照明器的光路行程

明视场照明是金相分析中的主要照明方式。经过浸蚀后的试样，均需经明场照明方式来显现金相组织。这里讨论的是未经浸蚀的某些试样经抛光后直接在明场下进行观察分析。这一类试样包括如钢中的非金属夹杂物、铸铁中的非金属石墨相及金属中的某些氧化物和低反射能力的半金属和反射能力差的某些金属相。这些试样在明视场照明下，试样表面光洁如镜，主要产生强的直接反射光，非金属和低反射能力金属及半金属相产生弱的反射光和衍射光相消干涉的结果，这些相因而变得灰暗，因此在明场照明下就能反映出显微组织的特征。

以下分析一经过抛光而末化学浸蚀的球铁试样，在显微镜下能清晰的反映出圆球状石墨相组织特征的基本原理（其他如铁、非金属夹杂物等等均类同于此理）：

铸铁试样的基体部分为铁的基体，经过精细抛光而未浸蚀，基体是一个镜面光洁表面，经物镜垂直入射的光线会完全反射回去，没有衍射光，故基体是明亮的。而球状石墨部分，由于它比铁的基体软，抛光过程中它会凹下，从阿贝成像学说可知，凹下的石墨相细节会产生直接反射光和衍射光，在它们前进的过程中会发生相消干涉，因而石墨相反射到物镜的光线强度很低，表现出石墨相的黑色特片。凹下的石墨相会有明显的衍射光，当基体直接反射光（$\overrightarrow{OA}$）和石墨相的衍射光（$\overrightarrow{OC}$）的位相差为 π 时会发生相互抵消。

图 2.3 为根据以上分析画出的矢量和波形图。图中 $\overrightarrow{OA}$ 表示基体反射光矢量；$\overrightarrow{OC}$ 为石墨相衍射光的矢量；$\overrightarrow{OB}$ 表示石墨相的反射光。从矢量图中，看出 $\overrightarrow{OB}$ 远小于 $\overrightarrow{OA}$，这是因为 $\overrightarrow{OB}$ 是直接反射光 $\overrightarrow{OA}$ 和衍射光 $\overrightarrow{OC}$ 在其位差为 π 时相消干涉的结果，即 $\overrightarrow{OB} = \overrightarrow{OA} + \overrightarrow{OC}$。

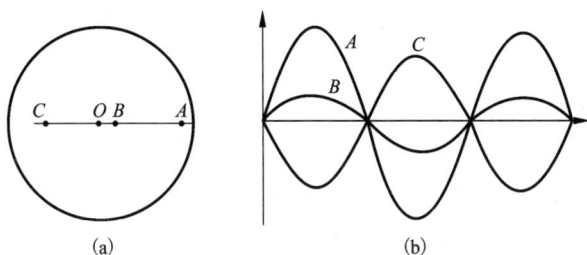

图 2.3

(a)表示不同光波位相关系的矢量图;

(b)与(a)相对应的波形图

从以上分析可看出:如果物体的细节(如石墨相、非金属夹杂相、低反射的铅黄铜中的游离铅相等均类此)造成的衍射光强度足够大且和基体金属直接反射光会发生有效抵消,干涉的结果会使石墨相反射光的强度大大降低,从而使在未经浸蚀的试样上物像具有清晰、良好的反差。

图 2.4 为一硬质合金试样,经精细磨制、抛光后未浸蚀,明场照明下物镜的垂直入射光投射到光洁试样表面后,无衍射光,会完全垂直反射回物镜,因试样表面光洁如镜,会得到无组织细节表现的图像。

图 2.5 为一球铁试样,经磨制、抛光后,同样未浸蚀,但因石墨相较软,与基体相比会有凹陷,在明场垂直照明下,石墨凹陷处会产生直接反射光和衍射光,如前文所述,会产生干涉抵消结果,石墨相表现为暗黑,因而显示出其组织特征。

图 2.4　硬质合金 YG16C　未浸蚀

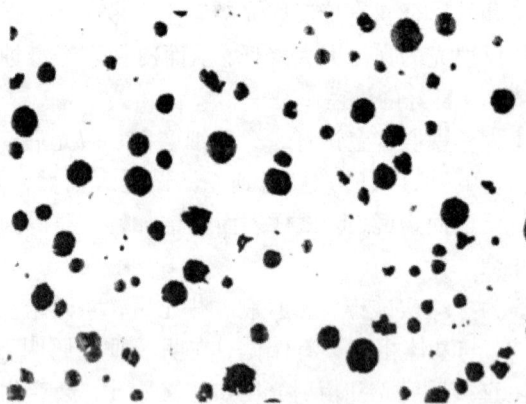

图 2.5　球墨铸铁　未浸蚀

应用实例(以下实例图均为未经浸蚀在明场下的观察)

1)钢中非金属夹杂物

钢中非金属夹杂物按化学组成可分为简单氧化物(如 Al_2O_3,SiO_2);复杂氧化物(如 $FeO \cdot Al_2O_3$,$CaO \cdot Al_2O_3$);硅酸盐(如 $2FeO \cdot SiO_2$);硫化物(如 MnS,FeS);氮化物(如 TiN);复杂夹杂如硫氧化物(Ca_2O_2S),氟氧化物(LaOF),氮碳化物(TiCN),硫碳化物($Ti_4C_2S_2$)等。

金相研究明视场下观察夹杂物的特征,见附表 1。

附表 1　明视场金相研究方法所能观察的夹杂物特征

编号	研究方法	所观察的特征
1	低倍明视场观察 (100×)	(1)夹杂物的总量 (2)夹杂物的形状、大小及分布 (3)夹杂物的加工塑性 (4)夹杂物的抛光性能 (5)夹杂物的色彩
2	中倍明视场观察 (400~500×)	(1)反射能力 (2)夹杂物的组织
3	高倍明视场观察 (油浸物镜)	(1)反射能力 (2)夹杂物的组织 (3)夹杂物的色彩

钢中非金属夹杂主要有硫化物、氧化物、硅酸盐和碳化物等。钢中非金属夹杂物的观察实例见图 2.6 ~ 图 2.8。

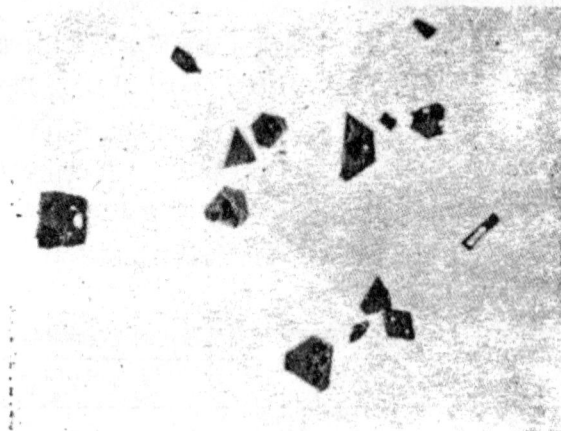

图 2.6 Cr_2O_3 夹杂   400×

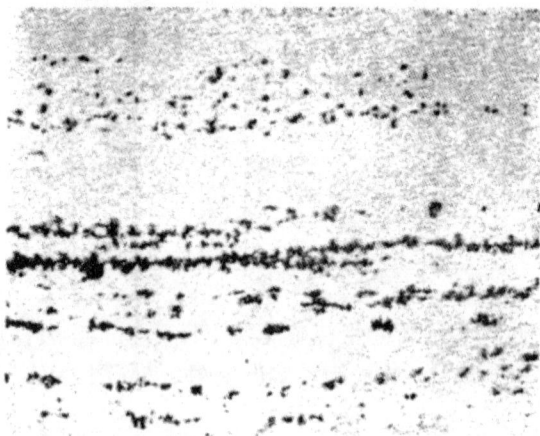

图 2.7 Al_2O_3 夹杂   200×

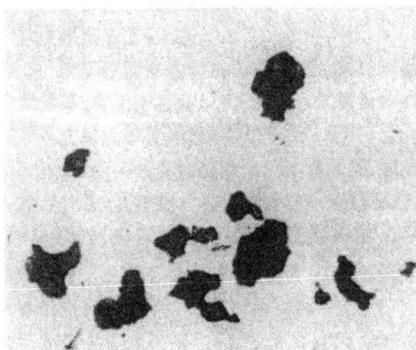

图 2.8　明视场下，深灰色不规则块状物，周边粗糙

试样状态：铸造状态；浸蚀方法：未浸蚀；组织说明：硅酸盐夹杂

　　2）铸铁中灰口铁、球墨铸铁、可锻铸铁中的石墨形态、分布、数量等。

　　（1）灰口铁

图 2.9　100×

材料：灰铸铁（HT200）

试样状态：铸造状态

浸蚀方法：未浸蚀

组织说明：石墨析出呈较粗长片状 A 型分布，石墨长度相当于 3～4 级。

A 型石墨是在共晶范围内产生的一种石墨状态，当冷却速度较为缓慢，对石墨长大的条件有利时，就易于得到粗长的片状石墨。

图 2.10 100×

材料：灰铸铁（HT150）

试样状态：铸造状态

浸蚀方法：未浸蚀

组织说明：石墨析出呈粗长片状 A 型分布，石墨长度相当于 2~3 级。因而形成粗长的石墨。它对力学性能很不利。一般应加强铁水的孕育处理，控制共晶团尺寸在一定范围内，获得较细的石墨片，从而保证铸件的力学性能。

（2）球墨铸铁

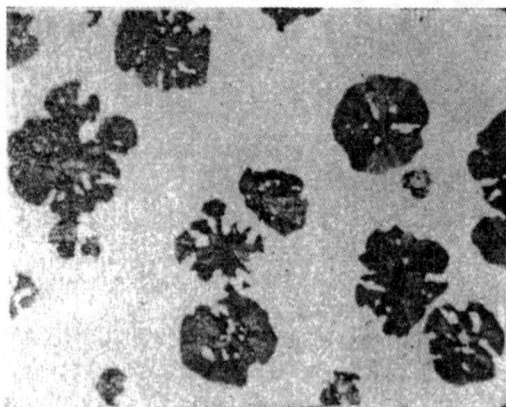

图 2.11 开花状石墨 未腐蚀 100×

开裂的球状石墨，开裂处嵌有基体金属

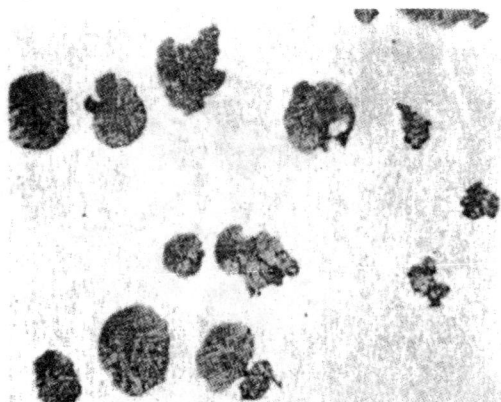

图 2.12　团状石墨　未腐蚀 100×

外形较球状石墨不规则，团周边界显著凹凸

(3)可锻铸铁

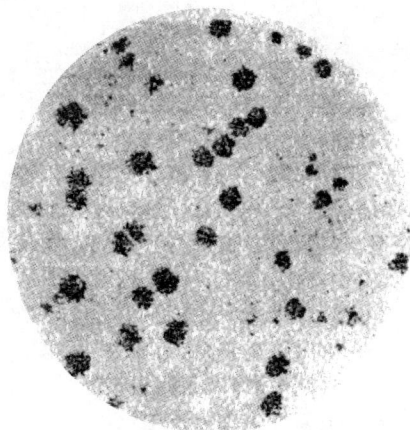

图 2.13　团球状石墨　未腐蚀 100×

石墨较致密，外形近似圆形，周界凹凸

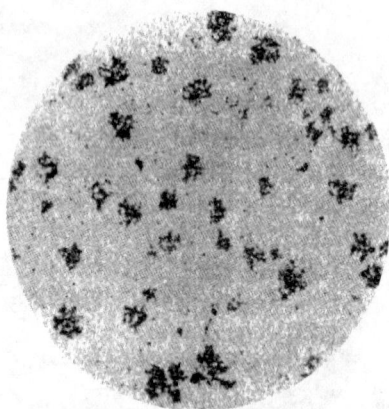

图 2.14 团絮状石墨 未腐蚀 100×

石墨类似棉絮团,外形较不规则

3)金属氧化物及反光差的金属相

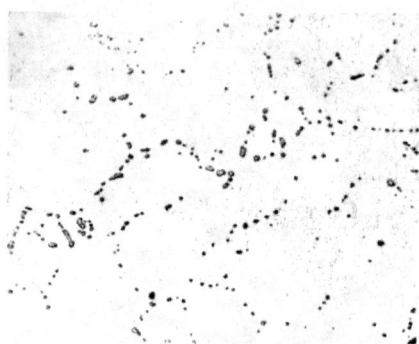

图 2.15 200×

合金牌号:紫铜

工艺条件:试料经 900℃退火 3 小时

浸蚀剂:未浸蚀

组织特征:共晶组织中的 Cu_2O 聚集成较大的颗粒

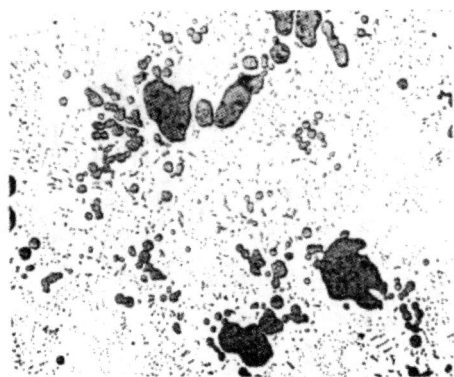

图 2.16　200×

合金牌号：紫铜　　　　状态：铸造

浸蚀剂：未浸蚀　　　　组织说明：过共晶组织，大块灰色
　　　　　　　　　　　　　　　者为 Cu_2O 初晶。

图 2.17　100×

合金牌号：HPb60 – 2

工艺条件：冷轧

浸蚀剂：未浸蚀

组织说明：铅相分布的情况。

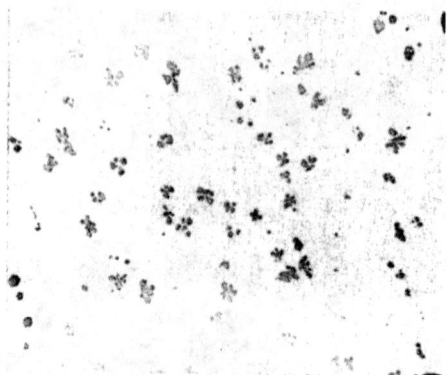

图 2.18   200×

合金牌号：HAl59 - 3 - 2

工艺条件：铸造试样于 830℃保温 5 小时炉冷至 650℃保温 2 小时淬火

浸蚀剂：未浸蚀

组织说明：试样缓冷时在 650℃大量析出星花状 γ 相。

2.1.2   暗场

暗视场与明视场显微镜的区别在于：明视场中垂直照明器转向后的入射光束通过物镜直射到目的物上，而暗视场则是使入射光束绕过物镜斜射于目的物上。这样的光束是靠环形光阑及环形反射镜获得的。

图 2.19 是暗视场工作原理的光路行程简图。光源经聚光镜获得的平行光束，在环形光阑处受阻，仅使部分光线沿筒形管道通过，并由暗场环形反射镜转向后，沿着以光轴为中心的环形管道前进。此时，光线不通过物镜而首先投射到物镜外的曲面反射镜上，通过反射使光束斜照在目的物上。因此，表面光滑的目的物反射出来的光线不能到达物镜，显微镜内是黑暗的；而目的物上能使光线产生漫散射的浮雕处（如某些夹杂物相），因漫散射的产生将有部分光线可到达物镜，在显微镜内观察到是明亮的。由

于某些透明、半透明物相产生内反射的结果，还可以观察到它的固有色彩(体色)。因此，暗场常用于鉴定非金属夹杂物。

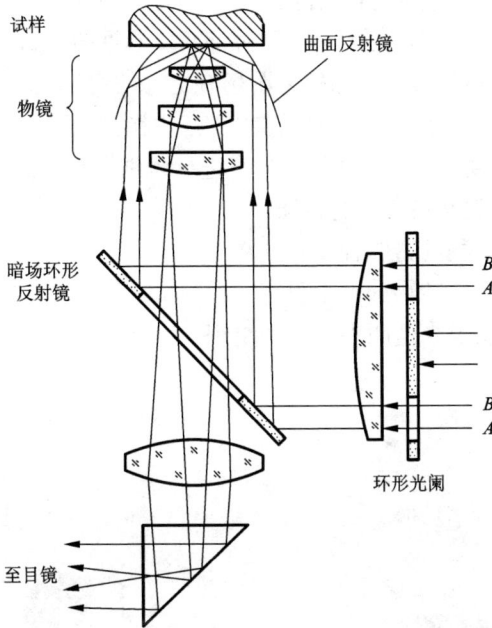

图 2.19　暗视场照明光路行程

　　观察夹杂物的色彩及透明度一般应在暗场或偏振光下进行。根据夹杂物的透明程度，可以把它们分为透明和不透明两大类。透明的还可以分为透明与半透明两种。透明的夹杂物在暗场下，它们显得十分明亮，这是因为在暗视场斜射照明条件下，光线透过透明夹杂物在夹杂物与基体的不规则界面上反射出的光线，再次透过夹杂物入射于镜筒内，反映出夹杂物的明亮。如果夹杂是有色彩的，则在暗场下将呈现出它们固有的色彩。

　　各种夹杂物都有其固有色彩(即夹杂物体色)，如 Al_2O_3 为透明夹杂物，呈亮黄色，$MnO \cdot Al_2O_3$ 为半透明呈棕红色，Cu_2O 在暗场下能观察到真正的宝石红色。

不透明的夹杂物虽然在暗场下呈黑色，如 FeS、ZrN。但大多可以看到该夹杂物的边缘呈现白亮轮廓(参见图 2.22)。

利用暗场观察夹杂物较之明场有更好的衬度，因在黑暗的基体上更容易发现细小而明亮的夹杂物。因此可根据夹杂物的固有色彩和透明度，再结合其他特征来进行识别和判定。

暗视场观察夹杂物的特征：

(1)夹杂物的透明程度；

(2)透明夹杂物的本来色彩；

(3)透明及半透明夹杂物的组织。

应用实例

1)球墨铸铁

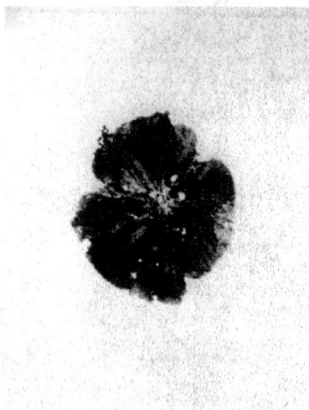

图 2.20   500×

图 2.21   500×

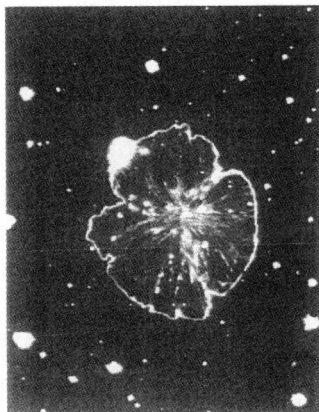

图 2.22　500×

2）4Cr10Si2Mo 钢

图 2.20 ~ 图 2.22

材料：球墨铸铁

工艺情况：铸态

浸蚀方法：未经浸蚀

组织说明：图2.20：球状石墨在明视场下的形态。

图2.21：球状石墨在偏振光下呈辐射状结构。

图2.22：球状石墨在暗视场下的形态。

球状石墨在低倍下近似圆形，在高倍下为多边形，周围凹凸。在试样制备好的情况下，球状石墨具有放射状结构。

球状石墨在偏振光下具有鲜明的各向异性效应，当显微镜试样平台旋转时，每旋转 90°，球墨有发光和消光效应。

在偏振光下石墨放射状结构更显突出。

在暗视场下，球状石墨呈漫反射，周围有亮边。

图 2.22 中亮点为铸铁中细小的点状夹杂物。

图 2.23　800×

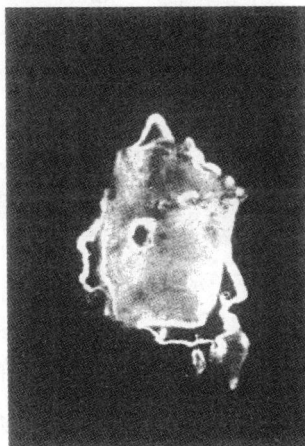

图 2.24　800×

图 2.25   800×

图号：图 2.23 ~ 图 2.25

材料：4Cr10Si2Mo

工艺情况：调质处理

浸蚀方法：均未浸蚀

组织说明：图 2.23：明视场下，非金属夹杂物，中间为灰色矩形，四周为不规则深灰色块状物。

图 2.24：偏正光正交时，中间矩形呈亮色弱各向异性，周边有亮色块及不透明区。

图 2.25：为夹杂物的 X 射线能谱图，图中可看到，夹杂物的主要元素有 O、Al、Ca、Mg、Si、Fe 等。

由夹杂物的光学特性及能谱分析可知，夹杂物是由中间矩形物铝酸盐（CaO·nAl_2O_3）、周边有镁尖晶石（MgO·Al_2O_3）及氧化铁等组成的复合夹杂物。

2.1.3   偏振光

1）偏振光装置及调整

在现代大型和中型台式金相显微镜中多配备有偏振光装置（见图 2.26）。偏振装置可以是尼科耳棱镜，也可以是人造偏振片，现在一般多采用偏振片。因为其价廉而轻便。为使照明光束成平面偏振光，在垂直照明器之前的入射光程中装有一起偏器。为了鉴别偏振状态的变化，在垂直照明器与目镜之间装有一检偏器，其作用是分辨被偏振光照射于金属磨面后反射光的偏振状态。有的金相显微镜在检偏器前还可插入一灵敏色片，它实质上是一波片，加入它可以获得很好的彩色效果和彩色衬度。

在配备有起偏和检偏振镜附件的金相显微镜使用前，必须经

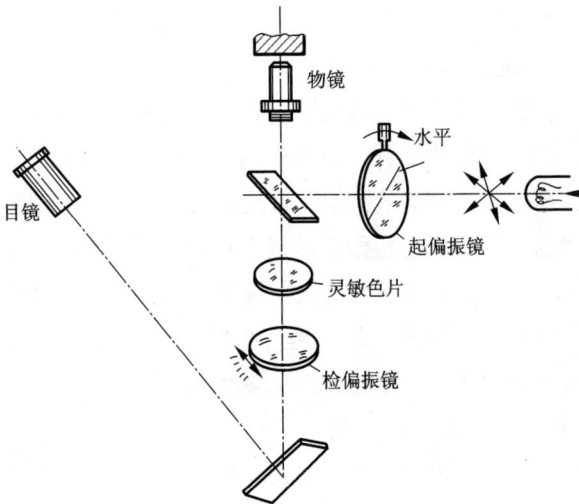

图 2.26　金相显微镜的偏振光装置

过适当的调整才能进行偏振光金相分析工作。使用前的调整包括
三个方面：即起偏振镜位置的调整；检偏振镜位置的调整；载物
台中心位置的调整。

（1）起偏振镜位置的调整

起偏振镜装在入射光路中紧靠光源的可转动圆框内，借手柄
可转动调整。调整的目的是为了使入射光的偏振成水平，与振动
面水平面平行。以保证经垂直照明器平面玻璃反射后进入物镜的
光线强度为最大，且仍为直线偏振光。

调整方法：可以利用经抛光而未经浸蚀的不锈钢试样（各向
同性金属）来进行，将试样放置于试样台上，这时只用起偏振镜
（除去检偏振镜），从目镜内观察经聚焦后试样抛光面上反射光的

强度，转动起偏振镜，从目镜中观察反射光强度发生的明暗变化，反射光最强时就是起偏振镜最正确的位置。

（2）检偏振镜位置的调整

起偏振镜位置调整完成后，插入检偏振镜，调节正交偏振位置，仍用不锈钢金相试样，经聚焦后，转动检偏振镜，当从目镜里观察到最暗黑的消光现象时，就是正交偏振位置。观察到光强最大时就是起偏振镜与检偏振镜成平行的位置。在应用偏光附件检测工作中，需要让检偏振镜作角度的偏转，以增加观察目的物的衬度和明暗及色彩的变化。当使检偏振镜转动90°时，则得到平行偏振光，这时可供常规金相观察使用。

（3）校正载物台中心位置

载物台中心位置应与光学系统光轴垂合，因为工作中常常要观察目的物在360°范围内变动时光强变化的规律，为保证观察目的物在转动载物台时不离开视域，必须做好载物台与光轴中心位置的校正工作。校正工作靠装在载物台上的调整螺丝进行（详细操作可见仪器说明书）。

2）偏振光的光学效应

偏振光在金相磨面上的反射情况：当直线偏振光垂直投射在光学各向异性的晶体磨面上时，反射回来的偏振光就会分解成为平行及垂直于该晶体的对称轴的两个分偏振，而两个分偏振产生下列两个变化，即振幅的变化。一个分偏振落后于另一个分偏振，两者之间有一相位差。由于第一个变化，使光的偏振面发生旋转，由第二变化使直线偏振光变成椭圆偏振光，结果使光线能够通过处于正交位置的检偏镜而射入目镜，这两个分偏振的强度则决定于晶体的对称轴与入射光偏振面之间的交角大小。在直射偏振光垂直照射在各方向同性的晶体的磨面上时，则从该磨面反射回来的光没有发生什么变化，还是保持原来的偏振光而被处于正交位置的检偏镜所消光。假若入射光与磨面成一角度，则反射回来的光就会转变为椭圆偏振光而通过检偏镜。以上所述有关偏振光的一些性质就是我们进行偏振光金相分析的依据。

3）偏振光在金相分析中的应用

在偏振光下研究金相组织，一般只需抛光而不需浸蚀便可获得清晰、真实的组织特征。利用偏振光可进行晶粒组织显示；多相合金中的相分析；塑性变形、择优取向及晶粒位相的测定以及金属非金属夹杂物的鉴别等方面的工作有其独到之处。

（1）组织与晶粒的显示

①各向异性金属

在偏振光金相研究中，这方面工作做得最多，很多各向异性金属如锑、铍、镁、锌、锆等都可以用偏振光进行鉴定。

各向异性金属的多晶体，在正交偏振光下可以看到不同的亮度。亮度不同，表征晶粒位向的差别。具有相同亮度的两个晶粒，有相同的位向。图2.27（a）所示是具有六方结构的纯 Zn 在常温下变形后的明视场金相组织。图2.27（b）为偏光金相照片，正交偏振光下晶粒显示出不同的深浅层次，较明场下观察到更为清晰的孪晶。

球墨铸铁的组织表现如下（见图2.28）：球状石墨在正交偏振光下具有十分明显的各向异性效应，当试样台转动360°时，球状石墨将出现发光或消光现象各四次，具有明显的黑十字现象。

球状石墨在低倍时，近似圆形；高倍时，通常是个多边形。抛磨精良的球状石墨，在明场下呈辐射状结构，在暗场照明下，球墨周围有一个亮圈，在正交偏振光下黑十字效应十分明显。

图2.29所示，非正交偏振光下，石状石墨背景——即基体较

亮,而球状石墨的各向异性仍然可见。较高倍率下球状石墨的层
状结构依稀可见。

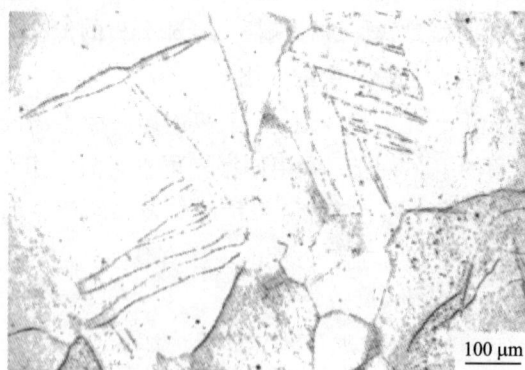

(a)

(b)

图 2.27   纯 Zn 的金相组织

(a)明视场;(b)偏光

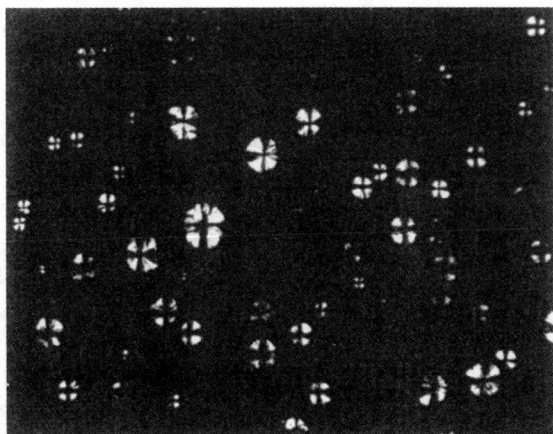

图 2.28　100×

图 2.29　500×

材料：球墨铸铁；工艺情况：铸造状态；浸蚀方法：未浸蚀

②各向同性金属

铝及其合金是最多采用偏振光来研究金相组织的各向同性金属。各向同性金属在正交偏振光下呈现黑暗的消光现象,如果将试样表面进行阳极化处理,产生一层各向异性的氧化膜,覆盖在试样表面上,这时氧化膜的结构与基体金属的晶体取向有关,并具有了偏振效应,这样便可以在偏振光下研究晶粒组织。在铝及许多合金中,电解阳极氧化技术得到广泛有效的应用。特别是铸造铝合金,用化学浸蚀不易显示初生晶粒,而经阳极氧化处理后在偏振光下观察,晶粒极为明显。经研究,铝合金经阳极化处理后氧化膜具沟槽状结构,沟槽的方位与基体晶粒的取向相对应。偏振效应就是由各向异性的氧化膜和对应于晶粒晶界沟槽所引起的。

试样经电解抛光,然后进行电解阳极氧化处理后在用偏振光条件下可得到黑白分明、清晰的组织特征(见图 2.30)。如加用了灵敏色片,则可获得彩色鲜明的彩色效果图像。

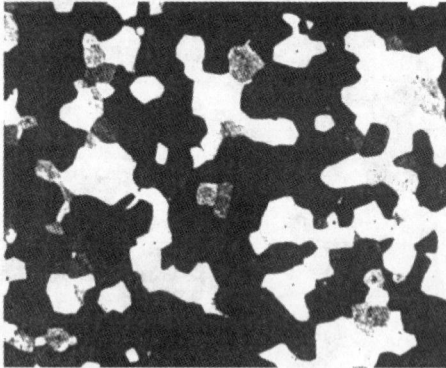

图 2.30　试样经电解抛光并阳极复膜　100×

合金及状态:1070M 纯铝

规　　格:厚 0.007 mm

组织特征:已完全再结晶,晶界平直,细小均匀

阳极化处理(阳极覆膜)操作,详见本书第5章5.1节阳极覆膜内容。

(2)多相合金的分析

双相或多相合金,凡符合以下条件者均可利用偏振光进行研究分析工作。

两个相都属各向异性,而二者有着不同的光学性能;

两相中有任一相为各向异性,另一相为各向同性,则极易由偏振光鉴别;

两相都属各向同性,经适当的化学浸蚀后,使其中一相具各向异性的性质。

(3)非金属夹杂物的鉴别

非金属夹杂物的分析是金相工作中的一项重要内容。在偏振光下夹杂物也各分为各向异性和各向同性两类。在正交偏振光下夹杂物会有不同的反射规律:

各向同性不透明夹杂物反射光仍为线偏振光。正交偏振光下呈黑暗一片,转动载物台一周无明暗变化,如FeO夹杂即属此类。

各向异性不透明夹杂物在线偏振光照射下将发生振动面的旋转,使反射偏振光与检偏镜改变正交位置,部分光线可通过检测镜。转动载物台一周观察到四次明亮,四次消光,如钢中的FeS夹杂可观察到这一现象。

各向同性透明夹杂物在正交偏振光下可观察到与暗视场相同的颜色(体色)。如MnO具有各向同性,正交偏振光下与暗场下观察到相同的颜色——绿色。

各向异性透明夹杂物在正交偏振光下可观察到包括体色和表色组成的色彩。如钛铁矿(FeO、TiO_2)为三角晶系,各向异性,暗场下薄层时透明,呈玫瑰色或褐色等。偏光下呈闪耀明亮的玫瑰红色。

透明球形夹杂物除可显示透明度及色彩外,还可看到黑十字

效应及等色环。如球状玻璃质的 SiO_2 夹杂及铁硅酸盐（$2FeO \cdot$
SiO_2）夹杂均可看到黑十字效应及等色环。图 2.31 和图 2.32 为
铁基粉末冶金材料铁硅酸盐夹杂在明场和偏光下的光学特征。烧
结后未浸蚀，SiO_2 呈球状夹杂。

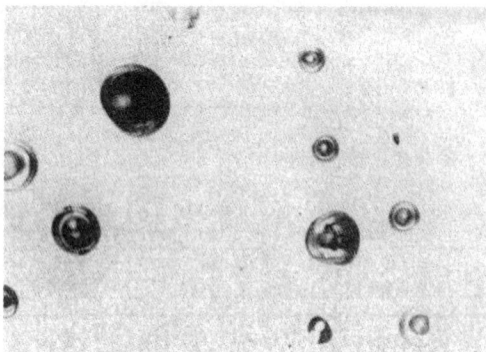

图 2.31　明视场下，灰色，中心有亮点，并且有几层亮环

图 2.32　在偏振光正交时，
夹杂物呈各向同性，透明状并有"黑十字"

铸钢 ZG15CrMo，见图 2.33。明视场下，球形氧化硅及硅酸盐复合夹杂物。其中深灰基体在偏光下呈强各向异性，为氧化硅（SiO$_2$）；中间浅色灰色棒状物在偏光下呈弱各相异性，为复合硅酸盐。

图 2.33　ZG15CrMo　200×

工艺情况：铸态

浸蚀方法：未浸蚀

2.1.4　相衬光学显示

一般金相显微镜是靠反射光的强弱差别来识别金相组织中各相组织，即是靠不同相反射光振幅大小的差别来区分的。当需要识别的两相反射系数相近时，仅因浸蚀的程度不同而略有凸凹差别时，在这种情况下反射光没有或只有极小的振幅差别，当两相凸凹差别很小时，则组织识别更显困难，此时最好借助相衬金相方法。

相衬显微技术就是在显微镜中加添一种特殊的光学附件来提高物相反差(又称衬度)的方法。早期生产的金相显微镜,一般都没有相衬附件,在二十世纪后期,国外生产的稍高挡的金相显微镜多配备有相衬附件,在国内这一金相技术已得到较多的应用。

1)相衬金相的附件及其光学布置

相衬金相附件有:

(1)环形光栏(也有称遮板)

环形光栏的形状如图2.34所示。在相衬显微镜中,环形光栏安置在照明系统中非常靠近孔径光栏处,当使用相衬照明条件时,应当将孔径光栏开大。

图2.34 环形光栏的形状

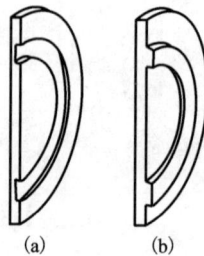

图2.35 相板的形状
(a)用于正相衬;(b)用于负相衬

(2)相板

相板的形状如图2.35,它是一个圆形玻璃片,其中有一个环形凹槽[如图2.35(a)]用于正相衬,另一个为环形凸槽[如图2.35(b)]用于负相衬,称为相环。相环的直径约为相板直径的1/2~2/3,其宽度约为相板直径的1/15。在配备有专用相衬物镜(物镜上标记为pH)的显微镜中,相板就安置在物镜的后焦面(参见图2.36)。在有专用相衬物镜的显微镜上配有一块插入式相板座，它安置于垂直照明器的底部，插入式相板座上附有几种不同大小的相环，以配用不同倍率的物镜。

（3）辅助透镜

辅助透镜的作用是使环形光栏的影像大小与相环的大小完全一样，这样就可以在显微镜中使用一个共同的环形光栏。为了实现这一目的，使用较早期的金相显微镜如"Neophot－1"时，它的辅助透镜是单个的，应按不同倍率物镜选用相应辅助透镜配用。较新型号"Neophot－2"型和 MN－6 型都配有可调式辅助透镜，可按不同的物镜调整可调式辅助透镜可达到上述目的。

（4）伯特兰透镜

伯特兰（Bertrand）透镜或辅助放大镜，在相衬照明下，位于物镜后焦面的环形光阑影像还必须与相环的影像完全重合，其就是为了完成这一调试工作而准备的一个专用部件，使用时只须将其透镜旋入光程，经过适当调焦后，从目镜中就可以观察到环形光阑和相环在物镜后焦面的放大影像，随即就可以进行必要的调试，调试完毕后，再将伯特兰透镜旋出光程，这时从目镜看到的就是相衬照明条件下的物像。

相衬附件的安装及调试都比较简单，由于相板对物镜正常功能的影响很小，因此只要将环形光阑移出光程，并将孔径光阑缩小至正常位置，就可迅速将相衬照明变为普通的明视场照明。

（5）相衬显微镜的光学布置

相衬显微镜的特点是在一般金相显微镜中加两个特殊的光学零件（图2.36），在光源系统光阑的位置上，更换一块单环或同心双环遮板，在物镜后焦面上放置一块"相板"，它是一块透明的玻璃片，在对应于圆环形遮板透光的狭缝处，真空喷镀两层不同物质的镀膜，称为"相环"，它起着移相和降低振幅的作用。当光线经遮板狭缝后成环形光束射入显微镜，借助透镜调整遮板，使圆环狭缝（遮板 A）恰好聚焦在相板 B 上，即使射入的环形光束与相板上的环状涂层完全吻合，为了调节方便，实际上相板上的环状涂层略大于狭缝的投影。

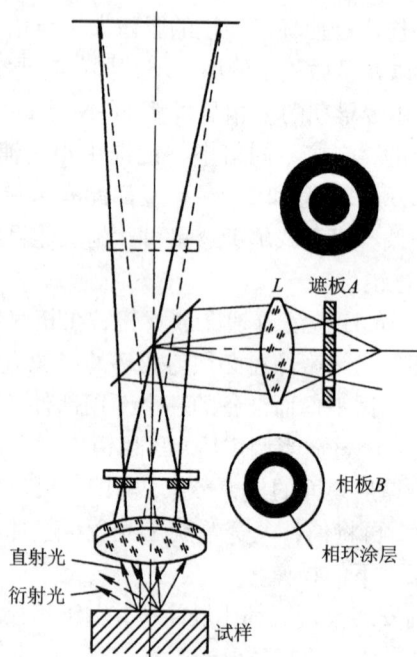

图 2.36　相衬显微镜的结构简图

　　环形光束通过相环后经物镜投射在试样表面上，如果试样是一块平整光滑的磨面，那么反射光进入物镜光线（直射光）必然仍旧与相环吻合；如果磨面有凸凹差别，则不同部位的反射结果不同。凸出部分的反射光是直射光 S，经物镜后重又投在相环上，透过相环进入目镜；而凹陷部分的反射光 P 包括直射光 S 和衍射光 D 两部分，直射光透过相环，而衍射光则由各个方向进入物镜投射在相板的整个平面上。可见借遮板与相板的配合使反射光中

的直射光与衍射光在相板上通过不同的区域，即直射光通过相板
上相环部分，而衍射光则通过相板整个平面（衍射光通过相环面
积比起整个面积小得多，故可以忽略），通过相环部分的直射光
可借相环移相和降低振幅，达到提高衬度的效果。

2）相衬方法的基本原理

（1）相衬原理

为了说明相衬理论，首先从分析反射光着手（图 2.37）。

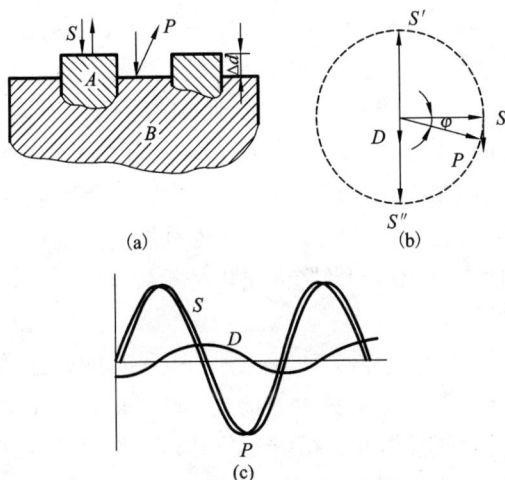

图 2.37 光在金相磨面上反射的光程和位相

（a）光程图；（b）光矢量图；（c）波形图

设金相试样组织中两相的反射系数相等，两相高度差 Δd 极
小，则光线在高低两平面上反射光的强度也相等，只是低凹平面
反射光 P 比高凸平面反射光 S 多走了 $\Delta L = 2\Delta d$ 的光程，因此 P
比 S 滞后 $\Delta \varphi$ 位相，见矢量图 2.37（b）。由矢量叠加 $P = S + D$，
其中 S 与高凸相 A 处反射光的位相、振幅相同，称为"直接反射

光"（或简称直射光）。D 称为衍射光，其方向和振幅大小取决于 P 与 S 的位相差，由于 P 与 S 没有振幅差，仅有微小的位相差，所以一般金相显微镜是无法鉴别的。要使在显微镜下清楚地鉴别二相组织，也就要使二相反射光 P 与 S 显示出较大的差别，这就必须借助衍射光的作用。

由光矢量图 2.37(b) 可以看出，由于 P 与 S 之间位相差极小，这时衍射光 D 近似滞后 S 位相 $\pi/2$（相当于光程差 $\lambda/4$），若将 S 也设法"移相"，使其位相提前 $\pi/2$（光程提前 $\lambda/4$），即 S'；或滞后位相 $\pi/2$（光程滞后 $\lambda/4$），即 S''。使得直射光 S 与衍射光 D 的位相差为零或 π，叠加的结果，可以预期 P 有明显的增强或减弱，这样就能显示出 P 与 S 的差别，有利于 A、B 两相的鉴别。但由于直射光 S 的振幅远大于衍射光 D 的振幅，即使改变了 S 的位相，叠加的结果仍然不很明显，为此尚需要将直射光的振幅降低，并使它接近衍射光的强度，以期望叠加后能获得明显的强度差别，因此使直射光移相及降低振幅是相衬显微镜设计时的基本出发点。

上面已经指出，相衬方法就是利用一种特殊的光学装置将具有位相差的光转换为具有强度差的光，这一转换工作由以下几步来完成：a. 将直接反射光和衍射光分开；b. 改变直接反射光的位相，使其与衍射光的们相差由 $\pi/2$ 改变为接近 π（正相衬）或接近零（负相衬）；c. 把直接反射光的强度降低到使其能与衍射光产生有效抵清（正相衬）或增强（负相衬）。

以上第一步是由相衬件中的相环来完成的，第二、三步是由相衬附件中的相板完成。

这里特别指出：在正相衬（暗衬法）中所用的相板要比相环部分厚一些，因为光在玻璃中的传播速度小于在空气中的传播速度，因此，直接反射光及衍射光分别通过相环和相板后，二者的位相差还要加大，正相衬相板设计直接反射光及衍射光分别通过相环和相板后，与衍射光的位相差再增加 $\pi/2$。尽管如此，因为衍射光 D 与直接反射光 P（凹下相）的位相差由原来的略大于 $\pi/2$ 增加到略大于 π，但 D 远小于直接反射光，合成后的振幅仍比较接近直接反射光，因此，物象仍缺乏反差。因此，在相环上还喷镀了一层能大量吸收光的金属膜，一般能将直接反射光吸收80%。因为光的强度与其振幅的平方成正比，这样，直接反射光通过相环后，其振幅应减小到原来振幅的45%。这样，直接反射光与衍射光合成后的振幅为 S'。

负相衬相环的厚度要比相板部分高出 $\lambda/2$，所以，它将使直接反射光通过相环后，其位相要比衍射光滞后 $\pi/2$，这样，直接反射光与衍射光的位相差就从原来的略大于 $\pi/2$ 减小到约为零，即二者的位相差基本一致。

3）正、负相衬

使用不同的相板，按移相情况的不同，又可分为正相衬和负相衬。

（1）负相衬（明衬法）

由于选用了负相衬相板，试样凹陷处的反射光的直接反射光滞后位相 $\pi/2$（即光程滞后 $\lambda/4$），衍射光 D 通过相环以外的相板部分，没有位相与振幅的改变，所以 S' 与 D 同位相，叠加的结果，凹陷处将比凸起处的反射光 S' 显得更明亮（见图2.38）。

（2）正相衬（暗衬法）

正相衬所用的相板要比相环部分厚一些，在相环上还喷镀了一层大量吸收光的金属膜，使样品凹陷处的反射光中的直射光超前位相 $\pi/2$（即光程提前 $\lambda/4$），直射光 S' 与衍射光 D 反位相，即 $P = S' - D$，叠加的结果，凹陷处将比凸起处的直射光 S' 显得黑暗，所以也称为暗衬法（见图2.39）。

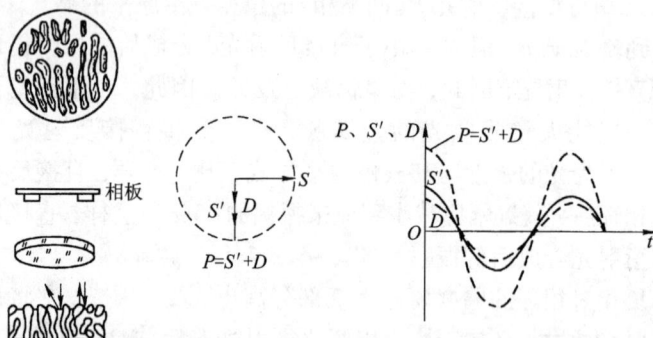

图 2.38   负相衬光矢量分析

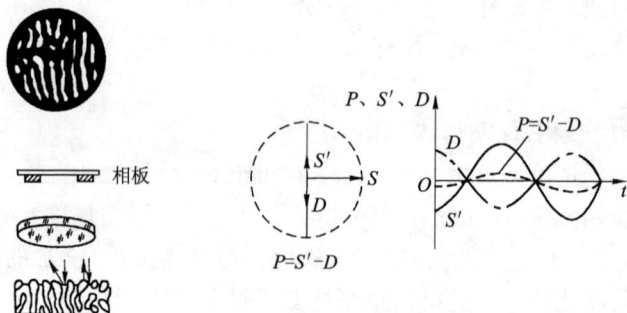

图 2.39   正相衬光矢量分析

4）相衬金相方法的应用

金相试样的组织可以用多种方法显示，其中最常用的就是化学浸蚀。但是在有些情况下，用化学浸蚀或其他特殊显示方法都不能有效地把显微组织显示出来，特别是具有微小高度差的两相，如反光能力相近，可应用相衬装置使两相微小高度差转变为映上的强度差，以提高衬度而获得清晰的图像。相衬方法特别适用在两相高度差在 10～15 nm 内的试样组织鉴别。相衬方法对于金相组织识别是一个辅助方法，最大量应用的还是常规化学浸蚀方法。以下简要介绍一些应用实例。

（1）共析钢、过共析钢、工模具钢经球化退火后的组织，浸蚀后因为铁素体的溶解速度比渗碳体的溶解速度快，因此渗碳体颗粒凸起在铁素体基体上，由于它们的反光能力相差不多，二者都是明亮的，仅依赖相界面较暗反映其区别，所以整个组织的反差仍然较低，致使铁素体基体与渗碳体颗粒难于分辨，在正相衬照明条件下，由于渗碳凸起在铁素体基体上，因此凸起的渗碳体颗粒是明亮的，而凹下的铁素体基体则是灰暗的，二者之间有良好的反差。

（2）高速钢刀具淬火组织中的应用

在高速钢刀具淬火后，应关注碳化物溶解是否充分。但是由于碳化物也是明亮的颗粒，其中还有一些比较大的一次碳化物，还不容易和基体分开，因此在判断碳化物是否溶解充分时就有一定的困难。在正相衬照明条件下，由于碳化物颗粒是凸起在基体之上的，因此是明亮的，而基体则是暗灰的，它们之间有较好的反差，因此很容易看出碳化物的数量和分布情况。

（3）显示显微偏析

当固溶体成分不均匀时，试样抛光后将在磨面上形成微小高度差，明场下难于分辨，借助相衬装置可清晰显示。

（4）滑移带、位错、晶内偏析等的应用

如纯铝试样经在 200℃下缓慢拉伸（蠕变），变形度达 0.8% 时，晶体内部会出很多滑移带，在相衬下可得到很清晰的观察。晶体螺旋生长的螺旋线等均可在相衬照明条件下得到分辨。

(a)

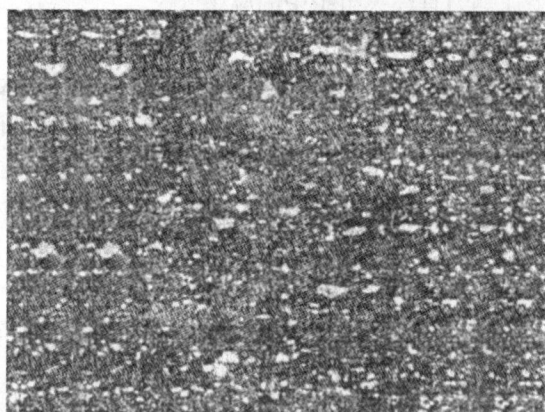

(b)

图 2.40　高速钢的淬火组织

（a）明视场照明；（b）相衬照明

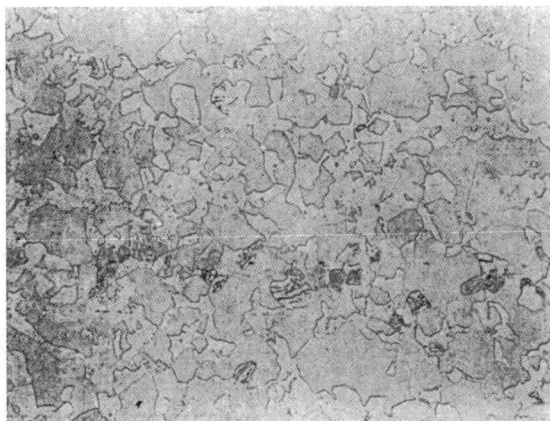

图 2.41　30CrMnSiA 钢等温转变组织，900℃奥氏体化 15 min，
725℃等温 900 s(明视场照明)　400×

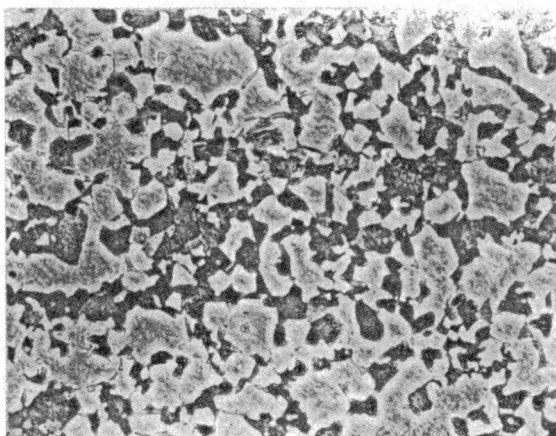

图 2.42　30CrMnSiA 钢等温转变组织，
处理条件同图 2.41(相衬照明)　400×

2.1.5 微差干涉衬度(简称 DIC)

斜射照明、暗场、偏光及相衬等方法，都具有提高显微组织衬度的功能，而微差干涉衬度是二十世纪后期新发展的提高组织识别能力的一种新方法。它与相衬法相比有更好的效果，使用相衬方法时，试样表面高度差在 250 埃左右物象的衬度效果最好，而微差衬度，则可观察组织间高度差仅几个埃的差异特征。

微差干涉衬度又称偏光干涉衬度。其主要光学元件有起偏器、检偏器、渥拉斯顿棱镜和全波片。

DIC 装置操作：微差干涉衬度装置，附件较少，操作也很简单，使用步骤视附件情况不同而异。

对 MeF 型显微镜，需在垂直照明器的物镜座上先加上装有渥拉斯顿棱镜的附件。再装上专用物镜，引入起、检偏振镜便可观察。

对于 MM6 型显微镜，其渥拉斯顿棱镜已安装在专用的物镜内，使用步骤如下：

①装上带有渥拉斯顿棱镜的专用物镜组。

②在光路中插入起偏振镜和检偏振镜，调节到所观察的组织细节具有最佳衬度。

③插入全波片(λ 片)，形成彩色衬度图像。

在不同全波片时，可以拍摄基本上是明暗衬度的图像；使用全波片时，可以拍摄彩色图像，也可以再加上特定波长的干涉滤光片，使之转化为衬度良好的单色图像，适于供自动图像分析仪进行精确的定量工作。

用 DIC 观察时，试样应仔细制备，去除磨痕，麻点等，可以在抛光态进行观察，利用不同组织的硬度差异在抛光时于试样表面形成的微小高度差以显示组织衬度，也可以轻微腐蚀后进行观察。为此，试样最后一道抛光宜用氧化镁作为磨料，而不用金刚石研磨膏来抛光，因后者切削力强，致使试样表面极为平整，无微小高度差。

DIC 装置在金相分析中的应用

一般显微镜 DIC 装置，故目前国内应用尚不够广泛，大致可应用于以下几个方面：

(1)利用不同相呈现不同色彩的特点，可作为相鉴别的佐证，特别适于复杂的合金组织。如铝合金中常出现各种合金相，其外形、分布数量、硬度及其在不同腐蚀剂腐蚀下的作用等，可以做为相鉴别的部分依据，若用电子探针微区成分分析则可以确定探明其组成。而如辅以 DIC 图像，则可看到其不同合金相呈现的色彩，便于直接迅速地识别组织。如 LY12(2024)铝合金铸态及形变组织，调整起偏振镜和检偏振镜的交角，使背景色为青色时，形变 LY12 合金中 θ 相呈青紫色突起，$\beta(Mg_2Si)$ 相为棕色，S 相为黑色。总之对于铝合金相鉴别、钢和合金钢中碳化物类型的区分等，DIC 装置均有一定作用。

(2)提高衬度，能显示一般明场观察不到的某些组织细节。如高碳高合金钢残余奥氏体中继续转变形成的马氏体；表面形变组织，固溶体中的偏析带等。另外获得衬度良好的图像，适于自动定量工作。

2.2　浸蚀法

2.2.1　化学浸蚀法

化学浸蚀是将抛光好的试样磨面浸入化学试剂中或用化学试剂擦拭试样磨面，使之显示出显微组织的一种方法，这是应用最早和最广泛的常规显示方法。

1) 化学浸蚀原理

化学浸蚀实际上是一个电化学反应过程。金属与合金中的晶粒与晶粒之间、晶内与晶界以及各相之间的物理化学性质不同，且具有不同的自由能，当受到浸蚀时，会发生电化学反应，此时浸蚀剂可称为电解质溶液。由于各相在电解质溶液中具有不同的电极电位,形成许多微电池,较低电位部分是微电池的阳极,溶解较快,溶解处呈现凹陷或沟槽。例如在显微镜下观察金属组织时,光线在晶界处被散射,不能全部进入物镜,因而显示出黑色晶界(见图 2.43)。在晶粒平面处的光线则以直接反射光反射进入物镜,呈现白亮色从而显示出晶粒的大小和形状。

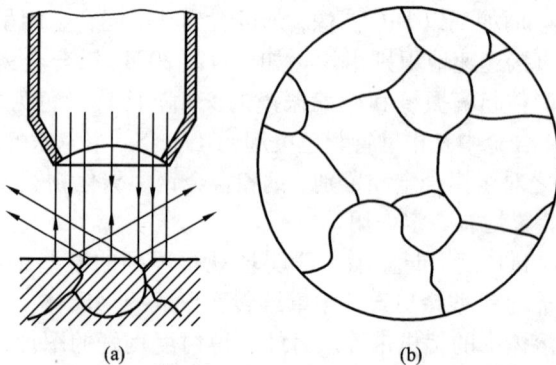

(a)   (b)

图 2.43　浸蚀显示原理

(a)晶界处光线的散射;(b)直射光反映为亮色晶粒

2)纯金属及单相固溶体合金的浸蚀

纯金属和单相固溶体合金受化学浸蚀时,首先将溶去金属表面很薄的一层非晶层,再溶解晶界。晶界作为阳极而被溶解,逐渐凹陷,故得以清晰显现。

3)多相合金的浸蚀

多相合金的浸蚀,除具有单相合金的反应特征外,由于组织中有明显不同的相组成物,电极电位差异较大,试样表面与浸蚀剂接触时发生的反应较强烈。发生这种反应的倾向与试样上不同相的电位差异有关。部分元素的电极电位递增次序如下:

Li^+,Na^+,K^+,Ca^{2+},Ba^{2+},Be^{2+},Mg^{2+},Al^{3+},Mn^{2+},

Zn^{2+}，Cr^{3+}，Cd^{2+}，Ti^+，Co^{2+}，Ni^{2+}，Pb^{2+}，Fe^{3+}，H^+，Sn^{3+}，Sb^{3+}，Bi^{3+}，As^{3+}，Cu^{2+}，Ag^+，Hg^{2+}，Au^{3+}，Pt^{3+}。

上列次序中，所有排列在氢以前的元素都能受酸浸蚀并放出H_2，所有排列在氢以后的元素如不增加氧化剂均不易浸蚀。

无论单相或多相合金，在浸蚀时，由于自由能、化学成分、相的差别等而形成的微电池作用外，还与金属变形过程中变形差异、在氧化发生时形成的氧化层厚薄差异、浸蚀剂在试样上的微小浓度和反应速度差异等因素有关。

化学浸蚀虽未外加电源，但磨面在浸蚀剂中会发生电化学腐蚀。例如，片状珠光体组织是由铁素体和珠光体片间相排列而成的，铁素体的电极电位为$-0.4 \sim -0.5$ V，渗碳体则略低于$+0.37$ V。在稀硝酸浸蚀剂中铁素体为阳极，渗碳体为阴极，其电化学反应式为：

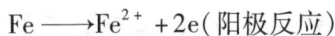

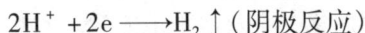

$$Fe \longrightarrow Fe^{2+} + 2e (阳极反应)$$
$$2H^+ + 2e \longrightarrow H_2 \uparrow (阴极反应)$$

金属铁离子进入溶液，而过剩的电子则迁移至阴极，使溶液中的氢离子获得电子生成中性原子，进而结合成H_2从阴极放出。当浸蚀时间合适时，铁素体被均匀地溶去一薄层，但在两相交界处因被浸蚀而呈凹陷。在显微镜下观察时，会反映出以下三种情况：①在高倍下观察，渗碳体片和铁素体片均是白色的，因渗碳体高于铁素体片，在直射光照明下可显现出相界。②如适当降低显微镜放大倍数，当物镜分辨能力小于渗碳体片厚度时，渗碳体片两侧相界线融合为一，观察到的黑色片层实为组织中的渗碳体，但不能说渗碳体被浸蚀成黑色。③若再降低显微镜放大倍数，当物镜分辨能力小于珠光体片层间距时，本来带片层的珠光体呈现黑色块状。

4）化学浸蚀剂及浸蚀操作

（1）化学浸蚀剂。浸蚀剂主要由电解质、溶剂、络合剂及添加剂组成，它们都会影响到浸蚀剂的浸蚀能力和效果。因此，正确的选择适当的搭配和组合是很重要的。

通常浸蚀剂的浸蚀能力主要决定于溶液中氧化性离子的本性，而不是浓度。因此，调整浸蚀时的浸蚀能力，主要手段是改变氧化性离子的种类和配比。要想清晰地显示合金组织，得到衬度满意的金相照片，必须根据试样中待显示组织的稳定性，适当地选用浸蚀剂。若被显示组织的稳定性高，应选用浸蚀能力较强的浸蚀剂，但这并不意味着在任何情况下都选用电位高的浸蚀剂，如不恰当地这样选用，往往会显示不出电化学行为差异小的细微组织，达不到区分合金组织细节的目的。例如，正火的 $45^{\#}$ 钢，因为冷却快，珠光体很细密，一般称为淬火索氏体，如用 $HNO_3 - H_2O$ 浸蚀则只能区分 α-Fe 与成团的索氏体组织，其相界清楚，但细微组织由于过度浸蚀而不能区分；如改用浸蚀能力较弱的盐酸或苦味酸溶液浸蚀，就能区分成细片状的索氏体组织。

除电解质外，溶剂也是至关重要的，它关系到电解质的溶解度、离解能力、溶剂化大小及溶液电阻等，因此变换溶剂将明显影响到浸蚀剂的浸蚀能力及效果。

浸蚀剂种类繁多，有酸性、碱性、盐类浸蚀剂。本章所介绍的浸蚀剂均是最常用者。选用时应根据材料类别、检验目的及操作者的经验，以清晰地显示出组织为主要目的。还应考虑到无毒、挥发性小、易于保存、价廉等因素。

（2）浸蚀操作及注意事项。化学浸蚀室应与显微镜室分隔开。工作台辅以耐酸、碱瓷砖，台上应有抽排风系统，台侧应有水池、电源开关。一般浸蚀过程包括试样清洗→酒精擦洗→浸蚀→冲洗→酒精擦洗（有条件可用超声清洗）→烘干等。

浸蚀时应注意观察试样表面情况，一般当镜面失去光泽变成灰暗即可，时间常从几秒到几分钟。高倍观察宜浅浸蚀，低倍观察可深些，以在显微镜下能清晰显现组织为准。

浸蚀后的试样，应进行仔细观察。如确认出现假象，一般是金属表面扰乱层之故，对此种试样宜采用交替抛光浸蚀，并重复两、三次以上。

对浸蚀过度的试样，应重新抛光浸蚀，严重时还需从细磨开始，重新制样。

浸蚀后的试样，经吹干后应立即进行观察、分析或摄影，拟保存的试样应置放于干燥器中。

2.2.2　电解浸蚀法

1) 电解浸蚀的特点及应用

电解浸蚀这一操作可单独进行，也常与电解抛光联合进行，即抛光在前显示在后。电解浸蚀所使用的仪器和装置完全相同于电解抛光。电解浸蚀根据不同的金属与合金可选用交流电解浸蚀和直流电解浸蚀两种方法。

对于抗蚀性很高的一些金属和合金，如铂、金、银等贵金属及其合金，不锈钢、镍基高温合金、高合金钢、钛合金、硬质合金等，由于其化学稳定性很高，难于用化学浸蚀法显示其组织，常采用电解浸蚀法。电解浸蚀中对电压、电流的控制，对电解溶液、温度和时间的选择，都是为了使金属组织的不同组元能够以不同速度溶解，以达到显示组织的目的。通常，电解浸蚀的工作电压和电流比电解抛光时小，其电压、电流选择在电解抛光特征曲线的 AB 段，见图1.41。

电解浸蚀作用与试样表面的成分和结构差异等因素有关。对于一个晶粒，晶内元素的微观偏析、微区变形的不均匀性、滑移和孪晶等特征均属于这类差异。还有对于整个试样表面，晶粒位向差、组元成分差、晶界非金属夹杂物和低熔点化合物的集聚、晶界原子排列歪扭以及变形和应力不均匀等也均是这类差异。这是电解显示的基础。电解浸蚀时，因外加电源电位要比组织差异形成的微电池的电位高很多，因此，化学浸蚀时自发产生的氧化还原作用就大大降低了。导电不良和不导电的组元，如碳化物、硫化物、氧化物、非金属夹杂物等没有明显的溶解，这样会在试样被浸蚀的表面上形成组织浮凸。

2）电解浸蚀时应注意的事项

试样需经良好的抛光，除机械抛光还可先进行电解抛光。若用电解抛光，待抛光完成后随即降低电压使获得所需的电流密度，从而达到在同一电解液中相继完成抛光和浸蚀。

正确选择电解液成分，使电解时生成的阳极过程产物具有以下特征：不大的溶解度，较高的比电阻，能在试样表面形成过饱和的粘质层，不同相的浸蚀作用有较大差别。

选择适当的工艺操作条件，这主要指电解浸蚀时的电参数、浸蚀时间、电解液温度以及电解液是否搅拌等。

电解浸蚀结束后，应及时清洗试样表面，以防止介质继续浸蚀。

2. 2. 3　热蚀显示法

热蚀是高温金相的一种主要组织显示手段。置抛光好的试样于真空加热室中，加热到一定温度，在没有任何介质作用下晶粒边界和某些相界能获得显示。热蚀的基本原理是借助真空和加热条件下金属表面原子发生的迁移现象而形成选择性蒸发。在高温真空下，磨面表层非晶态的扰乱金属层(拜尔培层)首先蒸发。同时由于晶界上相与相之间、面与面之间表面张力的平衡作用，使晶界处原子发生迁移而形成沟壑。沟的深浅与相与相之间的本性差异，加热温度和速度以及保温时间有关。

2. 2. 4　阴极真空浸蚀法

阴极真空浸蚀是利用原子溅射原理，即在辉光放电的真空设备中，使正离子轰击试样表面，有选择地除去试样表面部分原子，从而达到显示组织的目的。当稀薄气体中产生辉光放电时，从阴极发射出来的电子在射向阳极的路程上与气体原子碰撞并使之发生电离，阴极表面在气体正离子的连续轰击下有部分原子离开了表面，它们通过气体扩散沉积在放电室的壁上，这个过程称为"阴极溅射"。利用阴极溅射这种特性来显示试样的微观组织方法称为阴极真空浸蚀法。

1）阴极溅射浸蚀原理

高速运动着的气体离子在撞击到金属表面后可以深入金属晶格内部，与金属原子的碰撞可以产生所谓"离位原子"。由于这种离位原子有很大的能量，将继续撞击其他原子，从而产生大量二级或三级第一系列的"离位原子"。当其中某些"离位原子"脱离开金属表面就发生所观察到的阴极溅射现象。阴极浸蚀现象是假定阴极试样表面各部位的能量状态和原子结合力是不相同的，因此从阴极表面溅射出来的原子不是任意的，而是依据组织特征有一定的规律和选择性。处于能量高和结合力较弱位置的原子优先产生溅射离开表面，这样便显示出阴极试样的宏观或微观组织。

2）阴极真空浸蚀装置

阴极真空浸蚀装置是由试样浸蚀室、抽真空和氩气输送系统以及高压电源三部分组成。

试样浸蚀室的结构见图 2.44。外壁为直径约 130 mm、长约 200 mm 的玻璃管，玻璃管与金属底座封接。阳极与阴极试样台都用铝制成，因为铝具有很低的溅射速率。

金相试样放置在阴极试样台(5)上，试样台一般有不带凹槽的和带凹槽的两种。对于热导率较高的金属如铜、银等可直接平放在不带凹槽的试样台上进行浸蚀；对于热导率较差的材料如奥氏体不锈钢和镍基合金等，为了避免试样过热，则宜采用带凹槽的试样台。将试样放在凹槽内，向坑内周围浇注低熔点巴氏合金(熔点约 70℃)，后者凝固后便将试样与台座紧密熔接在一起，然后固定在有水冷却的底座上，这样试样可以得到良好的冷却效果，保证在浸蚀过程中试样不会发生相变或因温度影响而引起组织改变。

3）操作过程

将预先抛光好的金相试样用低熔点合金熔合在阴极试样台上，抛光面朝上与阳极平面相对。当真空度 <1.3×10^{-1} Pa 时，

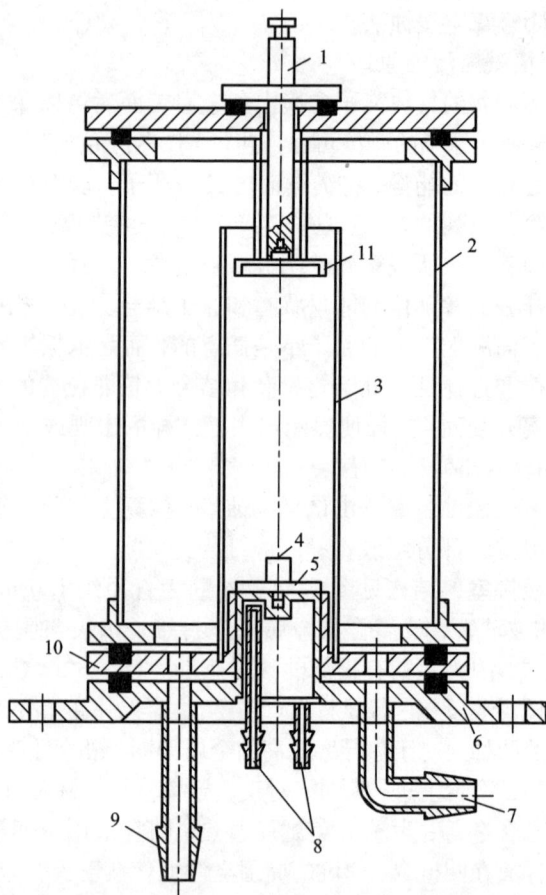

图 2.44　阴极真空浸蚀试样浸蚀室结构

1——阳极(铝)　2——浸蚀室外罩(玻璃)　3——内玻璃管
4——试样　5——阴极试样台(铝)　6——阴极底座(钢)
7——送气管(钢)　8——冷却水嘴(钢)　9——抽气管(钢)
10——阴极屏蔽罩(有机玻璃)　11——阳极屏蔽罩(有机玻璃)

即通入氩气,如此反复两三次,其目的在于藉氩气清洗浸蚀室。最后通过针形阀控制氩气的送入量,在真空泵配合下,保持动态平衡,维持浸蚀室内的真空度在 1.3 Pa 左右。

接通高压电源,逐渐增加电压使之达到 2500 ~ 5000 V,此时电流相应为 20 ~ 30 mA。在阴极(试样)与阳极之间即产生辉光放电。经过数秒钟后电流自动地略微增大,电压略微下降,而气压将显著地增加。再过 3 ~ 10 min 后电流将大幅度下降,电压略有上升,而气压则逐渐下降到原来的水平。经过这一阶段后,放电参数便保持稳定不变。这时在内玻璃管壁上可以看到有明显的金属沉积物出现,表明试样已开始受浸蚀,其受浸蚀程度可凭经验从内玻璃管壁上金属沉积物的量来判定,也可从浸蚀室外观察试样表面外貌。最后的有效浸蚀时间一般不超过 15 min。

试样浸蚀完毕后,切断高压电源,待冷到室温后关闭机械泵,取出试样可供显微观察。

由于阴极真空浸蚀是基于金属的溅射特性,与其化学性质无关,所以特别适用于化学性质差异很大的复合试样,如铁 - 镍、不锈钢 - 铁钎焊接头、金属陶瓷接头以及难以进行化学浸蚀的陶瓷材料等。对于多孔的烧结材料或带有微裂纹的试样可防止试剂渗入而造成污染。该法需一套较复杂的装置且操作亦较繁琐。

2.2.5 恒电位选择浸蚀法

1)恒电位选择浸蚀原理

恒电位选择浸蚀是在电解浸蚀的基础上发展起来的。它可以对合金中的各组成相进行有选择的浸蚀显示。当金属浸入电解液时,其表面与电解液之间形成了双电层,两者存在一电势差,称为金属在该电解液中的电极电位,它的数值需利用参比电极加以测量。若采用饱和甘汞电极作为参比电极,电极电位记为 SCE。在电解过程中电极电位会发生变化,称为极化,此时电流密度与电极电位的关系曲线称为极化曲线。典型的阳极极化曲线见图

2.45。根据电流密度变化趋势，可分为活化区（*AB* 段）、钝化区（*BC* 段）、稳定钝化区（*CD* 段）和过钝化区（*DE* 段）等。电流密度为零时的电位称为稳定电位 E_R。极化曲线随合金相的组成、

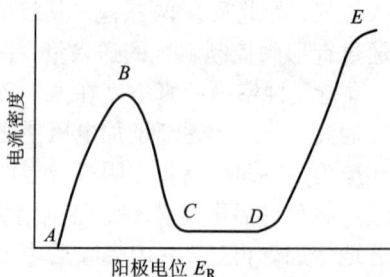

图 2.45　典型的阳极极化曲线

电解液的成分而变化。设合金中 *A*、*B* 两相的极化曲线具有图 2.46 的形状，即它们的稳定电位及钝化区上限的电位各不相同。若电解时控制电极电位为 E_1，它处于 E_{RA} 与 E_{RB} 之间，此时仅 *A* 相有阳极电流而被浸蚀；若电极电位控制在 E_2 处，则 $i_{B2} > i_{A2}$，将优先浸蚀 *B* 相（一般 $i_B/i_A > 5$ 就有满意的衬度）。由此可见，利用多相合金各相极化曲线的差异，适当选择恒定电极电位就可以实现选择性浸蚀。

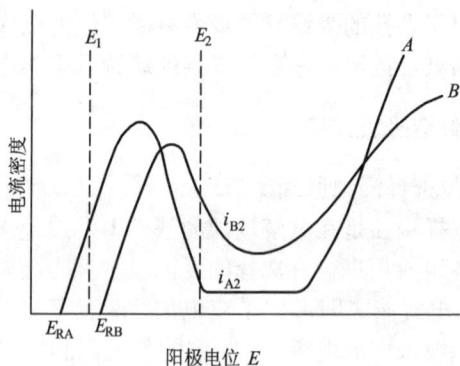

图 2.46　两相合金恒电位选择浸蚀原理图

2）恒电位选择浸蚀装置及操作要点

图2.47为恒电位选择浸蚀装置，为了测量阳极电极电位，设置了参比电极。使用饱和甘汞电极时，应置于饱和氯化钾水溶液中，利用鲁金毛细管和盐桥（含30 g·L^{-1}琼脂饱和氯化钠水溶液凝结而成）引出试样表面处的电位。毛细管与试样相距1～2 mm，以避免溶液中的欧姆电压降和电解液的污染。利用恒电位仪可设定电极电位并在电解浸蚀过程中自动保持恒定。该装置具有试样装卸方便、与鲁金毛细管的间距可保持恒定等优点。

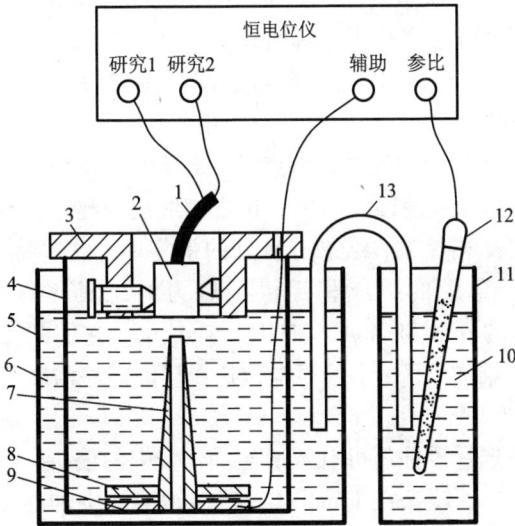

图2.47　恒电位电解浸蚀装置

1——白金丝导线　2——金相样品　3——夹具　4——内槽　5——外槽
6——电解液　7——鲁金毛细管　8——乙酸纤维膜　9——辅助电极（铂片）
10——饱和氯化钾水溶液　11——烧杯　12——参比电极　13——盐桥

进行恒电位浸蚀时首先需要选择电解液并了解合金中各相在该电解液中的极化曲线。除了广泛搜集文献资料外，必要时应自行测定极化曲线。测定极化曲线亦可使用图 2.5 的装置，此时恒电位仪调至扫描状态，扫描速度不能太快，以 $50\ mV\cdot min^{-1}$ 为宜。外接 X – Y 记录仪可记录极化曲线。所用样品最好是与待显示组成相成分相同的单相合金，也可以对被检试样用恒流电解法提取待检相、用所得混合粉末作为试样，此时测得的是各相的复合极化曲线，其电流峰与待检相的对应关系需要根据各相的物理化学性质加以推断。当组成相种类未知时，应对提取粉末进行 X 射线衍射相分析。

试样的表面状态甚至抛光材料的类型都对其电化学行为带来影响，所用试样最好采用电解抛光。

各类典型合金恒电位选择浸蚀规范见表 2.2。

3）恒电位选择浸蚀的特点与应用

恒电位选择浸蚀的主要特点是：试样中的共存相可实现选择性的浸蚀，如分别浸蚀显示单个相或相继浸蚀显示其组成相，其浸蚀规范可严格控制，结果有良好的重复性。这些特点为区分、鉴定复杂合金中的组成相提供了有力的工具。例如 Fe_3P 与 Fe_3C、富铬的 σ 相与 $M_{23}C_6$、M_7C_3 与 $M_{23}C_6$，它们共存时用一般浸蚀方法很难加以区分，经恒电位选择浸蚀能够清晰地分别加以显示和鉴定。

恒电位选择浸蚀还可有效地显示合金中的偏析，例如铸铁中的硅、磷偏析。铸铁在 $1\ mol\cdot L^{-1}$ 硫酸钠溶液中加酸至 pH 值为 3 ~ 4 时，经 $-740 \sim -700\ mV$ 恒电位浸蚀，$w_{(P)} < 0.3\%$ 的区域被浸蚀显示，而在加碱至 pH = 9.5 时，经 $-680 \sim -650\ mV$ 恒电位浸蚀，$w_{(P)} > 0.1\%$ 的区域被浸蚀显示，从而可以简便地判断试样中的富磷或贫磷区。

表 2.2　各类典型合恒电位选择浸蚀规范

材　料	状　态	被显示的相	电解液	电位/mV	时间/s	备　注
56NiCrMoV7	850℃,15 min,空冷	贝氏体	400 g·L⁻¹NaOH	800 或 700	480~1200	Fe₉N 不浸蚀
Fe–C–P 铸铁		Fe₃C Fe₃P	8 mol·L⁻¹NaOH 1.25mol·L⁻¹NaOH	−750 −200	900 600	
高铬铸铁 ($w_{(Cr)}$=18%)		M₆C M₂₃C₆ M₇C₃	10 mol·L⁻¹NaOH	−1150 ~ −1050 −400 ~ −200 200 ~400	120 120 60	
高钨铸铁 ($w_{(w)}$ =22%)	铸态	M₆C M₂₃C₆	10 mol·L⁻¹NaOH	−850 400	240 180	
2% C,12% Cr,8% Mo 铸铁	1100℃,4 h,油淬	M₆C M₇C₃ M₂₃C₆	400 g·L⁻¹NaOH 100 g·L⁻¹NaCO₃	−400 1000	120 10	两次浸蚀之 间用 HCl (1 +9) 冲洗
12% Cr,4% W 铸 铁	1100℃,4 h,油淬	M₂₃C₆ M₇C₃	200 g·L⁻¹NaOH 100 g·L⁻¹NaCO₃	100 1000	30 10	
25Cr – 20 铸钢		M₂₃C₆ M₂₃C₆ M₇C₃	10 mol·L⁻¹NaOH	200 500 600	50 35 1	电位系对 Hg、HgO 的 数据

续表 2.2

材　料	状　态	被显示的相	浸　蚀　规　范			备　注
			电　解　液	电位/mV	时间/s	
18~8 不锈钢	1250℃,1 h,水淬	δ-Fe	每升 H$_2$SO$_4$(5+95)	−400 ~ −350	60 ~ 250	
		σ	中含 0.1 g NH$_4$CNS	−400 ~ −150	60 ~ 150	
		γ		−150 ~ −120	20 ~ 120	
Inconel-X	固溶	Cr$_{23}$C$_6$	100 g·L^{-1}NaOH	400	30	
		Ni$_3$Al	0.2 mol·L^{-1}HCl	0	60	
		Ni$_3$Al	0.2 mol·L^{-1}HCl	400	60	
		Ni$_3$Ti				
		Ni$_3$Al	0.2mol·L^{-1}HCl	1100	30	
		Ni$_3$Ti				
		基体				
铝合金		AlMgSi	1.25 mol·L^{-1}NaOH	−1700 ~ −1600		
		AlZnMgSi				

续表 2.2

材料	状态	被显示的相	浸蚀规范 电解液	浸蚀规范 电位/mV	浸蚀规范 时间/s	备注
50% Zn-Sn 合金		Zn Sn	1 mol·L⁻¹ NaOH	-1450, -600 -950	180	
Cu	500℃, 25 h 炉冷	夹杂晶粒 α	500 g·L⁻¹ 柠檬酸	-320 -130	600 600	电位系对 Hg/Hg₂SO₄ 测定值
Cu-1%Zr	500℃, 25 h 炉冷	Cu₃Zr	500 g·L⁻¹ 柠檬酸	-130	60	电位系对 Hg/Hg₂SO₄ 测定值
Cu-0.3%Be-2%Ni	500℃, 25 h 炉冷	NiBe 相	500 g·L⁻¹ 柠檬酸	3400	60	电位系对 Hg/Hg₂SO₄ 测定值
Ni-Al		β γ	0.5 mol·L⁻¹ H₂SO₄	260~500 200~400		

2.3　干涉层法

干涉层法是利用各种手段在试样抛光(或经轻微浸蚀)磨面上沉积一层透光薄膜,通过光在薄膜上的干涉效应使组织间产生良好的黑白或彩色衬度。衬度的获得是依据各组成相不同的光学常数或膜厚,所以它能更准确地显示各相的几何轮廓,有效地克服一般化学或电解浸蚀法的缺点。

根据成膜手段的不同,干涉层法又可分为化学染色、阳极化覆膜、恒电位阳极化及阳极沉积、热染、真空镀膜和离子溅射成膜等几种。

2.3.1　干涉膜金相组织显示原理

真空镀膜和离子溅射成膜法所获得的薄膜厚度与试样中的相组成无关,可认为是均厚膜。化学染色、阳极覆膜、热染等方法利用了试样各组成相的不同化学和电化学特征,使薄膜在各相上的生长速率有所不同,所形成的是非均厚膜。

1)均厚膜

设在试样表面形成厚度为 d_S、折射率为 n_S 的透光薄膜(图2.48)。

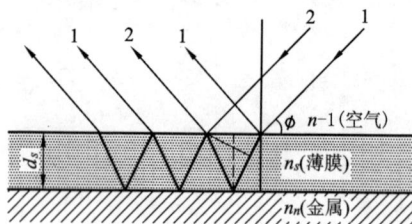

图 2.48　薄膜干涉原理图

由物镜来的平行光束照射到薄膜的表面,部分直接反射,部

分折射入膜内并由金属表面反射，又折射出薄膜的表面，它与从
薄膜的表面直接反射的光束发生干涉，干涉后加强还是削弱，取
决于两者的位相和振幅。当两相干光束位相相反而振幅相等时即
获得完全消光。这就是利用干涉膜的消光作用来增大各相之间的
衬度。

2）非均厚膜

利用化学或电化学手段形成的干涉膜，在试样不同相上厚度
往往不同，有时不同晶粒表面也有不同的膜厚。膜厚 d_S 对波长
λ_{min} 的影响更大，一当膜厚改变 1% 时就可使其干涉色发生变化。
显然，与厚膜相比，非均厚膜具有更强的显示组织的能力。

2.3.2　形成干涉层的几种方法

化学染色、着色浸蚀和热染显示均是为获得组织显示的彩色
效果以明显区别出相、组织的特征。经化学染色、着色及热染
后，即使在显微镜明视场下观察也可获得彩色效果。应予说明的
是用普通浸蚀剂，在寻常光明视场下一般无彩色反映。但利用金
相显微镜上附带的特殊附件如暗场、偏振光、偏振光加灵敏色镜
以及微差干涉衬度（DIC）等装置，即使用普通化学浸蚀法显示或
干涉光学效应，可获得良好的黑白或彩色衬度组织图像。在制样
显示过程中，利用干涉层原理，除着色化学浸蚀及热染外，还可
选用阳极覆膜、真空镀膜、离子溅射成膜等方法对试样进行显示
处理后，用明视场以及上述的特殊附件，也可获得非常理想的黑
白或彩色效果。

1）化学染色法

（1）化学染色法的基本原理。化学染色法实质也是一种电化学
浸蚀沉积。试样表面上各区域按它各自稳定电位与试样综合稳定
电位的差值，可区分为阳极区域和阴极区域。阳极将优先被浸蚀，
电位较高的阴极则被保护因而不受浸蚀或浸蚀得较浅。在化学染

色法中，采用某种试剂可使不同的相由于电位差异而形成厚度不同的薄膜，从而使各相或位向及成分不同的晶粒之间、亚晶、枝晶等，由于多重反射和干涉现象产生不同的干涉色显示出组织差别。

按生成膜的情况，浸蚀剂系列通常可分为：阳极系列、阴极系列和复合系列。阳极系列在试样的微阳极上沉淀出一层薄膜，其结果使阳极显微组分得到色彩；阴极系列使试样的阴极显微组分着色；复合系列沉积膜是一种更复杂的反应。

① 干涉膜的阳极沉积原理

在阳极区

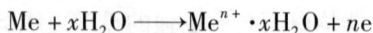

$$Me + xH_2O \longrightarrow Me^{n+} \cdot xH_2O + ne$$

$$mMe^{n+} \cdot xH_2O + nR^{m-} \longrightarrow (Me)mRn \downarrow + mxH_2O$$

在阴极区

$$2H^+ + 2e \longrightarrow H_2 \uparrow$$

$$O_2 + 4H^+ + 4e \longrightarrow 2H_2O$$

在阳极区发生的反应有两个。前一个反应是电化学阳极金属离子化反应，后一个则为阳极区域溶液中存在的金属离子与某些阴离子间的纯化学沉积反应。为了保证干涉膜的沉积，溶液中的 R^{m-} 离子应该是能与许多金属元素的阳离子生成难溶化合物的离子，例如 S^{2-}、SO_3^{2-} 离子等。

阳极试剂要求：所配制的溶液必须能提供足够的阴极去极化剂和钝化剂，使阳极金属离子化能以所需的速度进行，一般都应使阳极处于活化状态。同时该试剂还应提供足够的能与金属离子生成室温下难溶的化合物的阴离子。以焦亚硫酸盐为基液的试剂为常用的阳极试剂。焦亚硫酸钾（或钠）的水溶液、乙醇溶液等可显示淬火钢及铸铁中的各类组织和相。在该类溶液中加入少量盐酸，由于溶液中 H^+ 离子和 Cl^- 离子增加，使阳极膜生成速度增加。

② 干涉膜的阴极沉积原理

在阳极区

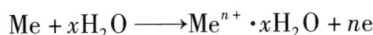

$$Me + xH_2O \longrightarrow Me^{n+} \cdot xH_2O + ne$$

在阴极区

$$MR^+ + e \longrightarrow MR \downarrow$$

MR 为阴极试剂中的一些可变价氧化剂。常用的阴极试剂如碘酸溶液、钼酸盐溶液、铬酸盐溶液等，用以显示各种钢铁及铜、铝合金的组织。

（2）化学染色法的操作

① 试样准备。除试样磨面应光洁外，还应注意认真清除抛光面及其外侧的氧化物及污物，以免它们成为"电极"参与浸蚀过程。因而试样最好被镶嵌起来，仅露出抛光面；用油性金刚石研磨膏抛光的试样应经过去油污处理。

② 染色剂选择。首先确定待鉴别的相在常规金相浸蚀中属阳极还是阴极相，此点可参考本章第 3 节，即在酸性溶液中受蚀为阳极相，也可利用相衬照明，如钢中的铁素体和渗碳体在正相衬下观察时铁素体呈暗色，渗碳体为白亮色，证明铁素体因受浸蚀成凹陷而呈暗色，渗碳体未受浸蚀呈白亮色，因此可判定铁素体为阳极相。此时若选用阳极试剂，则可使阳极区固溶体上形成干涉膜，达到着色效果。

③ 染色工艺。浸蚀时间：当溶液的温度及其他条件不变时，膜厚随浸入时间的延长而增加，因而干涉色也相应变化。一般，零级色带的色间波长差最小，对成膜能力有差异的各相显示不同色彩最灵敏，但其色彩饱和度不够。一级色带间波长差比零级大，但因其色彩饱和度大，故色彩鲜艳且丰富。因此，试样浸蚀时间最好控制在一级干涉色的膜厚范围内。浸蚀温度：溶液的温度对成膜速度有明显影响。为了保证试验的稳定性，应控制恒温操作，可根据试剂、试样材料及鉴别相的要求通过试验摸索出最佳的试验温度，以保证稳定的染色效果。浸蚀试剂：很多试剂在放置时会发生分解或于空气中氧化，如焦亚硫酸盐试剂只能使用

3~4 h，一般应即配即用为好。预蚀：不易受浸蚀着色的试样，可选用合适的金相浸蚀剂作轻微预先浸蚀，以提高试样表面的活性，增加成膜速度。铝、铜等在制样过程中往往在试样表面会产生一层薄的氧化层，对阳极相起保护作用，大都需进行预蚀。铜可用过硫酸铵，铝可用硝酸酒精预蚀。蚀后处理：试样着膜后用水充分冲洗，用酒精淋滴数次，用热风吹干。不能用擦镜纸、棉花擦拭表面，以免损伤干涉膜层。

（3）化学染色法的应用。化学染色法不需复杂仪器设备，操作简便，一般浸蚀时间只需几秒到几分钟。对不同相可进行选择性着色，以利于鉴别和区分，而且可大大提高光学衬度，特别适宜于彩色金相摄影，它常用于相鉴别、晶粒位向观察以及偏析组织显示，它适用于铸铁、碳钢、合金钢及有色合金等。

最常规的普通金相显微镜，试样经化学染色（热染）后，用数码相机也可在明视场照明条件下，通过在目镜处对接获得具彩色组织特征的彩色金相照片。

2）阳极覆膜法（电解阳极化）

最常规的普通金相显微镜，试样经化学染色（热染）后，用数码相机也可在明视场照明条件下，通过在目镜处对接获得具彩色组织特征的彩色金相照片。

（1）阳极覆膜的装置与基本原理。阳极覆膜的装置与金相制样用电解抛光和电解浸蚀装置相同，其基本原理与化学染色法中干涉膜的阳极沉积原理相似，但沉积过程是在外加了一个直流电源下进行的。阳极覆膜用的电解液应能促进阳极金属离子化反应，同时还必须能提供足够的钝化剂，使阳极金属离子化能以所需的速度进行。应恰当调整外加电压，使电解液的阴离子浓度正好进入钝化区，这样试样对于光呈各向同性的表面会形成一层对于光呈各向异性的薄膜，薄膜的厚度与试样上基本相的位向有关，在偏振光照明条件下，不同位向的晶粒，由于其表面覆盖上一层各向异性的薄膜，又有厚薄差，所以各晶粒会呈现明显的白亮色或黑色,有的则为灰色。如果使用微分干涉衬度(DIC)附件或使用灵敏色片,晶粒就具有不同的鲜明色彩。

(2)阳极覆膜的应用。纯铝、高纯铝、软铝合金用普通浸蚀方法和寻常光照明,多不能显示晶粒组织,一般都需进行阳极覆膜处理,在偏振光下观察才能显示出清晰晶粒,见图2.7以及GB/T 3246–2000铝及铝合金加工制品显微组织检验方法。

对于铸造铝合金,由于枝晶分枝较多,用化学浸蚀法时无法分辨出一个晶粒的范围。用这种阳极覆膜方法就可以明显地反映出晶粒的大小。

3)恒电位阳极化及阳极沉积法

在恒定阳极电极电位的条件下进行阳极覆膜就是恒电位阳极化,此时电极电位多选择在极化曲线的钝化区,产生的阳极反应是:

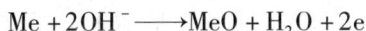

$$Me + 2OH^- \longrightarrow MeO + H_2O + 2e$$

由于合金中各种相在选定的电位下各自处于极化曲线上的不同阶段,它们发生氧化及成膜的速度是不同的。所以各相的膜厚将有区别,干涉的结果会呈现各异的色彩。此法多用于有色金属的相鉴别。与常规阳极覆膜的区别是后者一般专指铝合金的阳极氧化并需配合偏振光法用于晶粒的显示。

在许多情况下被显示相受到浸蚀后同时又发生膜的沉积过程,因而使该相呈现某种色彩。此时决定某相是否显示的关键参数仍是电极电位。但随浸蚀时间的增长,沉积膜增厚,电流密度将逐渐下降。控制不同的浸蚀时间,试样中的浸蚀相将呈现不同的色彩。

电解沉积干涉膜是靠电解液中的离子氧化沉积到试样表面而使其着色的。$MnSO_4$、$Pb(CH_3COO)_2$、$FeSO_4$等是这种类型沉积法比较理想的电解质,此时的阳极电极反应是:

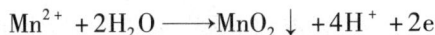

$$Mn^{2+} + 2H_2O \longrightarrow MnO_2 \downarrow + 4H^+ + 2e$$
$$E_0 = 1100 \text{ mV}$$
$$Pb^{2+} + 2H_2O \longrightarrow PbO_2 \downarrow + 4H^+ + 2e$$

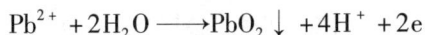

$$E_0 = 1210 \text{ mV}$$

溶液中低价阳离子 Mn^{2+}、Pb^{2+} 有大的溶解度，经阳极氧化反应后氧化成高价离子，溶解度很小，所以沉积在试样表面，试样本身并未受到浸蚀。此时显示组织的原理是由于试样中各相的晶格能不同，使其上的成膜速度也有区别，从而不同相得到不同厚度的干涉层。在这里，所选择的电位只是用来控制膜的生长速度。如电位加大，则所需沉积时间减少。用此法显示铁素体、奥氏体双相钢，采用 $100 \text{ g} \cdot \text{L}^{-1} MnSO_4$ 溶液并用 NaOH 调节 pH = 6 时，奥氏体为黄色，δ 铁素体上所生成的膜较厚，呈红色。

与其他干涉层法相比，此法设备不太复杂，过程易于控制，操作亦较简便，在高合金钢及耐热合金的相鉴定方面具有一定的长处。

4）热染法

热染是最早使用的干涉层法，它是将试样在空气中加热到一定温度，使之发生热氧化，生成一层氧化膜。由于金属试样表面微区域化学或物理性质的差别，故氧化膜的厚度、组成位向等各不相同，在显微镜下呈现不同的干涉色。热染法操作简便，易于直接观察控制，复现性好，试样表面的所有组织组成物可以同时着色，并且颜色的饱和度较高，但由于热染法需将试样加热到一定温度，有些材料会引起组织变化，因而受到局限。较低的热染温度对高温合金影响较小，因此热染法在鉴定高温合金复杂相组成方面有良好的效果。

（1）金属氧化膜的结构与性质。与金属试样表面直接接触的一层氧化膜叫外延膜层(非晶层)，它的结构与自然状态的氧化物不同，而与金属的表面结构有关。

由图 2.49 可知，金属表面原子对氧化物离子排列有强烈制约作用，为了适应这种制约关系，氧化物必须要调整它的晶体结构与晶格常数，以便尽可能和金属表面相匹配。因而这一层氧化物不同于自然状态，其晶格发生了畸变，它与金属的表面结构密切相关。由理论分析得知，当膜与基体晶格常数之差很小（如 $\approx$

2%)时，膜的畸变区可达十分之几纳米；若差别达 4% 时，畸变区只有几十纳米；若差值大于 12% 时，膜与金属表面将不能匹配，需通过位错来调节。另一方面，为了满足核长大的最小能量条件，金属表面上生成的氧化物与金属表面接触的晶面，必是与金属表面原子排列最匹配的那些晶面，因而导致氧化物循一定位向择优生长，而且不同位向的氧化膜，对反应物质的扩散阻力不同，造成反应物质迁移速率的差异，使氧化膜增厚速率不同，导致在金属表面生成不等厚的膜，如图 2.50。

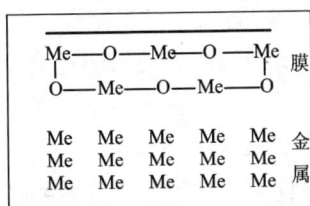

图 2.49　金属表面的外延膜层

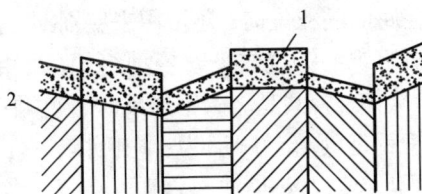

图 2.50　不同位向晶粒表面的外延膜

1——氧化膜　2——不同位相的金属晶粒

　　在外延膜层外的一层叫外层膜。随着氧化膜的增厚，氧化物晶格与金属表面的联系逐渐减弱。当膜厚增至一定程度后，氧化物的晶体结构基本呈其自然状态。

　　（2）热染工艺的选择及热染步骤。热染工艺主要与热染温度和热染时间有关。

① 热染温度。合适的热染温度可以得到高衬度的彩色金相图像。在选定热染温度时，应考虑到温度不能高于使金属组织发生变化的极限，同时应避免生成吸光能力大的氧化物层。如铜，在 250～300℃加热时会形成一层黑色的氧化铜膜，故只能在 175～250℃区间加热，以得到干涉效果较好的氧化亚铜（Cu_2O）膜。

② 热染时间。可以直接目测试样表面氧化色的变化来控制热染时间。一般表面呈紫到蓝紫色时干涉效果较好。

③ 热染步骤。热染试样必须仔细抛光并洗涤去油（放入四氯化碳或乙醚中清洗去油污），也可将试样进行轻微的预浸蚀。热染时试样抛光面向上，浸入控温的低熔点合金浴中加热，抛光表面高出合金液面 1～2 mm，使表面与空气接触形成氧化膜。热染后试样迅速取出，放在大块金属板上急冷，或用冷风吹冷，以免表面继续氧化，注意保护试样表面生成的氧化膜。热染也可在电热板上置上一层薄沙，将试样放在沙上进行热染处理。

（3）热染法的应用。热染法可用来显示锌、镁、铜、铁等定向适应性好的金属的晶粒位向，还常用来鉴别钢、合金钢、铸铁、有色金属的显微组织。铸铁热染时各种组织（及相）的着色顺序为：铁素体、渗碳体、磷共晶。碳钢热染时着色顺序为：铁素体、渗碳体。热处理后钢的着色顺序为：托氏体、索氏体、奥氏体、碳化物、金属间化合物。热染法对渗碳、渗氮、渗硼、氰化等化学热处理后的渗层组织的显示效果较佳。此外，热染还可显示各种碳化物及合金的偏析带等。

如果把试样置于特殊的控制气氛中，有可能使温度大大降低，甚至可在室温下进行染色。如铜和铜合金试样在室温下放在含硫化氢的气氛中，可产生丰富的干涉色。贵金属在碘蒸气中，可出现达五个干涉色级的变化。钢在低真空下可以使较难显示的晶粒位向氧化成膜显现。因而，可控气氛热染法是继空气中热染的进一步发展，热染规范见表 2.3 及表 2.4。

表2.3 钢及铸铁的热染规范

材　料	金相组织（化学浸蚀）	加热温度/℃		热　染　结　果
		表面开始出现氧化色的温度	理想热染温度	
纯铁	铁素体晶粒	240	320	淡蓝色及深蓝色的铁素体晶粒
T10	珠光体及少量网状渗碳体	240	300	渗碳体呈黄色，珠光体呈蓝色
T45	铁素体及层状珠光体	240	300	铁素体呈黄色，珠光体呈蓝色
T12	粒状珠光体及层状珠光体	220	280	基体呈亮黄色，清晰地衬托出深褐色的碳化物
GCr15	细层珠光体及部分渗碳体网	240	280	各晶粒染色程度不同，良好地显示出晶粒的位向
Cr12	粗粒状珠光体	250	300	在褐色基体上，有白色发光的碳化物点
不锈钢	奥氏体及渗碳体	300	500	渗碳体呈亮黄色，奥氏体呈暗黄色
耐热钢	两相固溶体	300	600	暗黄色及淡黄色固溶体晶粒
加锰铸铁	铬的复杂碳化物，石墨及奥氏体	260	340	奥氏体呈黄色，碳化物呈白色而有光泽
加硅铸铁	固溶体及珠光体	400	450	珠光体基体呈黄色，珠光体呈褐色
白口铸铁	珠光体，莱氏体及渗碳体	200	280	渗碳体及莱氏体呈亮黄色，珠光体呈暗褐色
渗碳层	珠光体及渗碳体网	240	260	渗碳体呈黄色，珠光体呈紫褐色
渗氮层	氮化物及共析体	200	280	氮化物呈淡黄色，共析体呈褐色
渗铬层	铬层	500	500	黄色
氰化层	氰化层	220	300	黄色

表 2.4   灰口铸铁的热染特征

试件表面氧化色彩（不放大）	组织	组织染成的色彩	
		100 倍	500 倍
略现淡黄色	磷共晶	白色	白色间以黑色
	石墨	黑色无光，边上有紫色	边上有许多蓝点
	铁素体	—	黄色有蓝点
	珠光体	棕黄色	铁素体呈棕色，渗碳体呈白色
棕黄色，无别的色彩，或极少别的色彩	磷共晶	淡黄色	灰色，间以紫色小点
	石墨	—	边上有红、紫、白等色彩
	铁素体	—	棕黄或紫色有蓝点
	珠光体	棕色	—
深棕色至紫色	磷共晶	共晶呈黑点状	蓝点，树枝状组织呈紫边缘
	石墨	—	边上更蓝，且略带紫色
	铁素体	—	与石墨相同
	珠光体	棕黄，略带紫色	紫及棕黄色，珠光体片层已不能分辨
紫红色并间以蓝色	磷共晶	紫色边	红黄色基体
	石墨	紫色边	红黄色基体
	铁素体	—	蓝色及白色
	珠光体	红色及蓝色	红色及紫色
蓝色及白色	磷共晶	—	红色间以白色
	石墨	—	白色及蓝色边缘
		—	白色及蓝色
	铁素体	蓝色和白色	蓝色及紫色

（4）热染的局限性。热染温度不能高于合金相变温度，不能显示对温度敏感的组织变化的材料，对金、铂、银等贵金属不适

用。近些年来，由于微分干涉衬度(简称 DIC)附件的应用，一些金属及合金材料经化学浸蚀或电解覆膜后，能有很好的彩色效果来区别不同的组织，可在一定程度上取代热染法。

5) 真空镀膜法(真空气相沉积法)

这是在抛光的试样表面上，用真空气相方法沉积一层不吸光且有高反射率的薄膜或沉积一层吸光的薄膜，利用光在薄膜和试样界面上的多重反射和干涉，以提高组织中各相的衬度。

凝聚于试样上的蒸发膜，厚度为 $0.3 \sim 0.4~\mu m$。目前常用的蒸镀材料，不吸光但具有高折射率的是硫化锌、硒化锌、碲化锌等，而吸光材料为 Sb_2S_3。硫化锌、硒化锌、碲化锌的折射率和蒸发温度列于表 2.5。

表 2.5　蒸发膜材料的折射率和蒸发温度

膜的物质	折射率	蒸发温度/℃
硫化锌	2.4	800 ~ 1200
硒化锌	2.6	500 ~ 800
碲化锌	3.2	800 ~ 1200

在真空室内形成沉积膜厚度的控制是以满足最佳观察条件为原则。以钢为例，可以用 α 铁为标准块，当试样表面出现紫色时即停止操作，因为这时对于 $\lambda = 0.5~\mu m$ 的黄绿色光波能达到干涉的最小值。

(1) 镀膜装置。图 2.51 为真空镀膜设备示意图。蒸镀(镀膜)时真空度一般要求在 $10^{-2}Pa$ 数量级。蒸发器为一个用高熔点金属如钨或钼制成的小舟，上置蒸镀材料，通电加热使其蒸发。蒸镀材料在加热未达到预定温度前，需用一挡板予以遮拦，因大部分蒸镀剂在加热过程中会放出气体，使蒸发过程很不规律。只有达到所需温度时，蒸镀材料才能均匀蒸发。当达到所要求的膜厚时，可立即用活动挡板挡住蒸发源。蒸发速度用改变加热电流来控制。

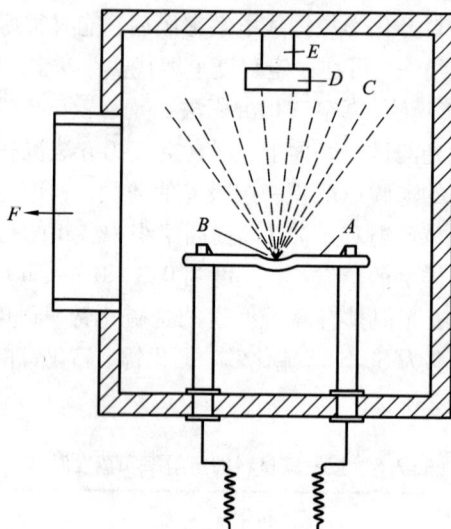

图 2.51　真空镀膜装置

A——钨(或钼)小舟　B——蒸镀材料　C——蒸膜材料
D——试样　E——夹具　F——通真空泵

（2）蒸镀工艺要点

① 试样及蒸镀材料准备。试样表面不能存在污迹及形变层，以免形成假象。试样表面及周围应十分清洁，以免污染真空系统。蒸镀材料必须为高纯度，对易吸潮的材料如硒化锌、碲和锌等须先充分干燥。蒸发材料需压成小块，并用钼丝固定于小舟内，以免在负压时被带出小舟。

② 蒸镀过程。设备必须洁净。仔细控制蒸发速度，控制膜厚。当试样表面呈现紫色时立即停止镀膜。

蒸镀膜的厚度，直接影响镀膜面的彩色干涉效果。用肉眼观察表面色泽只能是大致的估计控制，并不准确。有的蒸镀装置，可以将试样表面转到显微镜物镜前，以便随时进行观察控制。

6）离子溅射成膜法（气体离子浸蚀剂）

以试样为阳极，在它与靶子（阴极）间电压的作用下，由于电离而产生的带正电的气体离子，以极快的速度冲向阴极，使阴极表面的成膜材料原子因受高能质点的冲击而被撞出，向各方飞散。这些原子到达试样表面，即形成所需的干涉膜。

（1）溅射装置。图2.52为溅射成膜装置示意图。

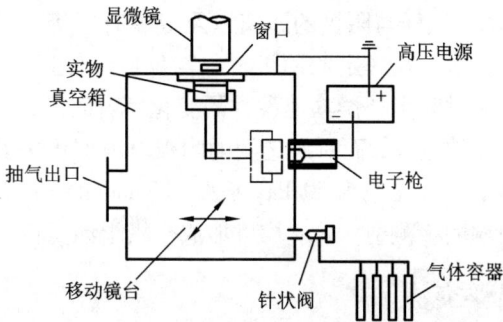

图2.52　离子溅射成膜装置

为了避免气体离子与阴极材料发生不希望的反应，溅射室必须通入氩气或其他惰性气体。气压保持为3~5 Pa。若低于下限，气体离子化几率低；太高则会使阴极溅射出的原子与气体分子相撞，达不到试样表面。阳极与阴极间的电压为0.5~5 kV（直流），由高压电源供给。试样表面薄膜的成长速率，决定于试样与靶的相对位置以及阴极材料表面原子逸出的速率，而原子逸出速率又与靶的材料、加速电压及惰性气体的压力有关。成膜速率还与阳极与阴极间的距离有关，薄膜形成速率一般为100 $\mu m \cdot min^{-1}$。

如在溅射室内通入氧或空气作为反应气体，使靶射出的原子氧化，形成氧化物膜，例如用铁在一个充氧的工作室中作为阴极时，会形成氧化铁沉积膜。若在氧气中用铅作阴极，则会形成氧化铅沉积膜。如用非活化阴极如金作阴极，则得到纯金膜。无论是纯金属膜或氧化物膜，都会使观察到的金属组织衬度进一步获得提高。

（2）溅射膜材料。常用的溅射膜材料有银、金、铜、铁、铅、铂、铟等。一般，对高反射、强吸收的基体材料常采用高折射率而不吸光的薄膜材料，这时能较接近干涉消光的振幅条件，也可以用低折射率、相当高自吸收的材料作为薄膜材料。

（3）溅射成膜工艺控制。溅射时控制的工艺参数为工作电压、气体压力、试样与阴极的距离以及成膜时间等。其中溅射时间为最关键因素。在一定的阴极材料与反应气体压力的情况下，可用调节溅射时间来补偿其他参数的变化。若时间适当，往往可得到明显衬度的图像，而对所选用的阴极材料似无关紧要。如电压为 1.8 kV，氧气压力为 50 Pa，极距为 7 mm 时，用铁阴极溅射 10 min 或用铜阴极溅射 4 min 均可形成一级干涉黄色。

2.4　高温浮突法

高温金相组织的显示常用两种途径。一种是试样在真空中高温保温时沿晶粒边界产生选择性蒸发，从而出现凹沟，这属于热蚀法。另一种是试样在真空中加热，由于温度的影响，当各个相或晶粒的热胀系数相差很大时会出现浮突，有时由于相邻晶粒在膨胀时的各向异性，造成很大应力，引起滑移及滑移带间的浮突。在升到一定温度后快速冷却时，某些材料会发生马氏体相变，从而因体积效应而造成浮突。这些浮突产生后，在普通光和偏振光照明下，因高低差投影或不同位向晶体的不同光学特性都能清楚地反映出组织形貌特征。在一些高合金钢，Cu – Zn – Al 形状记忆合金中都有很多应用。如在研究铜基形状记忆合金中，除用高温金相显示热弹性马氏体随温度变化外，还利用高温金相的拉伸装置研究应力诱发马氏体，通过其产生的浮突特性，认识到它形貌与热诱发马氏体的形貌是不相同的。应力诱发马氏体呈针状，相互平行，而热诱发马氏体则呈板条状，取向混乱，见图2.54。

2.5 磁性显示法及装饰法

2.5.1 磁性显示法

这是利用铁磁现象显示金相组织的一种方法，磁场金相研究起源于磁畴的观察。凡铁磁性晶粒的组织，可以用磁性氧化铁胶体涂在抛光磨面上，供磁场的作用，使氧化铁质点沉积结聚而显示出金相组织。

1）显示方法。金相试样制成镜面后，放在玻璃板上，试样表面涂上一层氧化铁磁性胶体，在试样外放置一特制线圈。当线圈通电以后，试样表面随即产生一个不均匀的磁场，氧化铁质点被吸引而沉积于磁场强度较大的部位。在铁磁性强的各相上，沉积黑色磁性氧化铁质点而呈现黑色，而非磁性相仍为白色。

磁场电源可以利用电解抛光装置电源，电压为 $6 \sim 24$ V，最大电流为 6 A，线圈用 0.36 mm 铜线绕成，铜线总长为 260 mm。

2）磁性氧化铁胶体的制作。取二氯化铁（$FeCl_2 \cdot 4H_2O$）2 g，三氯化铁（$FeCl_3 \cdot 6H_2O$）5.4 g，分别溶入 100 mL 温水中，待全部溶化后，将这两种溶液混合在一起加水至 300 mL。

另取氢氧化钠 5 g 溶入 50 mL 温水中，待溶化后，逐渐倒入上述氯化铁混合溶液中。黑色磁性氧化铁将逐渐沉积于瓶底。

过滤溶液。在滤纸上取下磁性氧化物粉。用热水及 0.01 $mol \cdot L^{-1}$ 盐酸溶液清洗，然后放入 5 $g \cdot L^{-1}$ 肥皂水溶液中成为黑浮液。最后用漏斗过滤以除去残余沉淀物，并浓缩原液至 3/5 容量，即成磁性氧化铁胶体。

2.5.2　装饰法

这是一种专门用于显示单晶硅半导体材料中位错分布的方法。将待检测的试样切成 1 mm 厚的薄片(切薄片前先进行深度浸蚀,使试样表面出现许多深的浸蚀斑),两面经精密抛光,然后在薄片的侧面滴一滴硝酸铜稀溶液,干燥后将试样加热到 900℃保温 30 min,铜原子将渗入晶体的位错线里。保温后自炉中取出急冷,铜将析出在位错线附近。经处理后的试样在专用的红外光显微镜下进行观察,就可以清楚地看到硅晶体试样中位错线的分布情况。

举　例

金相组织各种显示方法实例照片,见图 2.53 至图 2.62 及彩插。

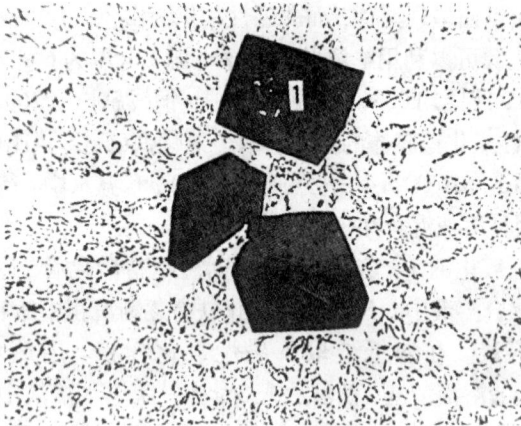

图 2.53　Al－17.5%Si 合金　210×

铸态,未浸蚀,光学显示

黑色块状为初晶硅,其余部分为共晶体

图 2.54　高碳钢显微组织(化学浸蚀)　1500×

1000℃高温加热后水淬，针状为马氏体

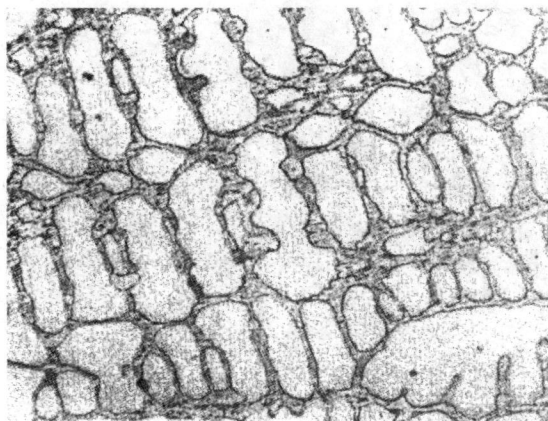

图 2.55　F221 合金粉末氧乙炔火焰喷焊层

显微组织(电解浸蚀)　800×

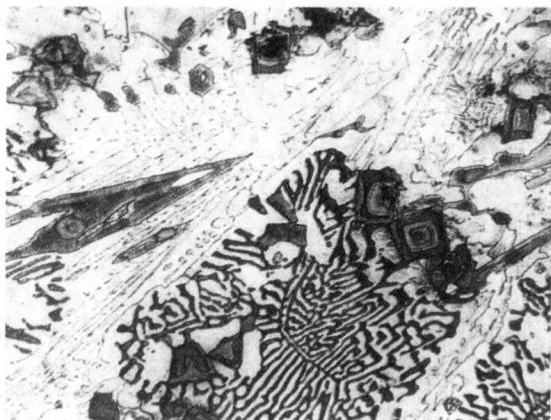

图 2.56   Co42 合金粉末氧乙炔火焰喷焊层   600×
显微组织（恒电位浸蚀）

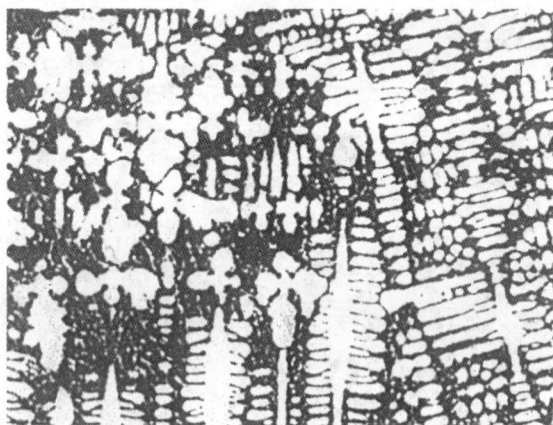

图 2.57   WC/CO + GCr15 钢电子束合金化层   800×
显微组织（化学染色）

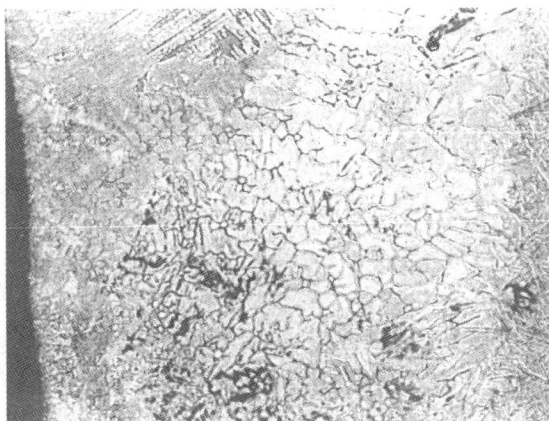

图 2.58　WC/CO＋GCr15 钢电子束合金化层　320×

显微组织（真空镀 ZnSe 膜）

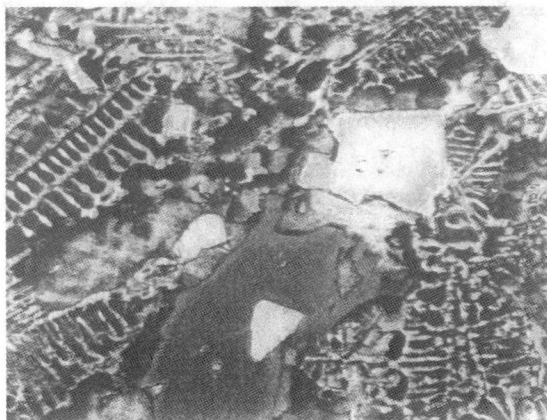

图 2.59　Co24 合金粉末氧乙炔火焰喷焊层　600×

显微组织（热染）

图 2.60   5A06 合金热轧板   200×

阳极覆膜再结晶组织，晶粒取向轧制方向

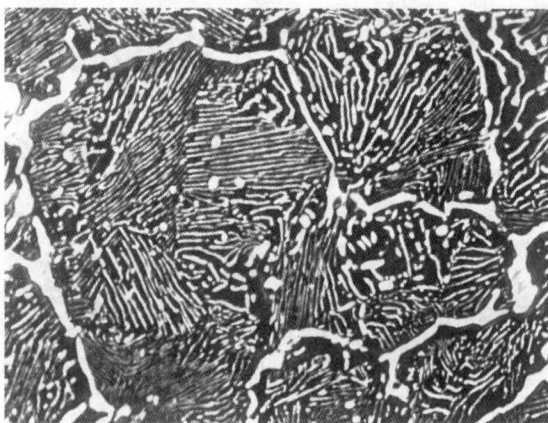

图 2.61   过共析钢   1500×

经 3% 硝酸酒精液轻浸蚀后，相衬显示组织

(a) Cu – Al – Ni 单晶

(b) Cu – Al – Ni 单晶

(c) Cu – Al – Ni 单晶

(d) Cu – Al – Ni 单晶

图 2.62   在高温金相显微镜下，加热过程引发相变
依高温浮突显示出热弹性马氏体组织   100×

（中南大学谭树松教授提供）

第 2 篇

金相试样制备与
显示各论

第 3 章　钢、铁金相试样
制备与显示方法

3.1　钢和纯铁金相试样制备与显示方法

钢是指含碳量≤2.11%的铁碳合金。在有的钢种中还加入有 Cr、Mo、Ni、W 等合金元素，加入有合金元素的为合金钢。当含碳量 <0.0218% 时，即为纯铁。

钢和铁的金相试样制备一般没有特别的困难，按常规的方法制备均可获得较理想的结果。

3.1.1　试样选取

钢铁的种类繁多，用途各异。相应的标准也较齐备。因此在选取试样时，如在对脱碳层深度测定；对非金属夹杂物、工具钢碳化物不均匀性、钢的晶粒度评定等检测时，金相试样的选取都在相应标准中有明确规定，应按国家标准、行业标准规定执行。

截取试样时，钢铁材料因其材质特点，可根据其原始尺寸、几何形状，在多种取样方法中选用合适方法。经常选用金相试样切割机截取。

3.1.2　磨光与抛光

1）磨光
用 SiC 砂纸一般湿磨到粒度为 P800 号就足够了。
2）抛光
（1）机械抛光。钢铁材料多选用机械抛光方法。抛光机转速可选用适当快的速度，可选用的机械抛光机很多，如普通 PG－2C 型双头金相抛光机，其转速可达 1400 r/min，是很适用的。

（2）化学抛光。在金相检验工作中，如能采用化学抛光代替机械抛光，会大大缩短时间又能节约材料。对于不便于取样的大工件还可以直接对局部检验面进行化学抛光。因需要化学抛光液成分与被抛光的金属性质相适应，以及化学抛光的最终光学效果较机械抛光稍有差异，在钢铁材料金相试样制备中有一定局限性。这种方法多应用于普通中、低碳钢，特别适用于同一钢种大批量常规检测。常用化学抛光溶液见表 3.1。

表 3.1 钢、铁金相试样化学抛光液及工艺

序号	化学抛光液成分	操作条件	适用范围
1	HNO_3 30 mL HF 70 mL 水 300 mL	在 60 ℃使用	铁、低碳钢
2	H_3PO_4 3 份 H_2SO_4 1 份 HNO_3 1 份	在 85 ℃使用	低碳钢
3	草酸 7 份 100% 双氧水 1 份 水 2 份	35 ℃抛光 15 min	碳钢
4	蒸馏水 50 mL 双氧水（含量 29% 以上） 30～80 mL 草酸（分析纯） 2.5～3.5 g 氢氟酸（含量 42% 以上） 2.5～5 mL	室温下抛光，宜采用擦拭方法，时间在 15 s 至 2 min 间，因钢种不同而异。 最后需经浸蚀	纯铁、15、45、40Cr、65Mn、T8、Cr12 钢等
5	蒸馏水 16 mL 草酸 1g 双氧水≥29% 16 mL 氢氟酸≥42% 1 mL	室温下，采用擦拭至试样面呈银灰色后，先用水后用酒精冲洗，吹干。 最后需经浸蚀	20MnV、Cr12MoV 钢等

序号	化学抛光液	操作条件	适　　用
6	双氧水(30%)　　　1 份 草酸水溶液(20%)　2 份	在 30~70 ℃使用	低碳钢
7	双氧水(30%)　　10 份 水　　　　　　　10 份 氢氟酸　　　　　　1 份	室温下使用	中碳钢
8	氢氟酸　　　　　14 mL 双氧水(30%)　100 mL 水　　　　　　100 mL	用新配冷溶液,浸蚀 3~30 s,最后在 30% 双氧水中清洗	钢(碳含量在 0.1% ~ 0.8% 内,合金元素不大于 3%)
9	双氧水(30%)　70 mL 氢氟酸　　　　　5 mL 水　　　　　　 40 mL	15~25 ℃使用	铸铁, 低合金钢
10	A 溶液 　双氧水(30%)　　3 份 　水　　　　　　10 份 　氢氟酸　　　　　1 份 B 溶液 　磷酸　　　　　　1 份 　水　　　　　　15 份	含碳量 >0.3% 的钢,磨光后,浸入 A 溶液中 15~25 s,水清洗,然后用沾有 B 溶液的棉球擦净,再用水冲洗、干燥。 　含碳量 0.15% ~ 0.30% 的钢,磨光后,浸入 A 溶液中 12~18 s,清洗后用沾有 B 溶液液的棉球擦拭,后用水冲洗、干燥。含碳量 < 0.15% 的钢,浸入 A 溶液中 3~5 s,清洗后用棉球沾 B 溶液擦拭,最后用水冲洗、干燥	钢

　　(3) 电解抛光。钢铁材料能选用电解抛光最为便捷和经济。钢铁材料电解抛光液及工艺见表 3.2。

表 3.2　钢铁材料电解抛光液及工艺

序号	电解抛光液①	电流密度 /A·cm⁻²	电解抛光工艺 直流电压 /V	温度 /℃	时间 /min	适用说明
1	高氯酸　　50 mL 酒精　　750 mL 水　　140 mL	0.3~1.3	8~20	室温	20~60 s	用于钢、不锈钢
2	磷酸　　650 mL 硫酸　　150 mL 水　　150 mL 三氧化铬　　50 g	0.6~1		40~60	3~7	适用于含碳量不大于1.1%的碳钢
3	高氯酸①　　62 mL 乙醇　　700 mL 丁基溶纤维②　　100 mL 水　　137 mL	1.2			20 s	用途广泛,适用高低碳钢和高速钢
4	磷酸　　800 mL 硫酸　　150 mL 水　　50 mL 三氧化铬　　100 g	0.3~0.66		60	5~6	适用于含碳量不大于1.1%的碳钢
5	高氯酸①　　100 mL 乙醇　　700 mL 丙醇　　100 mL	0.4	60V	室温	20 s	适用45号和T10钢

注:①将高氯酸小心地向水或酒精(乙醇)加入,以防爆炸;②临使用前加丁基溶纤维。

3.1.3　试样浸蚀

因为钢铁材料种类繁多、各种热处理后的组织差异大，可供选用的浸蚀剂有很多种。最常用和适用性最广的是硝酸酒精溶液和苦味酸酒精溶液。硝酸酒精溶液在钢铁试样中应用最多，硝酸浓度常采用的是2%～4%。这种溶液既腐蚀铁素体晶界，又腐蚀铁素体和碳化物相界，对铁素体晶界最敏感，用于脱碳层厚度检测和淬火、回火后的钢试样浸蚀均有良好的效果。

苦味酸酒精溶液对碳化物的大小、形状和分布较敏感，特别是轧制或正火状态下的钢，对珠光体、索氏体、屈氏体的区分以及在利用金相图像分析系统软件测定珠光体、索氏体量时最为适用。

浸蚀剂的选用应根据钢铁牌号、热处理状态、检测关注点等有针对性的选用。钢、铁材料常用的浸蚀剂配方、使用条件和说明见表3.3。常用的电解浸蚀液及规范见表3.4。双相钢浸蚀剂见表3.5。回火脆性组织浸蚀剂见表3.6。

表3.3　钢、铁试样常用浸蚀剂

序号	浸蚀剂成分		操作条件	适用说明
1	硝酸(1.4) 乙醇	1～10 mL 100 mL	常用3%硝酸乙醇溶液。 5%～10%适用于高合金钢。 浸蚀几秒至1 min	碳钢、合金钢、铸铁。 珠光体变黑，增加珠光体区域衬度。 能显示硅钢片晶粒。 低碳钢中铁素体晶界

序号	浸蚀剂成分		操作条件	适用说明
2	苦味酸 乙醇	4 g 100 mL	加入 0.5% ~1% 氯化苄基·二甲基·烷基铵,可提高腐蚀率和均匀性。 浸蚀几秒至几分钟	用于含铁素体和碳化物的组织。不显示铁素体晶界。能区别珠光体和贝氏体
3	盐酸 苦味酸 乙醇	5 mL 1 g 100 mL	显示晶粒大小,浸蚀时间数秒至 1 min	显示回火后的奥氏体晶界。 显示回火马氏体组织
4	苦味酸 蒸馏水	0.5 g 100 mL	加热至 71 ~ 77 ℃,擦拭 15 ~20 s	显示淬火马氏体与铁素体
5	戊醇 苦味酸	100 mL 5 g	通风柜内操作。 溶液不能存放	显示细珠光体
6	氯化铁(Ⅲ) 乙醇	5 g 100 mL	几秒至 1 分钟。	显示回火组织
7	氯化铁(Ⅲ) 盐酸 氯化苄基·二甲基烷基铵 乙酸	1 g 2 mL 0.3 mL 100 mL	浸蚀 1 ~5 min	显示贝氏体钢组织
8	过硫酸铵 氢氟酸 醋酸 蒸馏水	2 g 2 mL 50 mL 150 mL	浸蚀几秒至 1 min	马氏体黑色,铁素体发亮,残余奥氏体比铁素体更亮
9	磷酸 乙醇	20 mL 100 mL	浸入加热至 40 ~60 ℃ 的溶液中 3 ~ 5 min	使铁素体晶粒着色

序号	浸蚀剂成分		操作条件	适用说明
10	赤血盐 氢氧化钠 蒸馏水	10 g 100 g 100 mL	将水加热至 70~80 ℃加入氢氧化钠和 赤血盐，溶配好后 浸蚀	碳化物染色， 磷化物呈浅黄色
11	饱和苦味酸 硝酸 盐酸 乙醇	15 mL 10 mL 25 mL 50 mL	浸蚀几秒至 2 min	高合金钢淬火、回 火时显示晶界及马 氏体
12	盐酸 氯化铜（Ⅱ） 乙醇 蒸馏水	40 mL 5 g 25 mL 30 mL	浸蚀不超过 1 min	通用浸蚀剂
13	盐酸 蒸馏水 焦亚硫酸钾 氯化铁（Ⅲ）	33 mL 67 mL 0.6~1 g 1~3 g	室温浸蚀，60~150 s，浸入试样应晃动	镍基、铁基、钴基 耐热合金
14	焦亚硫酸钠 蒸馏水	1 g 100 mL	室温浸蚀 1~2 min	使钢中的板条状马 氏体和片状马氏体 着色
15	焦亚硫酸钾 蒸馏水	10 g 100 mL	浸蚀几秒至几分钟	纯铁，碳钢、低合 金钢中铁素体、马 氏体、贝氏体和索 氏体着色。碳化 物、氮化物、磷化 物不受浸蚀
16	苦味酸 苛性钠 蒸馏水	2 g 25 g 100 mL	煮沸浸蚀	渗碳体变黑色，铁 素体不受浸蚀，仍 为白色

表 3.4　钢、铁试样常用电解浸蚀液及规范

序号	电解液成分	电解浸蚀规范				适　用　说　明
		温度 /℃	直流电压 /V	时间 /s	阴极	
1	蒸馏水　100 mL 过硫酸铵　10 g	<40	6	5～20	镍	低碳钢中显示铁素体晶面,低合金钢的碳化物和磷化物
2	蒸馏水　100 mL 醋酸铅　10 g	<40	2	几秒	不锈钢	铁铬镍铸造合金,不锈钢和高合金,耐热钢中铁素体呈深兰色,奥氏体呈浅兰色,碳化物呈黄色
3	浓氢氧化铵	<40	1.5～6	30～60	铂	高合金钢,只浸蚀碳化物,σ 相不受浸蚀
4	蒸馏水　100 mL 三氧化铬　10 g	<40	3～6	3～60	铂	Cr 和 Cr–Ni 钢,渗碳体迅速受浸蚀,奥氏体受浸蚀较少,铁素体和磷化物受浸蚀最少
5	蒸馏水　100 mL 氢氧化钠　40 g	<40	1～3	3～60	铂	检定σ相,σ相首先着色,呈黄色到深褐色,然后铁素体着色。较长时间浸蚀,也可显示碳化物

表 3.5　双相钢组织浸蚀剂

序号	浸蚀剂成分	操作条件	适用说明
1	过硫酸铵　　　　　　2 g 氢氟酸　　　　　　2 mL 醋酸　　　　　　50 mL 蒸馏水　　　　　150 mL	浸蚀 5 ~ 10 s	马氏体变暗,残余奥氏体比铁素体亮
2	A 溶液 　焦亚硫酸钠　　　　1 g 　蒸馏水　　　　100 mL B 溶液 　苦味酸　　　　　4 g 　乙醇　　　　　100 mL	浸蚀 7 ~ 12 s,至表面呈橙蓝色	A、B 溶液等量混合使用,浸蚀贝氏体呈黑色,铁素体呈棕黄色,马氏体呈白色
3	饱和硫代硫酸钠　　50 mL 焦亚硫酸钾　　　　1 g	浸蚀 60 ~ 90 s,直到表面变紫	

表 3.6　回火脆性组织浸蚀剂

序号	浸蚀剂成分	操作条件	适用说明
1	A 溶液 　苦味酸　　　　　50 g 　乙醚　　　　　250 mL 溶液 B 　氯化苄基·二甲基·烷基 　胺　　　　　　10 mL 　水　　　　　240 mL	浸蚀 1 ~ 15 min,等量混合 A、B 溶液并充分摇匀,封闭在瓶中 24 h,将上层溶液倒入烧杯中,用 1/3 体积乙醚稀释。	显示回火后发生脆性的组织及沿奥氏体晶界的析出物
2	饱和 $KMnO_3$ 水溶液 　　　　　　100 mL KOH　　　　　　10 g	常规浸蚀	显示回火脆性组织
3	饱和苦味酸溶液	常规浸蚀	显示原始奥氏体晶界及其组织析出物

举 例

在检查普通碳钢和低合金钢产品金相组织中，对珠光体(包括索氏体和屈氏体)、铁素体和三次渗碳体等的形态以及量均很关注。良好的制样方法和浸蚀剂的选用，是很重要的。如硝酸、乙醇浸蚀剂，即腐蚀铁素体晶界，又能显示珠光体组织中铁素体和渗碳体片以及铁素体晶界上的三次渗碳体，见实例照片图3.1 和图3.2。

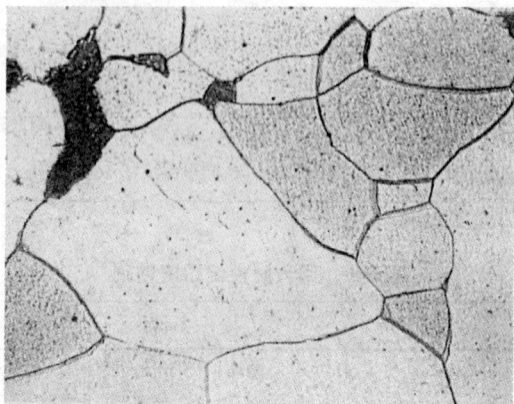

图 3.1   10#钢组织   500×

处理工艺：控轧盘条

组织：珠光体(黑色块)、铁素体晶粒、铁素体晶界上可见三次渗碳体

浸蚀剂：3%硝酸乙醇溶液

苦味酸、盐酸、乙醇溶液则对珠光体、索氏体、屈氏体区分较敏感，在轧制和正火后的钢试样进行金相检测时，有利于判定区分组织和判定索氏体量(见实例照片图3.3 和图3.4)、贝氏体组织(见实例照片图3.5 和图3.6)。

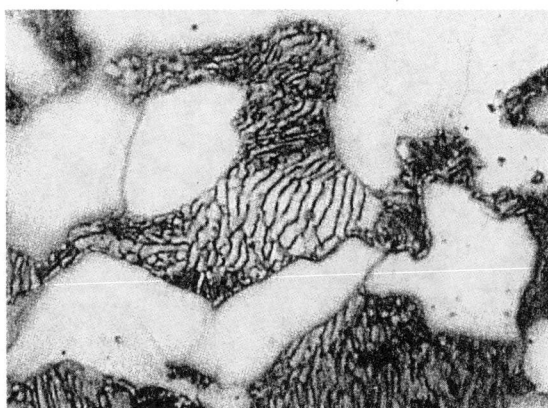

图 3.2　35 号钢组织　1000×

处理工艺：控轧控冷

组织：珠光体(层片状)、铁素体(白色块状)和贝氏体(白色点粒状)

浸蚀剂：3% 硝酸乙醇溶液

图 3.3　60Si2Mn 钢组织　500×

处理工艺：热轧盘条

组织：网状铁素体、索氏体(灰色)和屈氏体(黑色)

浸蚀剂：表 3.3 中 3 号浸蚀剂

图 3.4　70#钢盘条组织　500×

处理工艺：控轧控冷

组织：铁素体（白亮条）、索氏体（灰色块）和屈氏体（暗黑色块）。经组织观察
　　　评定，索氏体量占75%

浸蚀剂：表3.3中3号浸蚀剂

图 3.5　65Mn 钢盘条组织　500×

处理工艺：热轧盘条

组织：图中灰白色块为异常组织，基体组织为索氏体、屈氏体、少量珠光体和
　　　铁素体。灰白色部分内为条状贝氏体

浸蚀剂：表3.3中2号浸蚀剂

图3.6　65Mn 钢热轧盘条组织　1500×

处理工艺：热轧盘条

组织：图3.5中，灰白色块经放大后，可见条状贝氏体组织

浸蚀剂：表3.3中2号浸蚀剂

3.2　工模具钢试样制备与显示

3.2.1　工模具钢常用浸蚀剂

表3.7为工模具钢常用的浸蚀剂名称、组成和用途。

表3.7　工模具钢常用的浸蚀剂名称、组成和用途

序号	名　称	组　成		用　途
1	2%～5%硝酸酒精溶液	硝酸　　　2～5 mL 酒精　　95～98 mL		显示工模具钢显微组织
2	10%硝酸酒精溶液	硝酸　　　　10 mL 酒精　　　　90 mL		高速钢淬火组织及晶间显示
3	饱和苦味酸水(酒精)溶液	饱和苦味酸水溶液 (或酒精溶液)		显示钢显示组织,特别显示碳化物组织

序号	名　称	组　成	用　途
4	碱性高锰酸钾溶液	高锰酸钾　　1 ~ 4 g 苛性钠　　　1 ~ 4 g 蒸馏水　　　100 mL	碳化物染成棕黑色，基体组织不显示
5	饱和苦味酸－海鸥洗涤剂溶液	饱和苦味酸溶液 +少量海鸥洗涤剂	新配制适用于显示淬火组织的晶界
6	三酸乙醇溶液	饱和苦味酸　20 mL 硝酸　　　　10 mL 盐酸　　　　20 mL 酒精　　　　50 mL	显示合金模具钢及刀具材料的淬火与回火组织
7	1 + 1 盐酸水溶液	盐酸　　　　50% 水　　　　　50%	显示 GCr15 钢组织
8	苦味酸盐酸水溶液	苦味酸　　　1 g 盐酸　　　　5 mL 水　　　　　100 mL	显示 Cr12MoV 钢组织
9	苦味酸盐酸酒精溶液	苦味酸　　　1 g 盐酸　　　　5 mL 酒精　　　　100 mL	显示 6Cr4Mo3Ni2WV 钢组织
10	三酸甲醇溶液	饱和苦味酸　20 mL 硝酸　　　　10 mL 盐酸　　　　30 mL 甲醇　　　　40 mL	高合金钢淬火、回火时显示晶界及马氏体

3.2.2　工具钢碳化物分布评定金相试样制备与显示方法

工具钢中分碳素工具钢、合金工具钢、高速工具钢等。

1）网状碳化物

在工具钢中因热加工温度或退火温度的高低、冷却速度快慢的影响，碳化物沿奥氏体晶界析出的分布情况有较大差异。如温度高、冷却慢，碳化物会形成网状。合适的温度和冷却速度，碳化物分布均匀呈细小粒状。对网状碳化物的分布，国家标准有技术规定。检查网状碳化物分布的金相试样准备，主要是要作预先热处理。

　　碳素工具钢、合金工具钢其预先热处理应按该钢种的正常淬火温度淬火后回火。试样的显微组织在回火后其基体组织呈黑色，碳化物呈白色点状、网状，黑白对比分明，易于准确评定。热处理后金相试样制备同常规，用 4% 硝酸乙醇溶液深浸蚀。显微分析时应在放大 500 倍下进行。碳素工具钢网状碳化物评定按 GB/T1298—1986，合金工具钢按 GB/T1299—1985 进行。

　　2）碳化物不均匀性

　　①合金工具钢

　　合金工具钢常因碳化物分布的不均匀性对其品质有一定影响，严重时还会造成锻造或淬火时开裂。

　　检查合金工具钢碳化物不均匀的试样准备有两点应于关注：其一，检查取样时材料应沿锻轧材延伸方向截取；其二，试样也应经预先热处理。热处理时，按检查钢号正常淬火、回火处理。试样磨光、抛光按钢试样常规方法进行，浸蚀时可深浸蚀。在显微镜放大 100 倍下观察分析。评定碳化物不均匀性按 GB/T1299—1985 合金工具钢技术条件执行。

　　②高速工具钢

　　高速工具钢（即高速钢）由于含有较多的合金元素，所以形成大量的碳化物，碳化物如果分布不均匀，易造成锻造或淬火时的开裂，并易使制成的刀具产生崩口、掉齿等缺陷。检查高速钢碳化物不均匀性的试样准备，在按规定取样后，首先应进行预先热处理，热处理制度按表 3.8 进行，淬火后在 680 ~ 700 ℃回火 1 ~ 2 小时后空冷。高速工具钢带状碳化物分布见图 3.7。

表 3.8　检查碳化物不均匀性的试样热处理制度

序号	牌号	试样热处理制度			
		预热温度 /℃	淬火温度/℃		淬火剂
			盐浴炉	箱式炉	
1	W18Cr4V	820 ~ 870	1270 ~ 1285	1270 ~ 1285	油
2	W18Cr4VCo5	820 ~ 870	1270 ~ 1290	1280 ~ 1300	油
3	W18Cr4V2Co8	820 ~ 870	1270 ~ 1290	1280 ~ 1300	油
4	W12Cr4V5Co5	820 ~ 870	1220 ~ 1240	1230 ~ 1250	油
5	W6Mo5Cr4V2	730 ~ 840	1210 ~ 1230	1210 ~ 1230	油
6	CW6Mo5Cr4V2	730 ~ 840	1190 ~ 1210	1200 ~ 1220	油
7	W6Mo5Cr4V3	730 ~ 840	1190 ~ 1210	1200 ~ 1220	油
8	CW6Mo5Cr4V3	730 ~ 840	1190 ~ 1210	1200 ~ 1220	油
9	W2Mo9Cr4V2	730 ~ 840	1190 ~ 1210	1200 ~ 1220	油
10	W6Mo5Cr4V2Co5	730 ~ 840	1190 ~ 1210	1200 ~ 1220	油
11	W7Mo4Cr4V2Co5	730 ~ 840	1180 ~ 1200	1190 ~ 1210	油
12	W2Mo9Cr4VCo8	730 ~ 840	1170 ~ 1190	1180 ~ 1200	油
13	W9Mo3Cr4V	820 ~ 870	1210 ~ 1230	1220 ~ 1240	油
14	W6Mo5Cr4V2Al	820 ~ 870	1230 ~ 1240	1230 ~ 1240	油

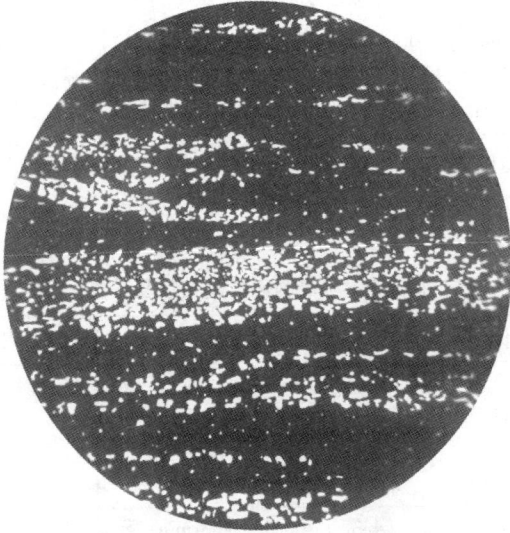

图 3.7　高速工具钢组织　100×

处理工艺：1280 ℃油淬，经 680 ℃回火

浸蚀剂：4% 硝酸酒精

组织：白色点带状为合金碳化物分布

3.3　不锈钢试样制备与显示方法

　　不锈钢按金相组织划分，可分为奥氏体型、铁素体型、奥氏体–铁素体型、马氏体型和沉淀硬化型五类。不锈钢一般含铬量 >11%，其他含 Ni、Ti、Mo 等合金元素，因而具有良好的耐蚀、抗氧化性能。

3.3.1　试样磨光与抛光

　　除马氏体不锈钢外，其他各类不锈钢的硬度都较低。用常规方法磨光时，由于表面塑性变形而易产生扰乱层，使组织模糊不清,有时在磨光过程中还可能引发马氏体相变,出现假象。因而,为保证品质,在磨光和抛光不锈钢试样时,从粗磨至细磨每一道磨光都应尽量轻轻地磨。而且抛光时可采用反复浸蚀抛光,以去除扰乱层。

条件许可时可采用化学抛光或电解抛光。抛光液见表3.9和表3.10。

表 3.9   不锈钢化学抛光液及工艺

序号	化学抛光溶液		抛光工艺	适用范围
1	HCl	30%	$70 \sim 80$ ℃,	不锈钢
	H_2SO_4	40%	浸蚀 $2 \sim 5$ min	
	$TiCl_4$	5.5%	可在溶液中加入	
	水	24.5%	0.5% HNO_3	
2	HNO_3	4 份	70 ℃浸蚀 3 min	奥氏体不锈钢
	HCl	1 份		
	H_3PO_4	1 份		
	醋酸	5 份		

表 3.10   不锈钢电解抛光液及工艺

电解抛光液	电解抛光工艺				适用说明
	电流密度 /$A \cdot cm^{-2}$	直流电压 /V	温度 /℃	时间 /min	
H_3PO_4 185 mL	$0.04 \sim 0.06$	50	<30	$4 \sim 5$	溶液陈化24 h后使
醋酸铵 765 mL					用,适用于奥氏体
水 50 mL					不锈钢

电解抛光液	电解抛光工艺				适用说明
	电流密度 /A·cm^{-2}	直流电压 /V	温度 /℃	时间 /min	
高氯酸　　54 mL 水　　　146 mL 酒精加　　3% 乙醚　　800 mL	4	110	<35	15 s	适用多种钢试样
浓 H$_3$PO$_4$	0.6	40~93			适用不锈钢
CrO$_3$　　　25 g 醋酸　　133 mL 水　　　　7 mL	0.025	20	17~19	5~20	适用不锈钢
高氯酸　　50 mL 乙醇　　750 mL 水　　　140 mL	0.3~1.3	8~20	室温	20~60 s	适用钢、不锈钢

3.3.2　不锈钢组织的显示方法

不锈钢试样的浸蚀较之磨光与抛光难度更大，原因是：钢的耐蚀性好，显示基体的晶界比较困难，特别是奥氏体不锈钢、超低碳不锈钢等难以显示完整的晶界。不锈钢的组织类型很多，除了不同的基体组织外，还常出现 δ 铁素体，少量的碳化物及金属间化合物，它们对钢的性能有重要影响。由于各个相的形态没有明显的特点，所以用一般的浸蚀剂难以鉴别。为了适应检验工作的需要，不锈钢的显示技术不断更新。以下分别介绍较实用的化学浸蚀及电解浸蚀溶液配方、使用方法及适用范围。

1）化学浸蚀

常用的不锈钢浸蚀剂有以下两类，即浓缩的或稀释的酸浸蚀剂和碱性的铁氰酸盐浸蚀剂。

不锈钢化学浸蚀试剂参见表 3.11。

表 3.11(1)　　不锈钢常用的浸蚀试剂名称、组成和用途

序号	名　　称	组　　成		用　　法	用　　途
1	王水甘油溶液	1.　硝酸 　　盐酸 　　甘油	10 mL 20 mL 30 mL	先将盐酸和甘油倒入杯内搅匀,然后加入硝酸	奥氏体型不锈钢及含 Cr、Ni 高的奥氏体型耐热钢
		2.　硝酸 　　盐酸 　　甘油	10 mL 30 mL 20 mL	浸蚀前,在热水中适当加温,采用反复抛光,反复浸蚀,一般擦蚀数秒至十几秒,溶液配制24 h 后才能使用	
		3.　硝酸 　　盐酸 　　甘油	10 mL 30 mL 10 mL		
2	氯化高铁盐酸水溶液	氯化高铁 盐酸 水	5 g 50 mL 100 mL	浸蚀或擦蚀,室温浸蚀 15 ~ 60 s	奥氏体铁素体型不锈钢、18 -8 型不锈钢
3	王水酒精溶液	盐酸 硝酸 酒精	10 mL 3 mL 100 mL	浸蚀(室温)	不锈钢中的 δ 相呈白色,有明显的晶界
4	苛性赤血盐水溶液	赤血盐 氢氧化钾 水	10 g 10 g 100 mL	在通风橱中煮沸 2 ~ 4 min,不可混入酸类,以免 HCN(剧毒物)逸出	铬不锈钢、铬镍不锈钢的铁素体呈玫瑰色、浅褐色,奥氏体呈光亮色,σ 相呈褐色,碳化物被溶解

序号	名 称	组 成		用 法	用 途
5	苦味酸盐酸酒精(水)溶液	苦味酸 盐酸 酒精(水)	4 g 5 mL 100 mL	浸蚀30~90 s	不锈钢
6	硫酸铜盐酸水溶液	硫酸铜 盐酸 水	4 g 20 mL 20 mL	浸蚀15~45 s	奥氏体型不锈钢
7	高锰酸钾水溶液	高锰酸钾 苛性钾 水	4 g 4 g 100 mL	煮沸浸蚀1~3 min	奥氏体型不锈钢 σ 相呈彩虹色,铁素体呈褐色
8	10% 草酸水溶液	草酸 水	10 g 90 mL	电压:4V 时间:10~20 s	显示不锈钢中铁素体、碳化物、奥氏体。α相呈白色,碳化物为黑色,在奥氏体晶界析出
9	复合试剂	酒精 硝酸 盐酸 苦味酸 重铬酸钾	30 mL 5 mL 15 mL 1 g 2~3 g	浸蚀10~60 s	显示不锈钢、耐热钢等
10	盐酸硝酸氯化高铁水溶液	盐酸 硝酸 氯化高铁 水	20 mL 5 mL 5 g 100 mL	浸入法	显示铬锰氮耐热钢的显微组织
11	氯化铜盐酸酒精水溶液	$CuCl_2$ HCl 酒精 水	1.58 mL 33 mL 33 mL 120 mL	轻度擦拭3~10 s 20℃下浸蚀	马氏体不锈钢Kalling浸蚀剂马氏体变暗,铁素体着色

序号	名　称	组　成		用　法	用　途
12	硝酸盐酸水溶液	HNO₃ HCl 水	1 份 1 份 1 份	20℃下浸蚀,搅动溶液	大多数不锈钢的通用试剂
13	王水加醋酸	醋酸 HNO₃ HCl	5 mL 5 mL 15 mL	擦拭 15 s	适用于铁素体类不锈钢
14	氯化铜、盐酸、水、酒精溶液	CuCl₂ HCl 酒精 水	5 g 40 mL 25 mL 30 mL	20℃下浸蚀	马氏体类及沉淀硬化类不锈钢的 Fry 试剂
15	盐酸水溶液	HCl 水	10 mL 90 mL	浸蚀 3 ~ 10 s	适用于马氏体不锈钢

表 3.11(2)　常用不锈弹簧钢的浸蚀试剂

试剂名称	试剂成分	用法	用途
氯化高铁盐酸水溶液	氯化高铁 5 g 盐酸 50 mL、酒精 100 mL	室温浸蚀或擦蚀15 ~ 60 s	奥氏体不锈钢、马氏体不锈钢、沉淀硬化不锈钢
硫酸铜盐酸水溶液	硫酸铜 4 g 盐酸 20 mL、水 20 mL	室温浸蚀15 ~ 45 s	奥氏体不锈钢
王水	盐酸 100 mL、硝酸 30 mL	室温浸蚀数 s	奥氏体不锈钢

2）电解浸蚀　电解浸蚀剂见表 3.12。

表 3.12　不锈钢电解浸蚀剂

序号	电解液成分		电解浸蚀规范	适用说明
1	HNO₃	50 mL	DC2 ~ 6V	适用于奥氏体不锈钢的通用浸蚀剂
	水	50 mL		
2	NaOH	20 g	DC20V, 20 ℃浸蚀 5 s 不锈钢阴极	显示 δ 铁素体轮廓并染成棕褐色
	水	100 mL		
3	乳酸	45 mL	DC6V, 20 ℃浸蚀几秒	强烈浸蚀奥氏体, σ 相和碳化物, 显示铁素体轮廓
	甲醇	45 mL		
	HCl	10 mL		
4	过硫酸铵	10 g	DC6V, 浸蚀 10 s	碳化物染成暗棕色
	水	100 mL		
5	HNO₃	1 份	电解浸蚀 10 s	适用于沉淀硬化不锈钢
	酸酸	1 份		
6	HCl	5 mL	450　mA/cm², 浸蚀 2 min	显示奥氏体钢晶界沉淀物和相组织
	甲醇	95 mL		
7	醋酸铅	10 g	DC6V, 浸蚀 0.6 s	奥氏体呈浅蓝色, σ 相呈暗蓝色, 碳化物呈棕褐色
	水	100mL		

举　例

1) 0Cr13Ni6Mo 为常用的含 Cr、Ni 元素的马氏体不锈钢。马氏体不锈钢组织较难显示, 一般选用盐酸苦味酸酒精溶液或三氯化铁盐酸水溶液来显示马氏体不锈钢的组织及晶界, 这种选用往往不够理想。郑州机械科学研究所刘贞等撰写的《钢中晶粒度显示方法》一文中, 选用具有明显选择性的腐蚀剂进行浸蚀, 得到较好结果, 能使奥氏体晶界和板条状马氏体得到显现, 参见图 3.8。

2) 0Cr13Ni₄Ni₄Mo 这类马氏体不锈钢, 淬火处理的目的是为了使合金元素及合金碳化物充分溶入奥氏体中, 同时又要避免奥氏体晶粒粗大, 因此, 选用合适的浸蚀剂很重要, 它能清晰显示奥氏体晶界, 便于评定和工艺控制, 参见图 3.9 和图 3.10。

图 3.8　　OCr13Ni6Mo 钢组织　　300×

处理工艺：1000 ℃加热 2 小时，空冷淬火

组织：板条马氏体、晶界

浸蚀剂：表 3. 16 中 1 号

图 3.9　　OCr13Ni4Mo 钢组织　　100×

处理工艺：1000 ℃加热 2 小时，空冷淬火

组织：奥氏体晶界，基体马氏体未受浸蚀

浸蚀剂：表 3. 16 中 21 号

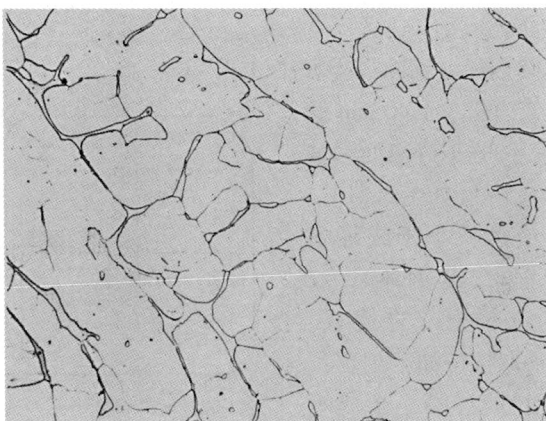

图 3. 10　　OCr13Ni4Mo 钢组织　250×

处理工艺：1000 ℃加热 2 小时

组织：奥氏体晶界，晶界上可见少量体素体分布

基体为马氏体但未受浸蚀

浸蚀剂：表 3. 16 中 21 号

3. 4　钢中非金属夹杂物显微评定试样制备与显示方法

　　分析夹杂物的试样比一般观察显微组织的试样要求高，因为夹杂物常规检查时试样表面是不经浸蚀的，抛光面不允许有水渍、污物、划痕等。特别应避免在磨光试样过程中嵌入磨料及抛光微粉造成假象和误判。对于只分析夹杂物的试样（如原材料和重要工件加工前的钢材）最好进行淬火处理（铁素体和奥氏体钢除外），增加硬度有利于磨光抛光后获得光洁的试样表面和保留夹杂物。

3. 4. 1　试样选取

　　1）选样

　　（1）自钢材（或钢坯）上选取通过钢材（或钢坯）轴心的纵截

面为检验面。

（2）圆钢和方钢的取样方法（GB10561－89）

直径或边长大于 40 mm 的钢材（或钢坯）选取外表面和轴心之间的一半处（如图3.11）。

直径或边长小于或等于 40 mm 的钢材（或钢坯），取样方法和部位由双方协议。无协议时，取样按如下规定：

① 直径或边长小于或等于 30 mm 的钢材，检验面为通过轴心元纵截面（如图3.12）。

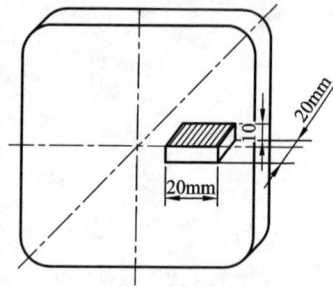

图 3.11　方钢取样

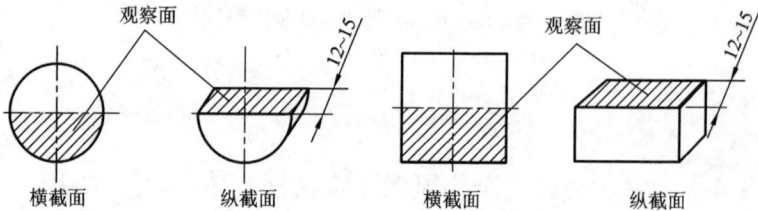

图 3.12　圆钢方钢截面取样

② 直径或边长大于 30 mm 的钢材（或钢坯），检验面为通过轴心之纵截面的一半处（如图3.13）。

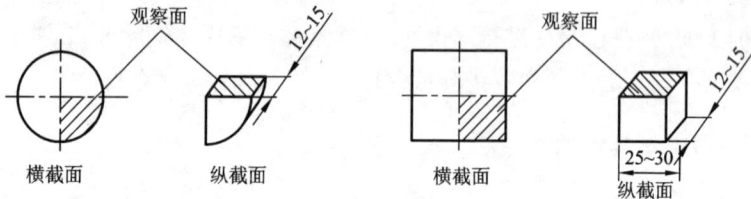

图 3.13　圆钢方钢截面取样

（3）钢板、钢带和扁钢的取样方法如图 3.14。

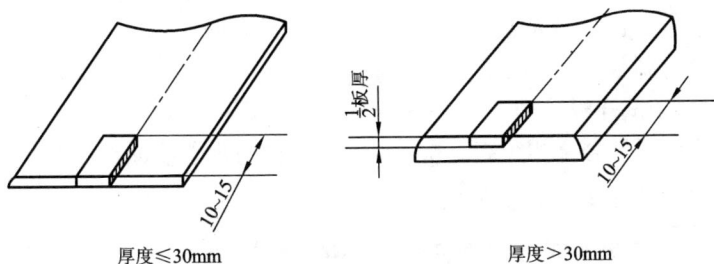

图 3.14　钢板、带钢和扁钢取样

（4）钢管取样方法如图 3.15。

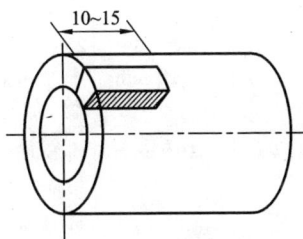

图 3.15　钢管取样

2）试样截取

试样截取的部位和数量应按相应的产品标准或双方协议规定执行。

试样应在冷却条件下，用机械方法截取。如用气切割时，必须将金属熔化区、热影响区、塑性变形区完全去除。

3）试样制备

观察非金属夹杂物试样准备中，磨制前最好经预先淬火处理

（铁素体、奥氏体和高锰钢除外），淬硬后的试样便于磨光，不易出划痕，而且可防止磨料嵌入造成假象。试样淬火温度宜选用试样钢号的正常淬火温度，淬火后可不经回火处理，试样按常规方法进行制备。

　　4）试样浸蚀

　　为了结合金相组织分析，观察夹杂物的化学浸蚀剂配方与试验条件见表3.13。

表3.13　用于金相的夹杂物化学浸蚀剂配方与条件

序号	浸蚀剂	浸蚀时间	配　　方
1	硝酸酒精溶液	10 s	10 mL HNO_3 加入 100 mL 酒精（95%）中
2	铬酸水溶液	5～10 min	溶解 10 g 铬酸于 100 mL 蒸馏水中
3	碱性苦味酸水溶液	沸腾浸蚀 5～10 min	25 gNaOH 溶于 75 mL 蒸馏水中加热至近沸，再加 2 g 苦味酸，加蒸馏水稀释至 100 mL
4	氯化锡饱和酒精溶液	10 min	将 $SnCl_2$ 加入（95%）酒精中至饱和为止，此液必须使用新鲜的
5	盐酸酒精溶液	5 min	5 mL HCl 加入到 100 mL（95%）酒精中
6	氢氟酸水溶液	5 min	42 mL HF 加入到 100 mL 蒸馏水中
7	三氯化铁酒精溶液	5 min	溶解 1 g $FeCl_2$ 于 100 mL（95%）酒精中
8	碱性高锰酸钾水溶液	沸腾浸蚀 5～10 min	0.6 g $KMnO_3$ + 2g NaOH + 100 mL 蒸馏水混匀（新鲜的）
9	酸性高锰酸钾水溶液	沸腾浸蚀 5～10 min	1 g $KMnO_3$ + 10 mLH_2SO_4 + 90 mL H_2O

举　例

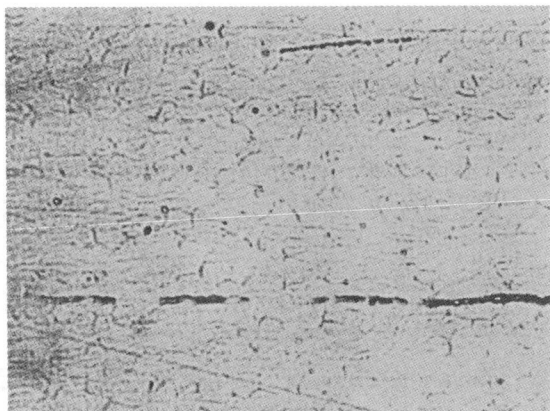

图 3.16　冷镦 10#钢夹杂物　100×

处理工艺: 冷镦, 组织: 硅酸盐夹杂, 浸蚀剂: 未浸蚀

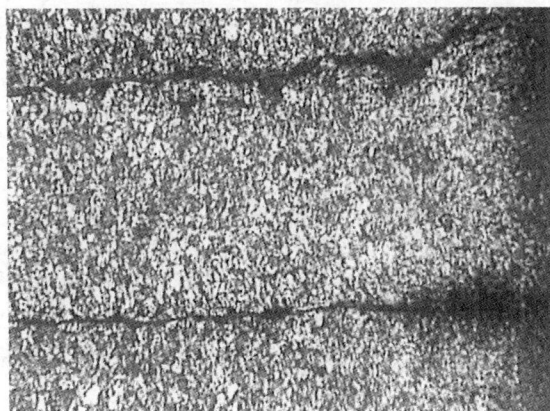

图 3.17　冷镦 10#钢裂纹　100×

处理工艺: 冷镦

组织: 图 3.16 试样, 经深浸蚀夹杂物对应位置, 裂纹明显暴露

浸蚀剂: 表 3.3 中 2 号浸蚀剂

3.5 钢的晶粒度检测试样制备与显示方法

钢的晶粒度有实际晶粒度和本质晶粒度两种。奥氏体实际晶粒度是钢在具体的热处理或热加工条件下获得的奥氏体晶粒大小。

奥氏体实际晶粒大小，对钢的性能有明显影响。一般地说，无论是正火、退火或淬火和回火，奥氏体实际晶粒小的钢，最终性能均优于奥氏实际晶粒大的钢。此外，奥氏体晶粒粗大，淬火时易于变形和开裂，因此当奥氏体化时，必须严格控制勿使晶粒粗化，除少数情况外，都希望得到细小的奥氏体实际晶粒。

关于奥氏体实际晶粒的评级，在实际生产中，通常是将需要评级材料的金相试样在光学显微镜下放大 100 倍，并与标准图片相比较来评定。

奥氏体本质晶粒度，并非指具体的晶粒，而仅表示奥氏体晶粒长大的倾向。根据奥氏体晶粒长大倾向的不同，可将钢分为两类：若在 930 ℃下奥氏体化，奥氏体易于粗化的钢称为"本质粗晶粒钢"；奥氏体不易长大的钢称为"本质细晶粒钢"。加热温度对奥氏体晶粒大小的影响见图 3.18。

3.5.1 钢的实际晶粒度检测试样制备及显示方法

钢的实际晶粒度检测时试样制备与常规方法相同。

1）常用钢材的实际晶粒检测试样显示方法

常用钢材在常规热处理规范下显示实际晶粒度的浸蚀剂配方见表 3.14。

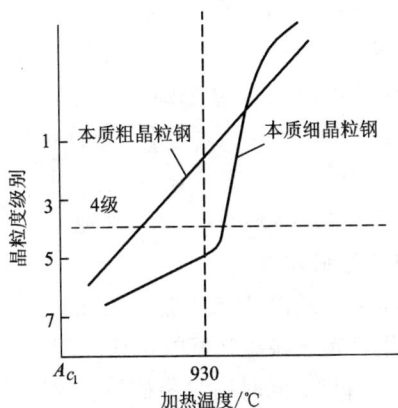

图 3.18　加热温度对奥氏体晶粒大小的影响

表 3.14　晶粒度浸蚀剂配方

序号	苦味酸	十二烷基苯磺酸钠	双氧水	二氯化铜	蒸馏水
1	5 g	4 g	少量	–	100 mL
2	4 g	–	–	–	100 mL
3	5 g	4 g	–	3 g	100 mL

① 1 号浸蚀剂配制方法

先把苦味酸和十二烷基苯磺酸钠放入热水中搅拌至溶解后，加入微量钢片(约 0.1 g)，将溶液加热至沸腾约 2 分钟后，停止加热。然后边搅拌边滴入 H_2O_2 数滴，试剂的使用温度在 80 ~ 100 ℃间。

苦味酸[$C_6H_2(NO_2)_3OH$]电离度没有硝酸大，加之硝基(NO_3^-)氧化势高，所以没有硝酸腐蚀能力强。因此，在晶粒度的显示中，含苦味酸的浸蚀剂是用得最多的一种。但是，单一苦味酸水溶液在浸蚀试样时，表面易产生一层不溶于水和酒精的难溶解的腐蚀产物，而使表面钝化。采用1号浸蚀剂，试样表面黑膜会自行脱落。溶液中的十二烷基苯磺酸钠是表面活性剂，它对晶界腐蚀强烈，而对基体组织的腐蚀可完全被抑制。氧化剂 H_2O_2 能起到加速腐蚀作用。所以，1号浸蚀剂比用其他类型苦味酸溶液所需时间短，只需 40~50 s 即可完全显露。

② 2号浸蚀剂配制方法

浸蚀剂配制时，将结晶苦味酸加入已加热的蒸馏水中，搅拌后加热至沸腾，用竹夹子将抛光好的试样面朝下浸入浸蚀剂中15~20秒，取出用水冲洗，同时用脱脂棉擦拭试样表面，以便去掉黑色腐蚀物。然后用酒精冲洗，吹干即可在显微镜下观察。

③ 3号浸蚀剂配制方法

与1号浸蚀剂的区别是，去掉 H_2O_2 改为添加 3 g $CuCl_2$。有资料介绍，对含硅高的钢用 $CuCl_2$ 的添加剂效果较好，实践证明用3号浸蚀剂 60Si2Mn 钢显示晶界效果良好。

2）氧化法奥氏体实际晶粒检测试样制备与显示方法

显示奥氏体实际晶粒用氧化法为佳，氧化法是在空气加热炉中进行。在氧化前试样经磨光、抛光处理，将抛光好的试样抛光面朝上置于加热炉中，加热至600 ℃，试样垫小块耐火材料并在耐火材料上洒少许白刚玉砂粒以防试样与耐火垫粘联。氧化完毕后用细金相砂纸磨光、抛光(时间宜短，用力宜轻)至试样表面稍微发亮即可。抛光后用3%硝酸乙醇溶液浸蚀，浸蚀时间 5~7 min。

3）高速工具钢奥氏体晶界检测试样制备与显示方法

显示高速工具钢奥氏体晶界的浸蚀剂见表3.15。

表3.15　高速工具钢奥氏体晶界浸蚀剂

编号	名　称	成分/%						适用范围及特点
		饱和苦味酸水溶液	浓硝酸	浓盐酸	乙醇	甲醇	海鸥洗净剂	
1	三酸乙醇溶液	15	10	25	50	–	–	显示淬、回火后的晶界和马氏体形态
2	两酸乙醇洗净剂溶液	–	10	30	59.5	–	0.5	显示淬、回火的晶界及低温淬火的晶界
3	三酸甲醇溶液	20	10	30	–	40	–	显示淬、回火后的晶界。深腐蚀可显示马氏体形态
4	两酸乙醇溶液	–	5	10	85	–	–	显示热处理铬合金工具钢晶界
5	硝酸乙醇溶液	–	30	–	70	–	–	显示淬火后奥氏体晶界

①1号浸蚀剂配制方法

将饱和苦味酸水溶液置于容器中，边搅拌边加入盐酸至溶液呈无色状，再加入浓硝酸，最后加入乙醇。使用时将抛光后的试样浸入溶液中，待试样表面呈暗灰色时取出，冲洗吹干，即可在显微镜下观察其晶界。

②2号浸蚀剂配制方法

先将浓盐酸倒入容器中，随后用乙醇冲淡并搅匀，再加入浓硝酸，最后加入海鸥洗净剂。将抛光后的试样浸入溶液中数秒，抛光面发暗，立即取出用水冲洗。若发现试样表面过于灰暗，应将试样轻微抛光，再冲洗吹干，即可在显微镜下观察其晶界。

③ 3 号浸蚀剂配制方法

将饱和苦味酸水溶液倒入容器中，随后依次加入盐酸、甲醇并搅匀，最后加入浓硝酸充分搅匀后即可使用。

④ 4 号浸蚀剂配制方法

两酸分先后加入乙醇容器中，搅拌均匀后，可浸入也可擦拭至试样表面呈浅灰色，冲洗吹干，进行观察。

⑤ 5 号浸蚀剂配制方法

5 号浸蚀剂适用于高速钢正常温度淬火后回火之前显示组织使用，因为回火后过饱和固溶的碳会有析出而形成回火马氏体呈暗黑色，晶界不易清晰显现。高速钢经淬火未回火的组织见图3.19。奥氏体晶界清晰，化合物分明可辨。

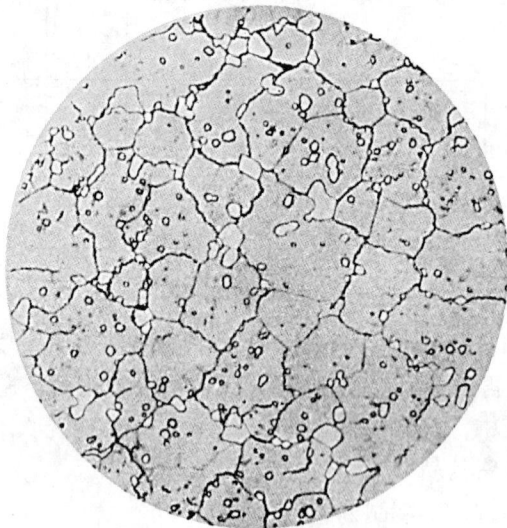

图 3.19　高速钢淬火组织

4）显示原奥氏体晶粒大小用其他浸蚀剂

表3.16　原始奥氏体晶粒大小浸蚀剂

序号	配　　方		应　　用
1	酒精 苦味酸 HCl	100 mL 1 g 5 mL	Vilella 浸蚀剂，经300~500 ℃时效，马氏体效果最好。室温下浸蚀。有时能产生晶粒反差（反复几次抛光-浸蚀后，效果提高）。对高合金钢，有时能看到晶界浸蚀，有时在4%苦味醇溶液中加入 HCl
2	FeCl₃ 水	5 g 100 mL	用于低碳钢的 Miller, Day 浸蚀剂，FeCl₃1~10 g 都曾用过，马氏体经149~204 ℃回火后，反差最好，20 ℃下浸蚀2~6 s
3	亚硫酸氢钠 水	34 g 100 mL	用于显示细晶粒化的，严重变形钢的晶界，浸蚀1~2 s。表面产生一层黄褐色薄膜，暗视场观察
4	HCl HNO₃ CuCl₂ 水	50 mL 25 mL 1 g 150 mL	用于含18% Ni 的马氏体时效钢
5	HCl HNO₃ 酒精	10 mL 3 mL 80~100 mL	适用于高速钢，也适用于淬火高碳钢。偏光下观察。灵敏着色加强晶粒反差效果。也用于浸蚀氧化法处理过的试样
6	FeCl₃ HCl 水	25 g 25 mL 100 mL	用于马氏体不锈钢
7	苦味酸 二甲苯 酒精	3 g 100 mL 10 mL	用于淬火、回火钢

序号	配　方		应　用
8	HNO_3 酒精 氯化苄基·二甲基·烷基铵	6 mL 100 mL 1 mL	用于回火脆化铸态钢
9	水 HCl $FeCl_3$ 氯化苄基·二甲基·烷基铵	400 mL 5 mL 10 g 10 mL	用于马氏体不锈钢和高铬合金钢
10	HCl 酒精 $FeCl_3$ $CuCl_2$	100 mL 120 ~ 140 mL 8 g 7 g	用于工具钢，浸蚀 10 ~ 120 s。用蘸有 4% 盐酸酒精的棉球擦去表面的沉积物
11	HCl 醋酸 苦味酸 酒精	10 mL 6 mL 1 g 100 mL	用于高速钢
12	酒精 氨水 HCl 苦味酸 氯化铜铵	50 mL 1 mL 1 mL 3 g 1 g	用于显示铸铁或经氧化法处理过的钢中奥氏体晶粒
13	HCl 酒精	15 mL 85 mL	用于浸蚀氧化法处理的试样

3.5.2　钢的本质晶粒度试样制备与显示方法

　　显示钢的奥氏体本质晶粒度的方法很多，常用的有直接腐蚀法、渗碳法、氧化法、高温金相法等。

1）直接腐蚀法

直接腐蚀法是将试样加热到 930 ± 10 ℃，保温 3 小时淬火。60Si2MnA、12CrNi3A、12Cr2Ni4A、38CrA、40CrNiMoA 等钢不需回火就可进行晶粒度检查。对 38CrMoAlA、18CrNiWA、30CrMnSiA 等钢必须回火后才能检查晶粒度。热处理后的试样磨去 2 毫米表面脱碳层，然后照常规进行磨光和抛光检查面。浸蚀剂可用 3% ~5% 硝酸酒精溶液。

2）渗碳法

试样首先应进行渗碳处理。渗碳剂为 40% 碳酸钡加 60% 木炭粉，或30% 碳酸钠加 70% 木炭粉，试样在渗碳箱中，加热至930 ℃，保温 8 小时，试样表面上可获得不小于 1 毫米的渗碳层。渗碳后冷却速度以 40 ℃/h 冷至室温。这样的冷却速度可保证渗碳体在晶界上析出形成连续网状，见图 3.20。

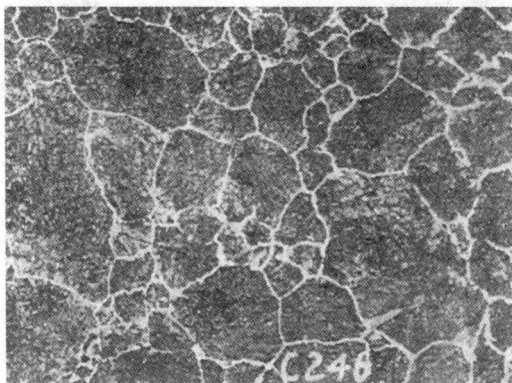

图 3.20　40CrNiMoA 钢渗碳法晶粒度　100×

将试样表层先磨去一层，然后磨光抛光呈镜面状，用 4% 硝酸酒精浸蚀，检查晶粒度。

3）氧化法

用氧化法做试样，预先将试样磨光抛光，然后埋入装有刚玉粉箱内，加热到930 ℃保温3小时出炉，出试样后重新放入炉中氧化约5分钟，随后立即淬火。试样用金相砂纸轻轻磨去一层表面氧化膜层，再经轻微抛光，用15%盐酸乙醇溶液浸蚀，即可检查晶粒度，见图3.21。

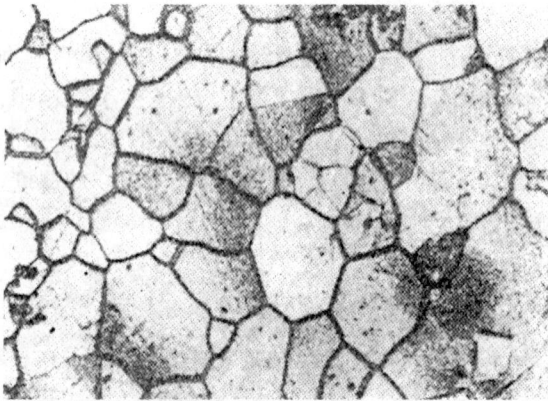

图3.21　38CrMoAlA钢暴露氧化法晶粒度　100×

4）高温金相法

抛光好的试样放入高温金相显微镜真空加热室中，抽真空13 Pa左右，温度至930 ℃，保温3小时后观察，此时晶粒的尺度决定于材质与温度保持平衡，在没有任何介质作用下，不同位向晶粒间由于面际张力与表面张力的区别，晶界处原子畸变大，晶界处原子发生迁移，从而形成沟壑，晶粒面上形成浮雕，在显微镜下可清晰观察到晶粒、晶界。通过拍摄金相照片，供进行晶粒度评定。12Cr2Ni4A钢高温金相法观察晶粒的照片见图3.22。

图 3.22　12Cr2Ni4A 钢高温金相法晶粒度　100×

3.6　铸铁金相试样制备与显示方法

　　铸铁是含碳量在 2.11% 以上的铁碳合金。除白口铁外，碳常以自由状态的石墨存在，生产上根据石墨的不同形状，将其分为条片状、团絮状和球状石墨等几种。因为石墨具有六方晶系的结晶格子，碳原子呈层状分布，其底面原子间距 0.142 nm，而两底面的间距为 0.340 nm，因其面间距较大，结合力弱，故层与层之间很易分离。特别是球状石墨表现尤为突出。

3.6.1　铸铁石墨化后的样品制备与显示方法

　　经石墨化后的铸铁，不管其形态如何，重要的是制备试样，因为在观察石墨形态、分布、大小、数量时，均不浸蚀试样。

　　1）磨光。磨光应用手工磨制。选用 P360、P400、P600、P800 号 SiC 水砂纸。砂纸预先经石蜡处理，将洁净砂纸放在磨光用的玻璃板上，用蜡烛或石蜡均匀地在砂纸上涂抹，然后将涂抹过石蜡的砂纸在低温下烘烤，使砂纸表面为一层薄而均匀的蜡层覆盖。随后在从粗至细的砂纸上进行磨光。

2）抛光。抛光织物应选用长毛绒和丝绒，因为这类织物质地柔软并能很好的储存抛光微粉和润滑剂，可获得光亮无痕的试样表面。

抛光微粉用 Cr_2O_3、Al_2O_3 或 MgO，微粉粒度应小于 1 μm。如选用人造金刚石研磨膏（W1）会得到更好的效果。

在抛光球墨铸铁试样时，宜选用润滑性良好的煤油作润滑剂，这样不但易于得到光亮无痕的金相磨面，而且还能清晰、真实地显示出石墨球的光学性能。

抛光时用力大小要适中，用力过大会使抛光面产生大的压力，石墨被抛光粉挤掉而脱落。抛光时抛光盘转速不能过快，无级调速的抛光机控制在 300～400 r/min；不能调速的抛光机在抛光盘近中心处抛光。抛光时间不要过长，一般以 3～5 min 为宜。临近抛光结束前，可轻轻转动试样作最后抛光，使石墨不产生曳尾而且轮廓清晰，见图 3.23 和图 3.24。

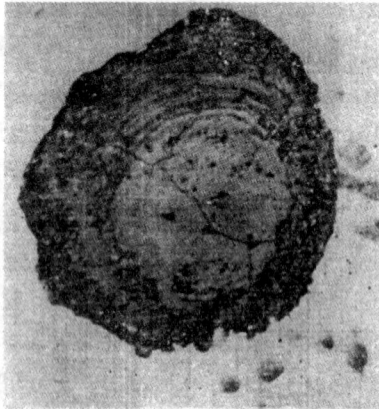

图 3.23　石墨球脱落的情况，未浸蚀　400×

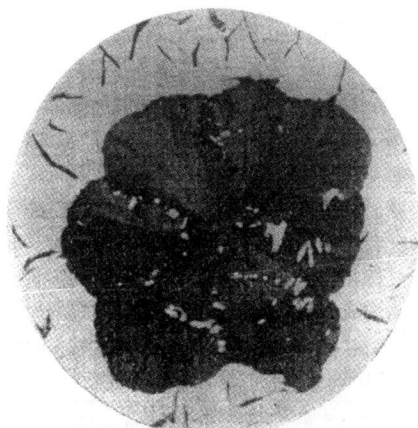

图 3.24　机械抛光(用煤油作润滑剂),在明视场
下球状石墨组织,未浸蚀　400×

3) 显示

各种铸铁浸蚀剂见表 3.17。

表 3.17　常用铸铁浸蚀剂

序号	浸蚀剂成分		操作条件	适用说明
1	氯化铁 硫酸 亚硫酸钠 蒸馏水	4 g 40 mL 2 g 100 mL	浸蚀不超过 10 s	灰口铸铁,球铁枝晶组织、共晶分布,石墨在枝晶组织中的分布
2	铬酐 氯化铜 氯化铜铵 硝酸 蒸馏水	20 g 2 g 4 g 1 g 100 mL	在使用前直接添加硝酸	灰口铸铁枝晶组织,铸铁
3	草酸 水	2 g 98 mL		铸铁

序号	浸蚀剂成分		操作条件	适用说明
4	亚硫酸氢钠	20 ~ 50 g	浸蚀 10 ~ 25 s	铸铁中可浸蚀渗碳体和磷共晶体
	蒸馏水	至 100 mL		
5	氯化铜	1 g		铸铁组织及显示晶界
	苦味酸	0.5 g		
	盐酸	1.5 ~ 2.5 mL		
	水	10 mL		
	乙醇	100 mL		
6	苦味酸	3 ~ 5 g		可显示铸铁中的共晶组织
	乙醇	至 100 mL		
7	苦味酸	2 ~ 5 g	溶液加热到 60 ℃，浸蚀 5 ~ 30 min	对铁素体为基的铸铁能显示枝晶组织，铁素体和珠光体保持光亮
	苛性钠	20 ~ 25 g		
	蒸馏水	至 100 mL		
8	硫酸铜	3 g	浸蚀时间不超过 30 s	能显示含磷达 0.08% 的不同壁厚的铸铁铸件的共晶组织
	苦味酸	3 g		
	盐酸	200 mL		
	乙醇	100 mL		
9	盐酸	15 mL	冷态浸入 1 ~ 3 min，最好预先经 4% 硝酸酒精溶液浸蚀	对铸铁中磷化物、氮化物和碳化物起浸蚀作用
	硒酸	10 mL		
	乙醇	100 mL		
10	硼酸	10 ~ 30 g	浸蚀几秒钟	显示各种成分铸铁铸件初始组织和严重的磷偏析
	硫酸	100 mL		
11	三氯化铁	2.5 g	浸蚀约 15 s	用于高铬铸铁
	苦味酸	5 g		
	盐酸	2 mL		
	蒸馏水	90 mL		

3. 6. 2　共晶团金相试样的制备与显示方法

铸铁的奥氏体 – 渗碳体（奥氏体 – 石墨）共晶团是指铁水在共晶转变时在初生树枝间的液体金属形成的共晶体。

共晶团的大小与铸铁的力学性能密切相关。如球墨铸铁的力学性能比灰铸铁的高，前者的共晶团在单位面积中的数量比后者要多 10 ~ 1000 倍。铸铁的品质和孕育效果，常以共晶团的大小来评定，因为共晶团的大小对抗拉强度影响较大，所以常以此作为评定铸铁的性能，检验铸铁的孕育效果，以及通过它来对工艺条件进行控制是十分重要的。

1）试样制备与显示

试样制备与一般铸铁试样的制备方法相同。

由于在共晶团的晶界上存在着碳化物和夹杂物的偏析，正是借助于这些碳化物和夹杂物的偏析可显露出共晶团的晶界。

显示方法有热染法、印痕法、化学浸蚀法等。化学浸蚀法为最常用。显示共晶团有效的几种化学浸蚀剂见表 3. 18。

表 3. 18　共晶团显示常用浸蚀剂

序号	浸蚀剂成分		适　用　说　明
1	氯化铜 氯化镁 盐酸 乙醇	1 g 4 g 2 mL 100 mL	灰铸铁石墨形状以枝晶、菊花状为主的试样，用序号 1 试剂浸蚀
2	硫酸铜 盐酸 水	4 g 200 mL 20 mL	灰铸铁片状石墨，试样先用 1 号试剂浸蚀，后再用序号 5 试剂浸蚀，共晶团晶界呈黑色

序号	浸蚀剂成分		适 用 说 明
3	氯化铜 三氯化铁 盐酸 硝酸 乙醇	3 g 1.5 g 2 mL 2 mL 100 mL	适用球铁试样共晶团显示
4	氯化铜 氯化镁 盐酸 乙醇 水	1 g 4 g 4 mL 250 mL 15~20 mL	适用蠕虫状石墨铸铁共晶团显示
5	苦味酸 乙醇	5 g 95 mL	适用灰铁石墨形态呈片状、枝晶状,以铁素体为基的试样共晶团显示
6	氯化铜 盐酸 水	10 g 100 mL 50 mL	适用普通灰铸铁共晶团显示

在配制上述溶液时,应先用少量热水将氯化盐溶解,再加酸,最后加乙醇。

2)灰铸铁

石墨形状以枝晶、菊花状为主的试样,用表3.18中1号浸蚀剂浸蚀,低倍观察,共晶团晶界呈白色细而清晰,参见图3.25。

石墨形态呈片状、枝晶状,以铁素体为基体的试样,用表3.18中5号浸蚀剂浸蚀,共晶团晶界为黑色,见图3.26。

片状石墨呈无定向均匀分布时,试样先用表3.18中1号浸蚀剂浸蚀,后用2号浸蚀剂洗掉表层的铜沉淀,共晶团晶界一般较宽,见图3.27。

3)蠕虫状石墨铸铁

对铁素体-珠光体混合基体的,试样先用表3.18中4号试

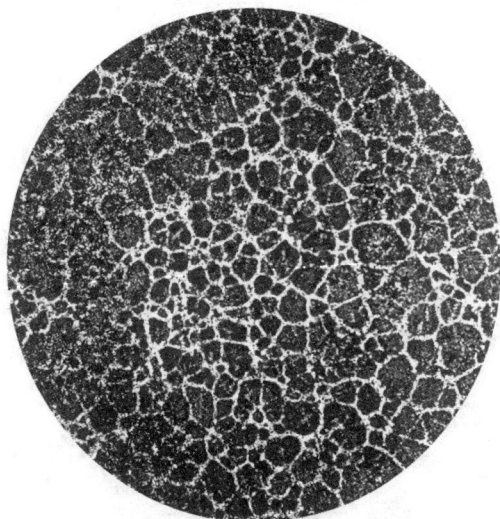

图 3. 25　灰铸铁共晶团　10×

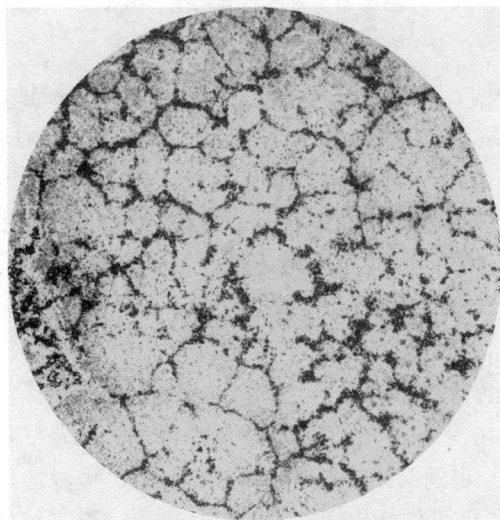

图 3. 26　灰铸铁共晶团　10×

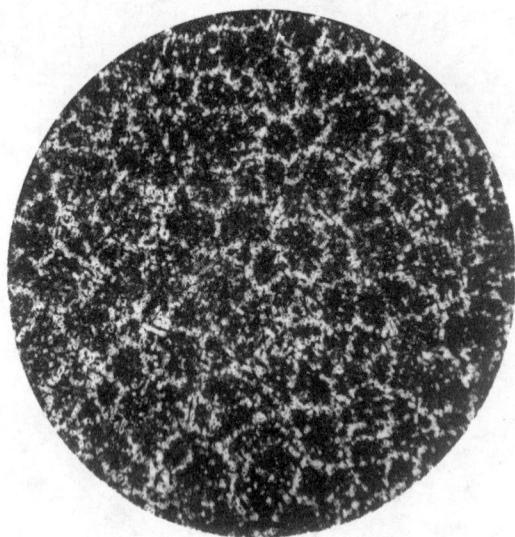

图 3.27   灰铸铁共晶团   10×

剂浸泡 1 小时，洗掉铜层，轻抛后，再入 2 号中浸蚀，再经轻抛光，如低倍观察共晶团不明显，还需在 2 号中浸蚀后轻抛光，必要时应重复多次，直到共晶团晶界清晰显现为止，见图 3.28。

以珠光体为基的共晶团浸蚀，先在试剂表 3.18 中 1 号浸蚀剂浸蚀，待表层有铜沉淀后用 2 号浸蚀剂洗掉沉淀，再轻抛光。如共晶团晶界显示不明显，试样再在新配制的 4 号浸蚀剂中浸蚀至清晰显示，见图 3.29。

4）球墨铸铁

试样先在表 3.18 中 1 号浸蚀剂中浸蚀，待表层有一层铜沉淀后，用 2 号将铜层冲洗掉，轻抛光，再用 3 号浸蚀至有铜沉淀后，轻抛光，即可作低倍观察。有时也可将试样直接放入 3 号中浸蚀，再用 2 号冲洗，共晶团晶界也可清晰显现，见图 3.30。

图 3.28　蠕虫状石墨铸铁共晶团　10×

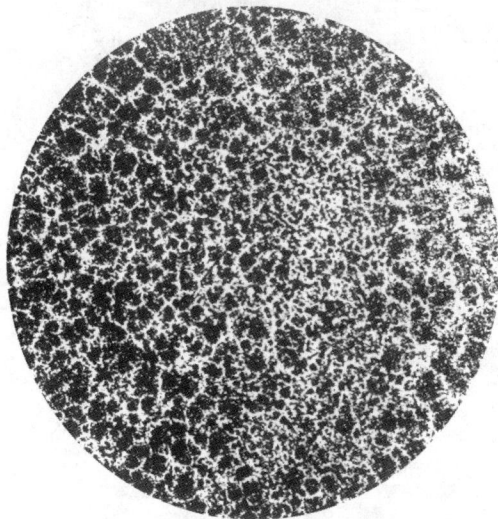

图 3.29　蠕虫状石墨铸铁共晶团　10×

图 3.30　球墨铸铁共晶团　10×

　　观察共晶团组织，应选用合适的放大倍数，一般以 5 ~ 10 倍为宜。[1]

---

　　① 资料引用郑州机械科学研究所，胡文仪、刘贞、高建平撰写的《铸铁共晶团的显示观察与照相》学术交流会论文，1984

第4章　钢铁表面处理金相试样制备与显示方法

　　钢铁材料和零件表面处理方法很多，广泛采用的有渗碳、渗氮、碳氮共渗、渗硼、渗钒和渗铬等化学处理；属于表面热处理强化的有火焰及感应加热等淬火处理；金属覆盖层主要有电沉积层、自催化镀层以及热喷涂层等。

　　以上各种工艺处理改变了材料表面及一定深度的组织结构。为保证表面处理后的品质，必须对表面处理后的组织结构以及层深等进行检测。表面处理后的试样，由于具有一定的特殊性，如层深一般较薄，组织有的有极薄的表面层，有的有过渡层、扩散层；有的为两种金属复合。因此，试样制备及显示有其特殊性。

4.1　钢铁表面处理金相试样制备的特点

　　经表面处理后的试样主要是检查表面层的显微组织特征和深度。因此，对制备试样有一定的要求。试样磨面必须平整，特别是边缘绝不能倒角。例如经渗氮处理后表面会形成几微米厚的白亮层（ε 相），若试样边缘倒角，则看不到白亮层，导致错误判断。

　　1）截取试样注意要点

　　（1）代表性。对经表面处理过的零件，必须在表面处理过的部位取样，试样的磨面应垂直于外表面的横断面。对于大尺寸的零件，可在表面工艺处理时附带一个与零件相同材料的小试样，但必要时还得对零件作验证检查。

　　（2）特殊性。对于极薄（$< 5~\mu m$）渗层试样应注意镶嵌、磨

光、抛光特点。有的只要求显示基体组织(如轻工产品钢基体上镀铜时,可只浸蚀钢);有的则选择只显示表层(如钢基体镀锌,只浸蚀锌);有的则将基体和渗层全部显示(如钢渗氮处理后,基体和渗层都应清晰得到显示)。因此,应注意浸蚀剂的准确选用。

2)试样制备

(1)试样截取

① 截取试样时注意防止温度和形变影响而引起组织发生变化。

② 对渗层表面未淬硬的零件,宜采用手工锯和车床等机械加工方法。

③ 为避免管状空心零件表面处理层的变形塌陷,应先用树脂等镶嵌料填灌空心处理成实体,固化后再切割试样。

(2)试样镶嵌和夹持

① 对于极薄(<5 μm)渗镀层试样,应制备斜截面镶嵌试样。斜截面镶嵌试样磨制后,增大了观察面,可获取更多的表面组织细节。

② 规则的试样可以用夹具夹持,在分开两个试样的中间和边上垫以镍片或铜片,垫片的厚度一般为0.3~0.5 mm。

③ 不规则试样可采用常规方法镶嵌。

④ 极薄的试样也可用如502万能胶粘贴法,试样的处理表面与镶嵌块相结合。

(3)试样的磨光和抛光

① 磨光最好用手工在砂纸上磨制。

② 磨光时应顺一个方向,在更换砂纸时必需转换90°,这是经表面处理后试样制备的一个特点,目的是避免倒角和保护边缘。

③ 磨光时一定要保持磨面与表面处理层垂直,一旦倾斜会影响深度测量的精度。手持磨光时用力要轻,用力方向与表面处

理层成 45 度角，而不是通常用的 90° 角，这样可以减轻冲击力，以免渗层崩裂。

④ 试样抛光时宜选用金刚石抛光膏或三氧化二铬等微粉作为抛光剂。抛光织物宜选用丝绒。

4.2　钢的渗氮层金相试样制备与显示方法

渗氮又称氮化，它是将活性氮原子渗入钢表面，从而提高零件的表面硬度、耐磨性、抗蚀性和抗疲劳强度。

渗氮处理按工艺分有气体渗氮、离子渗氮和低温碳氮共渗（软氮化）、液体渗氮等。

渗氮工艺的主要优点是处理温度较低，一般是在 500～580 ℃ 之间。但处理的时间较长（达 30～70 h），经渗氮处理后必需淬火表面才能获得高硬度（900～1100 HV）。渗氮后试样组织的观察主要关心的是表层 ε 相、氮化层组织及层深等。

4.2.1　试样选取、制备与显示

1）试样选取

（1）试样应从渗氮零件上截取，也可用与零件的材料、处理条件、加工精度相同、并经同炉渗氮处理的试样。试样规格尺寸参见图 4.1。

（2）检查部位应有代表性，试样应垂直于渗氮层表面切取。

（3）检查渗氮层脆性的试样，表面粗糙度要求 $Ra0.25$ μm～0.63 μm，但不允许把化合物层磨掉，且要求试样面与底部平行。

2）试样制备

（1）抛光时间应尽可能短，用力切勿过大。因为抛光时间长了，易产生倒角，用力大了易使化合物层损坏。

（2）抛光时试片渗氮层平面与抛光盘的切线方向垂直。若渗氮平面平行于抛光盘的切线方向，则易扩大表面夹缝，使化合物

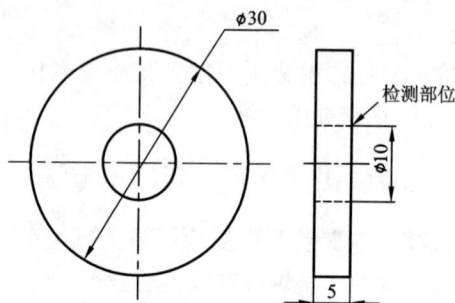

图 4.1　试样规格尺寸

崩落、损坏。

（3）抛光时试片应沿抛光盘的半径来回移动，抛光到最后时则要将试片不断转动，转动的方向与抛光盘的旋转方向相反。试片不转动则易产生曳尾现象。

为了缩短抛光时间（一般不超过 3 min）可采用铬酸、三氧化二铬水溶液作抛光剂（配方：三氧化二铬 50 g、铬酸 1~2 g、清水 500 mL）。此溶液具有机械 – 化学抛光作用，加速了抛光速度。

3）试样显示

（1）常用渗氮层浸蚀剂见表 4.1。

表 4.1　推荐的浸蚀剂（GB/T 11354 – 1989）

序号	名　称	配　　方		使用方法	适用范围
1	硝酸乙醇溶液	HNO_3 C_2H_5OH	2 ~ 4 mL 100 mL	浸蚀	20（回火态）、20Cr、45（正火）、38CrMoAl、3Cr2W8 等钢
2	苦味酸饱和水溶液 + 洗涤剂	$C_6H_2(NO_2)_3OH$ 饱和水溶液 $C_{12}H_{25}C_6H_5SO_3Na$	100 mL 2 ~ 3 滴	室温浸蚀	20CrMnTi（正火）、40Cr、38CrMoAl、铸铁等
3	氯化铜 + 氯化镁 + 硫酸铜 + 盐酸乙醇溶液	$CuCl_2$ $MgCl_2$ $CuSO_4$ HCl C_2H_5OH	2.5 g 10 g 1.25 g 2 mL 100 mL	室温浸蚀或擦蚀	20（油冷）、45、40Cr、38CrMoAl 等钢

续表 4.1

序号	名 称	配 方		使用方法	适用范围
4	三氯化铁＋混合酸水溶液＋洗涤剂	$FeCl_3$ $C_6H_2(NO_2)_3OH$ HCl H_2O $C_{12}H_{25}C_6H_5SO_3Na$	1 g 0.5 g 5～10 mL 100 mL 2～3 滴	室温浸蚀或擦蚀	38CrMoAl、25Cr2MoV、40Cr、15Cr11MoV 等钢
5	硫酸铜＋盐酸水或乙醇溶液	$CuSO_4$ HCl H_2O 或 C_2H_5OH	4 g 20 mL 20 mL 100 mL	室温浸蚀或擦蚀	45、40Cr、38CrMoAl 等钢（白亮层易被腐蚀）
6	三氯酸溶液	$CuCl_2 \cdot 2NH_4Cl \cdot H_2O$ $FeCl_3$ HCl H_2O	0.5 g 6 g 2.5 mL 75 mL	室温擦蚀	38CrMoAl、30Cr2MoV、1Cr8Ni9Ti、15Cr11MoV 等（白亮层易被腐蚀）
7	硒酸或亚硒酸乙醇溶液	H_2SeO_4 或 H_2SeO_3 HCl C_2H_5OH	3 mL 5 g 20 或 10 mL 100 mL	浸蚀	40Cr、38CrMoAl 钢及各种球墨铸铁和灰铸铁等

（2）离子渗氮层的显示方法

离子渗氮层显示有四种效果较好的浸蚀剂配方，见表4.2。

表4.2　离子渗氮层浸蚀剂配方

序号	配方		操作
1	亚硒酸溶液		温度 50～60 ℃
	亚硒酸	5 g	时间 1 min
	浓盐酸	2 mL	
	酒精	20 mL	
2	氯化铁混合溶液		在 40 ℃ 左右热擦蚀 10 秒至
	苦味酸	0.5 g	几十秒
	浓盐酸	10 mL	
	$FeCl_3$	1 g	
	水	90 mL	
3	硫酸铜、盐酸、甘油溶液		室温擦蚀数秒至30分钟
	$CuSO_4$	4 g	
	浓盐酸	20 mL	
	水	20 mL	
	甘油	10 mL	
4	硫酸铜、盐酸、洗涤剂溶液		室温擦蚀5～30秒
	$CuSO_4$	5 g	
	浓盐酸	20 mL	
	水	18 mL	
	洗涤剂	2 mL	

举 例

38CrMoAl 钢，调质后气体渗氮的组织见图 4.2。经离子渗氮处理，表面层的典型须状氮化物见图 4.3。

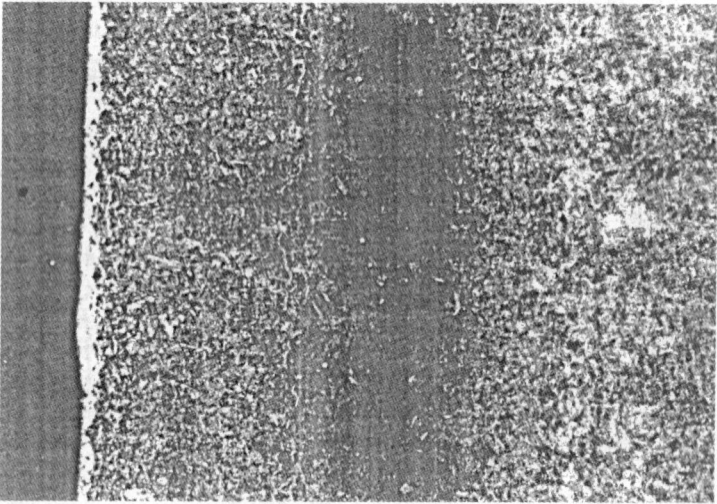

图 4.2   38CrMoAlA 钢渗氮层   100×

工艺情况：调质后气体渗氮(520℃保温 20h，560℃保温 34h，缓冷)

浸蚀方法：4%硝酸酒精溶液浸蚀

组织说明：表面渗氮层至心部组织分布形貌。最表层为白亮层 ε 相($Fe_{2-3}N$)，随后有白色脉状合金氮化物，次表面为扩散层(至图中深色区为止)。基体为含氮索氏体，在 0.35 mm 处分布有较粗白色脉状氮化物。图右侧浅色区为心部组织，索氏体和少量沿晶分布的白色铁素体。渗层深度为 0.65 mm

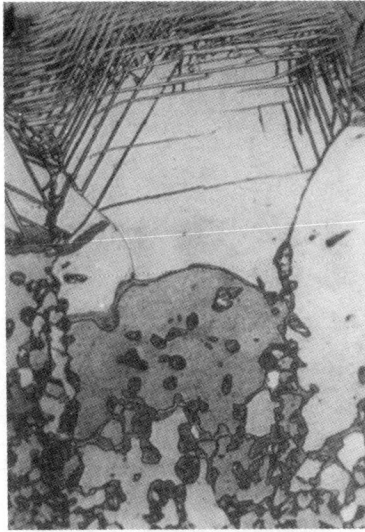

图 4.3　38CrMoAl 钢　400×

处理工艺：经离子渗氮处理

组织：典型氮化物须状

浸蚀剂：4% 硝酸酒精

（3）渗氮层中脉、网状组织的显示方法

脉、网状氮（碳）化合物，对渗氮层的品质有直接影响，它会使渗氮层的塑性降低，脆性增大，且对渗氮工件的疲劳强度有不利影响。因此，显示脉、网状组织对正确制定工艺，提高钢的渗氮品质具有重要实际意义。通常使用的 2%~4% 硝酸酒精溶液做显示剂，常常得不到满意的效果，推荐采用表 4.3 的显示剂，可以清晰准确地观察脉、网状组织的形态和分布（见图4.4、图4.5）。

表 4.3　脉、网状渗氮组织浸蚀剂

序号	试剂名称及配方	使用条件	脉、网状氮（碳）化合物	基体组织	适用范围
1	苏打三硝基苯酚 乙醇溶液 苦味酸　　　3 g 碳酸氢钠 0.2~0.4 g 乙醇　　　100 mL	30~40 ℃擦蚀 10 s~2 min	深褐色	得到显示	38CrMoAl、 3Cr2W8、 34CrNi3Mo、 35Cr2MoVA、 35CrMo 钢等
2	苏打三硝基苯 酚水溶液 苦味酸　　　4 g 碳酸氢钠　　1 g 水　　　100 mL	加热到 30~60 ℃ 浸蚀 1~3 min	深褐色	不受浸蚀或浅浸蚀	
3	碱性苦味酸溶液 苦味酸　　3.6 g 氢氧化钠　　20 g 水　　　100 mL	溶液加热到 60~70 ℃ 浸蚀 10~20 min	稻草色 浅褐色	不受浸蚀	
4	碱性苦味酸溶液 苦味酸　　　2 g 氢氧化钠　　25 g 水　　　100 mL	沸腾后冷至 85 ℃ 浸蚀 2~5 min	稻草色 浅褐色	不受浸蚀	

浸蚀操作注意事项：

① 渗氮试样用机械夹持法进行保护。并严格按表层金相试样的制备程序仔细磨制和抛光。

② 金相试样经精抛光后洗净、吹干，卸掉试样夹并清除试样周围的污垢以备浸蚀。

③ 将试剂加热到规定温度，试样磨面朝上放置，浸蚀到预定的时间后取出。

④ 浸蚀好的试样应立即进行水洗，并用无水酒精擦拭表面，然后用热风吹干。

⑤ 如采用表 4.3 中 1#试剂擦拭至表面呈灰蓝色取出后再轻抛 1~2 秒钟，然后水洗，再用酒精擦拭热风吹干。

举　例

1）38CrMoAl 钢，气体渗氮。工艺是 500~510℃渗氮 21 小时，550~560℃渗氮 31 小时，表面层组织照片见图 4.4。

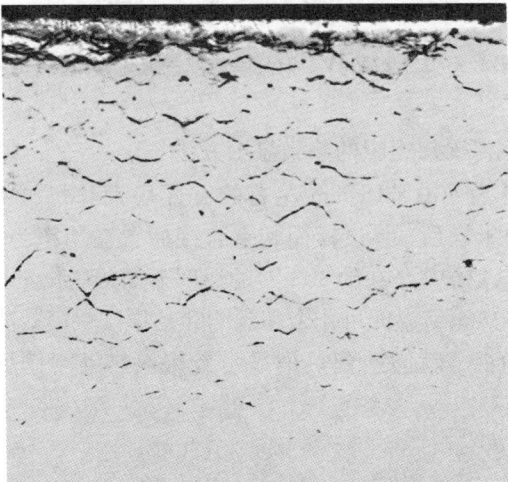

图 4.4　38CrMoAl 钢氮化组织　100×

2）25Cr2MoA 钢，热分解氨离子渗氮。工艺是 560℃ 10 小时，在表 4.3 4#浸蚀剂，85 ℃浸蚀 2 分钟，表面层组织照片见图 4.5。由于磨光抛光原因，最外层不平。

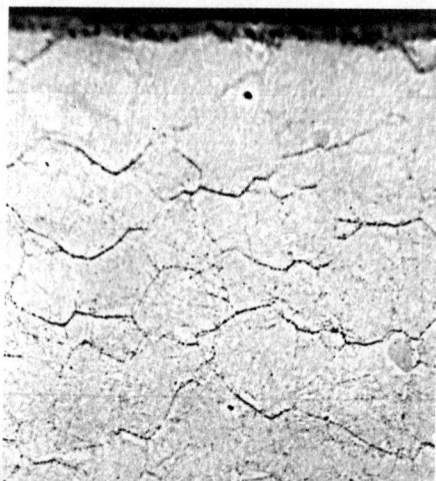

图 4.5　25Cr2MoVA 钢分解氨离子氮化组织　250×

（4）钢渗氮层组织的热染显示方法

将尺寸为 φ10×15 mm 左右的试样用铜片机械夹持，经磨平、抛光、干燥后，将试样面朝上直接搁置在功率为 800～1000 W 的普通电热炉上，在约 300 ℃的温度下加热氧化至试样面呈现出颜色，空冷至室温即可作金相观测和拍摄。一般热染时间为几分至十几分钟，就能达到热染显示效果。热染实例见图 4.6 和图 4.7。

图 4.6　热染至金黄色，未滤光

350×

1——翠绿色表层；

2——棕红色扩散层；

3——棕黄色过渡层；

4——金黄色基体（组织未显出）

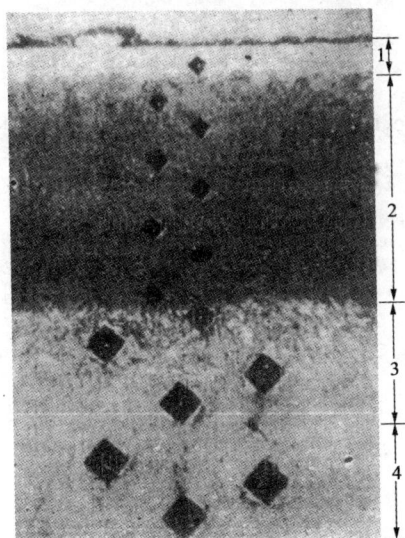

图 4.7　热染至淡金黄色，未滤光

250×

1——棕色表层；

2——黄绿色扩散层；

3——金黄色基体＋棕色针状组织；

4——金黄色基体（组织未显示）

4.3　钢的渗硼层金相试样制备与显示方法

渗硼是将硼元素渗入钢件表面的一种化学热处理工艺。渗硼显著提高钢表面硬度(可达 1300 ~ 2000 HV)和耐磨性,此外渗硼层还具有良好的耐热性和耐蚀性。

试样制备参照本章 4.2 节试样制备内容。

试样显示根据不同的检查目的,可分别采用以下浸蚀剂:

为区分 FeB 和 Fe_2B 相可采用三钾试剂(P P P 试剂)。

浸蚀剂配比为:

亚铁氰化钾[$K_4Fe(CN)_8 \cdot 3H_2O$]	1 g
铁氰化钾[$K_3Fe(CN)_6$]	10 g
氢氧化钾[KOH]	30 g
水(H_2O)	100 mL

浸蚀温度和时间:

室温浸蚀	10 ~ 15 min
快速浸蚀	1 ~ 5 min(55 ~ 65℃)

浸蚀后 FeB 呈棕褐色,Fe_2B 呈浅黄棕色,如果延长浸蚀时间,FeB 为浅蓝色,Fe_2B 呈棕色。三钾试剂为典型浸蚀渗硼层浸蚀剂,可区分 FeB 和 Fe_2B 相。

为显示基体组织、过渡层组织、测量硼化物层深度可采用硝酸酒精溶液[(2 ~ 5)% HNO_3 + (97 ~ 95)mL 乙醇]。举例见图 4.8 和图 4.9。

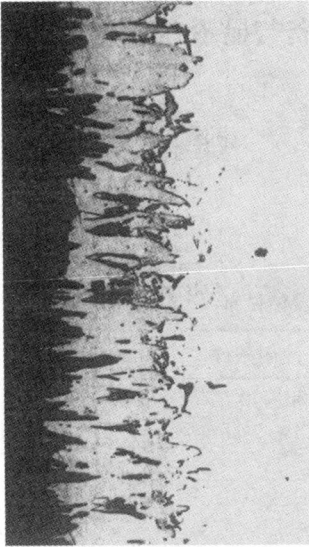

图4.8　45#钢渗硼金相组织　100×

工艺情况：940 ℃粉末渗硼5 h

浸蚀方法：三钾试剂（P P P 试剂）

组织说明：表层（图左）黑灰色呈柱状晶形态分布的为FeB相，次表层浅灰色呈锯齿形的为Fe_2B相，楔入基体，硼化物总厚度为0.05～0.07 mm。Fe_2B"手指"间沿晶体表面而生长的为肥厚的$Fe_{23}(C、B)$，"指尖"沿晶体表面生长的是$Fe_3(C、B)$。基体组织未受浸蚀。

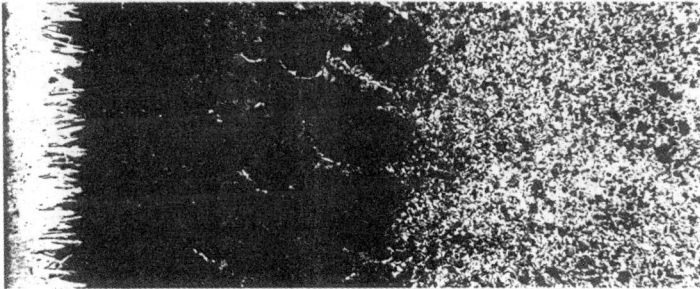

图4.9　40Cr 钢渗硼金相组织　100×

工艺情况：850 ℃固体渗硼5 h后空冷

浸蚀方法：4%硝酸酒精溶液浸蚀

组织说明：最表层白色 Fe_2B 相，并在锯齿形之间镶嵌着部分含硼的碳化物。第二层是黑色珠光体及少量铁素体，这一层属于增碳部位，伪共析组织。心部仍为铁素体及珠光体，相当于正火细晶粒均匀分布的组织。

4.4　钢的渗金属层金相试样制备与显示方法

渗金属的工艺简单、成本低廉、效果显著,适用于要求耐蚀性以及外观装饰等制件。常用的有渗锌、渗铝、渗钒、渗铬、渗钛及渗铌等。

渗金属层试样浸蚀剂见表4.4。

表4.4　渗金属层浸蚀试剂

编号	组　　成		使用条件	适用范围
1	铁氰化钾 氢氧化钾 水	10~20 g 10~20 g 100 mL	60~70 ℃ 1~2 min	渗铬、渗钒
2	高锰酸钾 氢氧化钠 水	4 g 4 g 100 mL	浸入	渗铬、渗钒
3	柠檬酸 水	10 g 90 mL	擦拭	清洗渗铬 渗钒层
4	硝酸 氢氟酸 无水酒精	3 mL 3~10 mL 97 mL	擦拭	渗铝
5	氢氧化钠 苦味酸 水	25 g 2 g 100 mL	加水5倍 稀释,浸入	渗锌
6	戊醇 硝酸	50 mL 0.2 mL	每次5 s 多次浸蚀	渗锌
7	硝酸$(\rho=1.42)$ 无水酒精	2~4 mL 98~97 mL	浸入,擦拭	渗锌 渗钛 渗铌

举　例

20Cr 钢铬钒共渗金相组织见图 4.10。

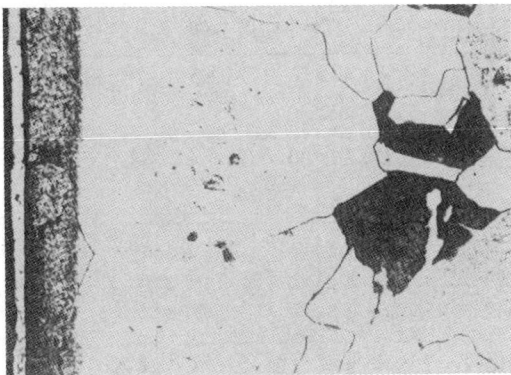

图 4.10　20Cr 钢铬钒渗金相组织　200×

工艺情况：1150 ℃低真空铬钒共渗 6 h

浸蚀方法：4%硝酸酒精溶液浸蚀

组织说明：图中左侧是白色带即是铬钒共渗层，厚度约 10 μm，扩散层厚约 0.04 mm，随即有 0.20 mm 宽的铁素体区，里层基体为铁素体和珠光体。在扩散层后面出现脱碳是在铬钒共渗时，这一层中的碳被表面铬钒共渗时所吸附了，即由碳向表层聚集的现象所造成的。

4.5　电镀层的金相试样制备与显示方法

材料或金属制件经表面电镀处理后，可以改变其表面特性，如提高表面硬度、耐磨性、抗蚀性、装饰性以及特殊的磁、电、光、热等表面特性和其他物理、化学性能。

对电镀层金相检查，主要关注镀层与基体材料结合以及微孔和微裂纹等情况。特别是对电镀层厚度的测量，用金相法精度高且十分直观，故常用作为仲裁的依据。

镀层浸蚀剂见表 4.5。轻工产品浸蚀剂见表 4.6。

表 4.5　镀层常用浸蚀剂

序号	浸蚀剂组成		使用条件	适用范围
1	硝酸 无水乙醇	2～4 mL 96～98 mL	室温浸蚀 5～30 s	铜、镍、铬镀层分层
2	醋酸 硝酸	50 mL 50 mL	30～50 s	区分双镍层
3	铬酸 硫酸钠 水	20 g 0.5 g 125 mL	擦拭 1～5 s	镀锌、纯锌镀层晶界
4	氢氧化铵 双氧水 水	25 mL 50 mL 25 mL	浸蚀 10～50 s	镀铜层
5	氨水 过氧化氢	1 份 1 份	浸蚀 10～30 s，将新鲜溶液涂在试片上	铜及铜合金上的镀镍层，以及锌合金和钢铁为底的镀层
6	硝酸铵 水	200 g 1000 mL	电解浸蚀	观察镀镍层
7	铬酸 硫酸钠 水	20 g 1.5 g 100 mL	浸蚀 5～30 s	钢上镀锌和镀镉；锌合金上镀镍层
8	过氧化氢 氨水 蒸馏水	30 mL 30 mL 30 mL	浸蚀	镀银层，基材为 H62 黄铜
9	硝酸 盐酸	20 mL 60 mL	浸蚀	镀铬，基材为 08F 钢

表 4.6　轻工产品金属镀层、化学处理层浸蚀剂

浸　蚀　剂　组　成		用　途
硝酸(HNO_3，密度为 1.42)	5%	用于钢上镍或铬层，浸蚀钢
乙醇(CH_3CH_2OH，95%)	95%	
氨水(NH_1OH，密度为 0.9)	50%	用于铜及其合金上的镍层，浸蚀铜
双氧水(H_2O_2，3%)	50%	
铬酐(CrO_3)	20 g	用于钢上锌和镉层以及锌合金上镍层，浸蚀锌和镉
硫酸铜(Na_2SO_4)	1.5 g	
蒸馏水(H_2O)	100 mL	
氯化铁($FeCl_3 \cdot 6H_2O$)	10 g	用于钢上铅或铜层，浸蚀钢
盐酸(HCl 密度为 1.19)	2 mL	
蒸馏水(H_2O)	95 mL	
硝酸(HNO_3，密度为 1.42)	50%	用于钢和铜合金上的多层镍层，分辨各层镍，浸蚀镍
冰乙酸(CH_3COOH)	50%	
氢氟酸(HF，密度为 1.14)	2%	用于铝合金的阳极氧化，浸蚀铝及其合金
蒸馏水(H_2O)	98%	

举　例

　　08 钢镀镍纪念币金相组织观察。试样抛光，浸蚀完毕后，先用清水冲洗，后用乙醇冲洗，并倾斜放置，以热风快速吹干。金相组织照片见图 4.11。

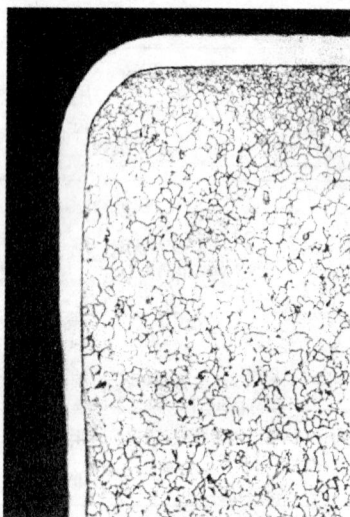

图 4.11　08 钢镀镍金相组织　70×

　　工艺情况：镀镍

　　浸蚀方法：4% 硝酸酒精溶液浸蚀

　　组织说明：图中所示为纪念币上的防护装饰性镀层。表面白亮层为
　　　　　　　镀镍层，厚度约 0.07 mm，不受浸蚀，心部组织为铁素体
　　　　　　　和少量珠光体。

4.6　热喷涂层金相试样制备与显示方法

　　热喷涂法是强化和防护机械零件表面的一种新工艺，有时也用于一些轴、传动件磨损后的喷涂修补。它不但可节约材料和能

源，而且对提高机械产品品质、延长其使用寿命均有明显的作用。

热喷涂用材料有粉末和线材两类。粉末类用材主要有镍基系列、铁基和铜基、陶瓷等粉末，线材供应则有锌、铜、钼、铝、锡、铅和不锈钢等多种。

热喷涂层金相检测主要在喷涂层的剖面上进行。关注叠层状结构，涂层与基体的结合，结合层深度及咬合情况以及喷涂层中微粒间的结合是否良好等，所有这些均与喷涂层和基体材料的结合强度相关，因此应予重视。

1）试样制备

一般情况下，施行热喷涂的对象是产品或机械部件，金相试样不可能直接从产品工件上截取，通常从模拟试件上截取，要求模拟试件的喷涂工艺与实际工件基本一致，试件应有足够尺寸，从试件的中心区域截取约为 15 mm×10 mm 大小的试块供作金相试样。如准备镶嵌，试件还可取小一些。对于涂层硬度较高的试样最好采用机械夹持法。对于平板状的热喷涂试样尤为适宜，一次可夹持两、三个试样，但试样之间、试样与夹具之间最好用软的金属薄片（铜片、镍片）作为垫片，以保证相互贴紧。试样抛光时宜用手工在砂纸上磨制，以防止喷涂层剥落或开裂。抛光同常规，仅注意在抛光过程中除使用抛光微粉悬浮液外，抛光至最后时可不断滴入适量酒精，可以除去污物。

2）试样浸蚀

浸蚀前在抛光态下，通过金相显微镜检测喷焊层中各种缺陷（气孔、夹渣、裂纹及与基体的结合情况等）以及测定喷涂层厚度。

热喷涂层显示的浸蚀剂见表4.7。

表 4.7　用于热喷涂层的浸蚀剂

序号	成　分		用　法	适用范围
1	盐酸 硝酸 甘油	3 份 1 份 几滴	浸蚀数秒	钴基、铁基合金粉末喷焊层
2	盐酸 硝酸 硫酸	92 mL 3 mL 5 mL	浸蚀 3～20 s	铁基、镍基合金粉末喷涂层
3	硝酸 几滴氢氟酸		浸蚀数秒	铁基合金粉末喷焊层
4	苦味酸 氢氧化钠 水	2 g 25 g 100 mL	煮沸 5～8 min	镍基合金粉末喷焊层中的 Ni_3B 相染色
5	氢氧化钠 高锰酸钾 水	4 g 4 g 100 mL	浸蚀 15～20 s	钴基合金粉末喷焊层中的碳化物相染色
6	硝酸 酒精	25 mL 75 mL	浸蚀 40～60 s	铁基合金粉末喷焊层
7	三氯化铁 酒精	3 g 100 mL	擦蚀 5～10 s	铜基合金粉末喷焊层、喷涂层
8	铁氰化钾 氢氧化钾 水	10 g 10 g 100 mL	浸蚀 6～10 s	钼线材喷涂层
9	铬酐 硫酸钠 水	20 g 0.5 g 125 mL	擦蚀 5～10 s	锌线材喷涂层
10	盐酸 硝酸 氢氟酸	30 mL 10 mL 3 mL	浸蚀	适用 411 合金粉末氧乙炔火焰喷焊样，基材为 20 钢

序号	成　　分		用　　法	适用范围
11	铬酐酸 重铬酸钾 醋酸 硫酸 水	7.2 g 12 g 7 mL 5.8 mL 68 mL	浸蚀	铜线材喷涂层
12	A 溶液 　硝酸 　氢氟酸 B 溶液 　苦味酸 　氢氧化钠 　水	各几滴 2 g 25 g 10 mL	先用 A 预浸蚀 随后在煮沸的 B 溶液中浸蚀几 分钟	镍基合金粉末喷焊层
13	A 溶液 　盐酸 　硝酸 　甘油 B 溶液 　氢氧化钠 　高锰酸钾 　水	3 份 1 份 几滴 4 g 4 g 100 mL	先用 A 液预浸 蚀,再用 B 溶液 浸蚀	钴基合金粉末喷焊层

举 例

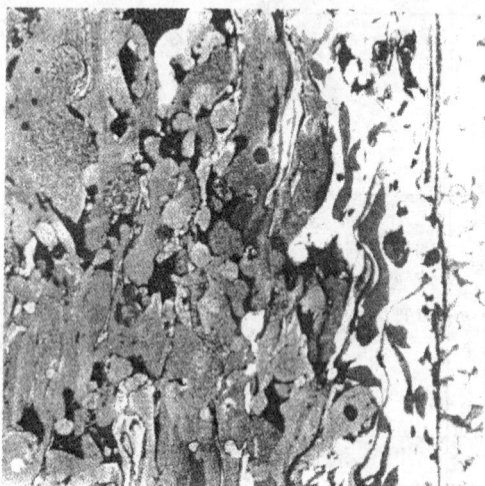

图 4.12　G301 合金
粉末喷涂　160×

工艺情况：打底层为 F505
铬包镍粉末，基材为 20 钢，
氧乙炔火焰喷涂 G301 合
金粉

浸蚀剂：见表 4.7 序号 2 浸
蚀剂

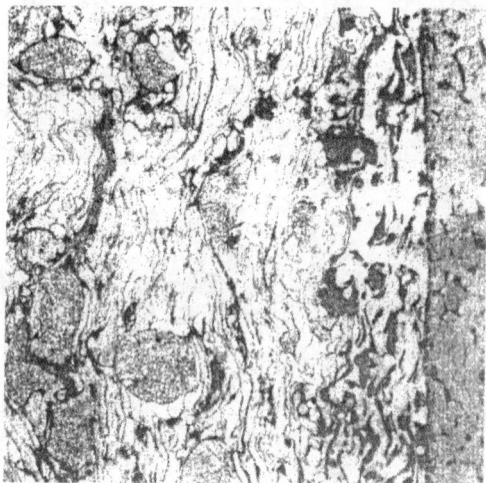

图 4.13　G401 合金
粉末喷涂　100×

工艺情况：打底层为 F505
铬包镍粉末，基材为 20 钢，
氧乙炔火焰喷涂 401 合
金粉

浸蚀剂：见表 4.7 序号 7 浸
蚀剂

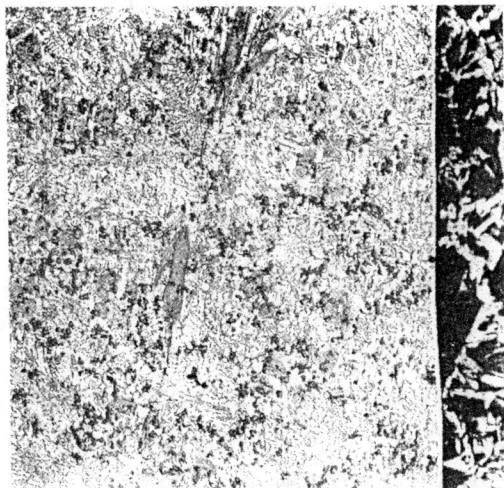

图 4.14　Co42 合金
喷焊　100×

工艺情况：基材为 20 钢，氧乙炔火焰二步法喷焊，喷焊后空冷

浸蚀剂：先用表 4.7 中 1 号预浸蚀，然后再用 5 号浸蚀

图 4.15　G101 合金粉
喷涂　160×

工艺情况：基材为 20 钢，打底层为 F505 包镍粉末，氧乙炔火焰喷涂

浸蚀剂：见表 4.7 序号 2 浸蚀剂

4.7　激光及电子束表面合金化金相试样制备与显示方法

　　激光或电子束表面合金化是以激光或电子束做热源。它是将具有特殊性能的合金粉末和粘结剂混在一起，用刷涂或喷涂的方法，将其涂覆在钢件表面上，然后，用足够功率的激光束或电子束和适当的扫描速度将涂层合金快速加热熔化，并与钢件表面金属熔合扩散在一起，合金粉末涂层通过熔融合金化和急速再结晶这一激热激冷过程，使原来合金元素的组分与分布发生变化，从新化合形成一层超过饱和的合金化层，并且具有极细的晶粒，从而达到表面强化的目的。

　　用于合金化的材料种类很多，常用的材料有：钴基、镍基、铁基、镍铬合金；碳化物如 WC、Cr_3C_2、TiC 等；陶瓷原料中如 Cr_2O_3、Al_2O_3、TiO_2 等。通常根据金属零件所需性能来选择合金粉末，如需耐磨性能好的表面，可选用各类碳化物粉和氧化物粉，其表面硬度可达 65 HRC 以上。如需提高其强度，则可选用各类合金粉末。

　　经激光或电子束表面合金化处理后，钢件表面组织一般可分三个区域：表面合金化区；热影响区；基材区。金相分析应关注晶粒大小、形态、相的组成以及分布、三个区域过渡情况以及缺陷等。

4.7.1　试样制备

　　参见第4章4.1钢铁表面处理金相试样制备的特点。

4.7.2　试样显示

　　浸蚀剂见表4.8。

表 4.8　激光及电子束表面合金化层的金相试样浸蚀剂

序号	成　　分		用　　法	适用范围
1	三氯化铁 盐酸 乙醇	5 g 15 mL 100 mL	溶液中浸蚀	覆盖层：WC/CO 基材：45 钢
2	铁氰化钾 氢氧化钾 蒸馏水	10 g 10 g 100 mL	浸蚀	覆盖层：WC/CO Ti/Ni 基材：45 钢
3	铁氰化钾 亚铁氰化钾 氢氧化钾 蒸馏水	10 g 1 g 30 g 100 mL	浸蚀液煮沸浸 蚀 20～30 s	覆盖层：Fe－B 基材：16Mn 钢
4	氢氟酸 蒸馏水	0.5 mL 100 mL		
5	A 溶液 　三氯化铁 　盐酸 　乙醇 B 溶液 　硫代硫酸钠 　氯化镉 　柠檬酸 　蒸馏水	 5 g 15 mL 100 mL 24 g 2.4 g 3 g 100 mL	选用 A 溶液预 浸蚀后再置入 B 溶液中进行 浸蚀，具化学染 色效果	适用 WC/CO 作为覆盖 层材料，基材为 W18Cr4V 的电子束合 金化处理后的试样

第 5 章　有色金属金相试样制备与显示方法

5.1　铝及铝合金金相试样制备与显示方法

铝及铝合金材料金相试样制备应注意以下几种情况。

高纯铝及铝材和含少量合金元素的铝合金,如 1XXX、5XXX、3XXX 等。这一类材料无论是加工或退火状态,由于其材质特点和低的硬度,金相常规制样和显示都较为困难。对此类材料适合选用电解抛光和阳极复膜方法,可获得很好的效果。

合金元素含量较高,在热处理后使用的材料,硬度较高,金相制样也需一定技巧,但可用常规制备方法,细心操作会得到满意的结果。

含有较多的金属间化合物的铝合金,特别是铸造铝合金,制备这类试样较容易。主要应关注不出现严重浮雕。

5.1.1　试样选取

1)铸锭试样。应根据种类、规格和试验目的的要求,选取有代表性部位的横截面。

2)加工制品试样。根据有关标准的规定及制品的种类、热处理方法、使用要求,选取有代表性的部位。如检验材料是否过烧,试样应在加热炉的高温区取样。检验包覆层厚度试样应在带卷头尾横向截取。

3)试样尺寸可参照表 5.1 截取。

表5.1　试样尺寸

类型	长	宽	高
块状	25	15	15
板材	30	30	—

4）铝及铝合金制品较软，一般不宜用砂轮片切割取样。

5.1.2　试样磨光与抛光

1）试样磨光

试样的被检查面先用机械方法（或用锉刀）除去 1~3 mm，铣或锉成平面。然后在磨光机上用 P400~P600 号水砂纸垂直刀痕方向进行粗磨，推荐采用煤油进行冷却和润滑。磨掉全部加工痕迹后，将试样转 90°，再用 P800~P1000 号左右较细的砂纸进行细磨至粗磨痕消除为止。

2）试样抛光

（1）机械抛光

将磨制好的试样用水冲洗干净，在抛光机上进行抛光。通常开始抛光时转速在 400~600 r/min。精抛光时，转速在 150~200r/min 为宜。机械抛光过程中，可用三氧化二铬（或氧化铝、氧化镁）微粉悬浮液作抛光剂，抛光最后可只用清水作抛光介质。

如工业纯铝和高纯铝以及软铝合金试样精抛后仍难以去掉抛光痕迹，可选用化学抛光或电解抛光方法。

（2）机械－化学抛光

机械－化学抛光设备用普通金相机械抛光机即可。

机械－化学抛光溶液为 0.5% 的 NaOH 水溶液，抛光布上涂抹粒度为 1 μm 的金刚石抛光膏，在抛光过程逐滴加抛光剂于抛光布上，抛光结束后应对试样进行充分清洗后干燥。

（3）化学抛光

推荐化学抛光液成分及工艺见表 5.2。

表 5.2　常用铝合金化学抛光液成分及工艺参数

序号	抛 光 液 成 分		使 用 说 明	备　　注
1	磷酸 醋酸 水	70 mL 12 mL 15 mL	工作温度：95～120℃ 时间：2～6 min	适用于铝及铝合金
2	磷酸 硫酸 硝酸	70～90 mL 25～5 mL 3～8 mL	工作温度：85～100℃ 时间：0.5s～2 min	适用于铝及铝合金，先机械抛光，然后短时化学抛光
3	磷酸 硫酸 硝酸	30～60 mL 60～30 mL 5～10 mL	工作温度：95～120℃	铝粗抛
4	磷酸 醋酸 硝酸	80 mL 15 mL 5 mL	工作温度：80～90℃ 时间：2～5 min	适用于铝及铝合金
5	磷酸 过氧化氢	1000 mL 100 mL	工作温度：90～100℃ 时间：2～3 min	适用于铝及铝合金
6	磷酸 硫酸	3 份 1 份	工作温度：100～120℃ 时间：2 min	适用于铝及铝合金
7	饱和氟化氢铵水溶液 　 硝酸 蒸馏水	10～20 mL 10～20 mL 65～80 mL	工作温度：50～60℃ 时间：5～30 s	适用于铝及铝合金

（4）电解抛光

经细砂纸或机械抛光后的试样，用体积分数 20% 硝酸溶液洗去表面油污，用水冲洗。再用无水乙醇擦干表面后，方可进行电解抛光。

① 电解抛光装置。参见本书56页第1章1.4.3节。

② 电解抛光液成分。国家标准 GB/T 3246.1—2000 变形铝及铝合金制品显微组织检验方法中推荐成分为：20% 高氯酸 10 mL 与无水乙醇 90 mL 的混合溶液。

③ 电解抛光工艺参数。GB/T3246.1—2000 推荐工艺参数为：

> 起始电压 25 ~ 60 V；
>
> 电解抛光时间 6 ~ 35 s；
>
> 电解液温度低于 40℃。

④ 电解抛光操作。电解抛光过程中可摆动试样，抛光面不得脱离电解液。抛光结束后用水冲洗试样，然后在 30% ~ 50% 硝酸溶液中清洗试样表面上的电解产物，最后用水冲洗用酒精棉擦干。

⑤ 其他可选用电解抛光液及电解浸蚀工艺参见表5.3。

表5.3　常用电解抛光及电解浸蚀液成分及工艺参数

序号	电解液成分	工艺参数				备　　注
		电压 /V	电流密度 /A·cm^{-2}	温度 /℃	时间 /s	
1	高氯酸　　　1 份 无水乙醇　　3 份	40		室温	15	电解抛光
2	正磷酸　　817 mL 硫酸　　　134 mL 铬酸　　　　40 mL	30		室温	60	电解抛光
3	正磷酸　　811 mL 硫酸　　　130 mL 铬酸　　　　40 mL	20 10		75 75	20 12	电解抛光 电解浸蚀

序号	电解液成分	工艺参数				备 注
		电压/V	电流密度/A·cm^{-2}	温度/℃	时间/s	
4	高氯酸 5.4 mL 乙醚酒精（3＋97） 800 mL 水 14.6 mL	50		室温	7～10	电解抛光
5	正磷酸 500 mL 琼脂 5 g 氢氧化钠 5 g	50～20 2.5～5		室温 室温	60～90 3～4	电解抛光 电解浸蚀
6	正磷酸 480 mL 硫酸 50 mL 铬酐 80 mL 水 60 mL	20～30	0.4～0.6	55～60	30～50	电解抛光
7	正磷酸 50 mL 硫酸 8 mL 铬酐 1～1.5 g 水 47 mL 酒精 5 mL 双氧水 1～2 滴	20～30	0.02～0.06	室温	60～90	电解浸蚀
8	氟硼酸（48%） 4～5 mL 水 200 mL	20	0.2	室温	40～80	偏光下研究铝合金用及用于电解浸蚀
9	硼酸 11 g 氢氟酸 30 mL 水 1000 mL	40		室温	40	偏振光下研究铝合金
10	硫酸 60 mL 铬酐 20 g 水 20 mL	10～14	0.02～0.04	60～65	1.5～2	用于偏光观察、电解浸蚀
11	过氯酸 100 mL 醋酸酐 700 mL	20～32	0.3～0.45	＜25	2～30	适用于铝及铝合金
12	正磷酸 400 mL 酒精 380 mL 水 250 mL	50～60	0.35	42～45	40～60	适用于Al－Mg合金

⑥ 推荐常用铸造铝合金和硬铝合金电解抛光工艺。电解抛光液用表5.3中11号电解液成分。配制时先将醋酸酐倒入烧杯中，再将烧杯放入冷水槽内，在不断搅拌下，将过氯酸缓慢滴入醋酸酐中(混合液温度应在25℃以下)。夏季使用时，应在冷却水槽中加入少量冰块降低温度。

用11号溶液进行电解抛光，还能直接显示出铸造铝合金金相组织，如ZL104、ZL105中的Si、AlFeMnSi、$CuAl_2$ 相；2A70中的 $NiFeAl_9$ 和硬铝中的强化相、Al_3Fe 相。常用电解抛光工艺见表5.4。

表5.4　常用铸造铝合金和硬铝合金电解抛光工艺

合金牌号	电解抛光工艺		
	电压 /V	电流密度 /$A \cdot cm^{-2}$	时间 /s
ZL104	24 ~ 32	0.3 ~ 0.45	12 ~ 24
ZL105	24 ~ 30	0.3 ~ 0.45	10 ~ 30
2A70(LD7)	20 ~ 22	0.3 ~ 0.45	14 ~ 16
2A11(LY11)	21 ~ 23	0.35 ~ 0.45	18 ~ 20
2A12(LY12)	25 ~ 27	0.35 ~ 0.45	2 ~ 5

3)试样显示

(1)光学显示

铸造及变形铝合金铸锭的金相分析中，对合金相组织观测时，常可以用光学显示方法，即在抛光很好的试样面上，不经任何化学、电解等浸蚀，置试样于显微镜下进行观察分析。在铸造铝合金中如ZL101、ZL107、ZL109、ZL401等合金中的Si、Mg_2Si、$\beta(Al_9Fe_2Si_2)$、$\theta(Al_2Cu)$ 和 $\alpha(Al) + Si + Al_2Cu$ 三元共晶体、Al_3Fe、$\alpha(Al) + Si$ 共晶体等均可得到清晰显示。在变形铝合金铸锭中，同样可用光学法显示化合物相组织，举例见图5.1至图5.4。

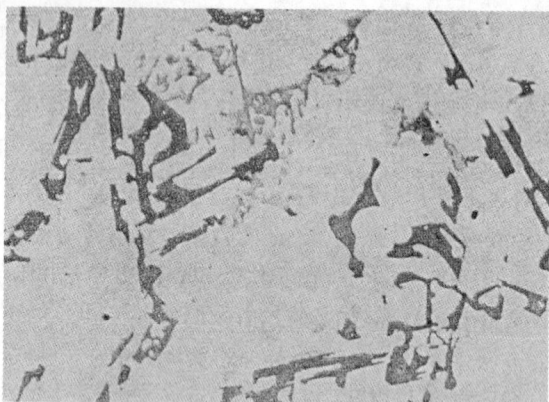

图 5.1　ZL109 铸造铝合金组织　400×

状态：砂型铸造，未热处理

组织特征：灰色片状相是 Si，浅灰色骨骼状相是 Al_6Cu_3Ni 或 $Al_3(CuNi)_2$、

Al_3Ni，灰白色片状和枝叉状相是 AlFeMgSiNi

图 5.2　ZL401 铸造铝合金组织　500×

状态：金属型铸造

组织特征：黑色枝叉状相是 Mg_2Si，灰色片状相是 Si，浅灰色针状相是 β

（$Al_9Fe_2Si_2$）

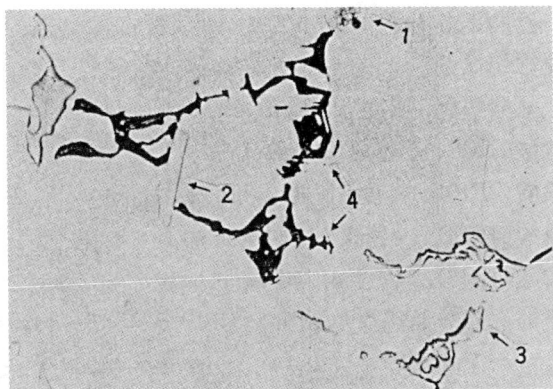

图 5.3　2A80 铝合金铸造组织　210×

状态：铸锭在 750℃复熔后，随炉缓冷至 500℃，然后水冷

组织特征：1——S(CuMgAl₂)相；　　2——FeNiAl₉ 相；

　　　　　　3——AlCuNi 相；　　　　4——Mg₂Si 相

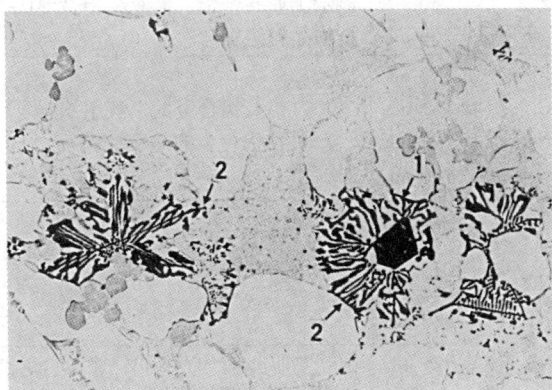

图 5.4　2A12 铝合金铸造组织　320×

状态：半连续铸造状态

组织特征：铸锭表面偏析浮出物处组织

　　　　1——Mg₂Si 初晶，呈天蓝色多边形块状；

　　　　2——α(Al) + Mg₂Si 共晶，Mg₂Si 呈天蓝色骨骼状

（2）化学浸蚀显示

① 浸蚀用试剂

氢氟酸（HF，密度 $\rho 1.15$ g/mL）；

盐酸（HCl，密度 $\rho 1.19$ g/mL）；

硝酸（HNO_3，密度 $\rho 1.40$ g/mL）；

硫酸（H_2SO_4），密度 $\rho 1.84$ g/mL）；

磷酸（H_3PO_4，密度 $\rho 1.10$ g/mL）。

② 浸蚀剂成分及用途见表 5.5（GB/T 3246.1—2000）。

表 5.5　铝及铝合金用浸蚀剂

序号	成分及比例		用　途
1	HF H_2O	1 mL 200 mL	显示工业高纯铝及工业纯铝的一般组织
2	HF H_2O	50 mL 50 mL	显示工业高纯铝、工业纯铝及 Al – Mn 系合金的晶粒组织
3	HF HCl HNO_3 H_2O	2 mL 3 mL 5 mL 190 mL	显示： 　a)铝及铝合金的一般组织； 　b)硬铝合金的晶粒组织
4	HF HCl HNO_3 H_2O	10 mL 5 mL 5 mL 380 mL	显示硬合金的包铝及铜扩散
5	HNO_3 H_2O	25 mL 75 mL	辨别工业纯铝、防锈铝、锻铝、硬铝及超硬铝合金中的相
6	H_2SO_4 H_2O	10 ~ 20 mL 80 ~ 90 mL	识别工业纯铝、硬铝、防锈铝及锻铝合金中的相
7	H_3PO_4 H_2O	10 mL 90 mL	a)辨别硬铝、防锈铝及锻铝合金中的相； b)显示防锈铝和锻铝合金中的一般组织

③ 其他浸蚀剂

适用于铝及铝合金的浸蚀剂有很多配比成分,应根据合金成分和关注的组织特点以及实践经验选用其他浸蚀剂。这些浸蚀剂见表5.6。

表5.6 铝合金金相试样浸蚀剂

序号	浸 蚀 剂		试验条件	适 用
1	氢氧化钠 蒸馏水	10 g 90 mL	60~70℃浸蚀,5~15 min,用5%硝酸水溶液清洗	适用于大多数铝和铝合金
2	氢氟酸 水	0.5 mL 99.5 mL	用棉花擦拭15 s	高纯铝晶界滑移线以及一般显微组织
3	氢氟酸 盐酸 硝酸 水	1.0 mL 1.5 mL 2.5 mL 95.0 mL	浸蚀10~20 s,浸蚀后用温水冲洗	适用于硬铝合金
4	硝酸 蒸馏水	25 mL 75 mL	70℃,浸蚀45 s	适用大多数铝合金,最适合含铜铝合金
5	蒸馏水 硝酸(1.40) 氢氟酸(40%)	92 mL 6 mL 2 mL	浸蚀15 s	特别适用铜铝合金,也用于宏观浸蚀
6	蒸馏水 硫酸(1.84)	80 mL 20 mL	70℃浸蚀30 s到3min	适于含有多量铜、锰、镁、铁、铍、钛的铝合金中间相的分辨
7	蒸馏水 磷酸	100 mL 9 g	浸蚀30分	显示铝-镁基合金,对腐蚀敏感合金能清晰显示晶界

续表 5.6

序号	浸 蚀 剂		试验条件	适 用
8	甲醇(95%) 盐酸 硝酸(1.40) 氢氟酸(40%)	25(50)mL 25(30)mL 25(20)mL 1 滴	浸蚀 10~60 s	适用纯铝,铝-镁, 铝-镁-硅合金
9	蒸馏水 氢氧化钠 赤血盐	60 mL 10 g 5 g	浸蚀 2 min	适用铝-硅和铝-铜 合金,沉淀相和晶界

④ 浸蚀工艺

浸蚀方式及时间应根据浸蚀剂的特点、用途及合金状态而定。一般规律是铸态的浸蚀时间短于加工状态的、加工状态的短于淬火状态的,硬合金的短于软合金的。

浸蚀后的试样在水中冲洗,除了需要鉴别合金中的相以外,均应用体积分数 5%~25% 的 HNO_3(65%~68%)溶液洗去表面的浸蚀产物,再用水冲洗干净,最后用酒精棉轻轻擦净吹干,即可进行观察分析。

5.1.3 阳极覆膜

阳极覆膜是阳极氧化或称阳极化处理的结果。阳极化处理是在金属表面上生成一层氧化膜的电解过程。氧化膜对下面的晶粒组织常常是外延的。与热着色或着色浸蚀相类似。对于经阳极覆膜处理后的试样,最好用偏光以获得理想的组织图像。阳极化处理适用于铝、铜、钛、铀和锆等。但在铝及其合金金相检验中特别重要。因为纯铝、高纯铝、软铝合金如用普通浸蚀方法,多不能显示晶粒组织,特别是铸造铝合金,由于枝晶分枝较多,用化学浸蚀法易于显示出枝晶组织,很难显示出晶粒晶界。阳极覆膜后可以得到明显的晶界显示。在偏光照明下，不同位向的晶粒，由于其表面覆盖上一层各向异性的薄膜，又有厚度差，所以各晶粒会呈显明显的白亮色和黑色的晶粒区别，有的则成灰色。如果使用微分干涉衬度(DIC)附件或使用灵敏色片，晶粒就具有非常清晰鲜艳的色彩。

1) 覆膜前的准备

在铝及铝合金中，特别是纯铝及软铝合金如 3A21(LF21)等，在制膜前可先进行电解抛光(也可用机械抛光)，有利提高制膜品质。

2) 阳极覆膜装置。同电解抛光装置。

3) 覆膜液成分及覆膜工艺参数(GB/T 3246.1—2000 推荐)。

(1) 纯铝、铝 – 镁及铝 – 锰系等软合金

① 覆膜液成分(体积分数)

95% ~98% 的硫酸	38 mL
85% 的磷酸	43 mL
水	19 mL

② 覆膜工艺参数

电压	20 ~ 30 V
电流密度	$0.1 \sim 0.5 \ A/cm^2$
时间	1 ~ 3 min
温度	<40℃

(2) 其他铝合金

① 覆膜液成分

氟硼酸(HBF_4)	5 g
水	200 mL

② 覆膜工艺参数

电压	20 ~ 45 V
电流密度	$0.1 \sim 0.5 \ A/cm^2$

时间   1 ~ 3 min

温度   < 40 ℃

4）另外还有供铝合金选用的阳极覆膜电解液及工艺参数，参见表5.7。

表 5.7 铝及铝合金阳极覆膜用电解液及工艺

序号	覆膜液成分	使 用 说 明	适 用
1	硫酸 8 mL 磷酸 50 mL	电压 20 ~ 30 V 覆膜时间 1.5 ~ 2 min 覆膜温度 20 ~ 30℃	适用 2A11（LY11）、2A12（LY12）、7A04（LC4）、1200（L5）、1060（L2），也适用2A12（LY12）铸态和均匀化状态
2	醋干 1 ~ 5 g 乙醇 5 mL 氢氟酸 1 ~ 2 滴 双氧水 2 ~ 3 滴 水 47 mL	电压 20 ~ 25 V 覆膜时间 1 ~ 2 min 覆膜温度 20 ~ 30℃	2A02（LY2）等合金淬火自然时效、人工时效等状态。也适用 7A04（LC4）铸造状态、2A05（LD5）铸造状态
3	磷酸 70 mL 乙醚 26.5 mL 氢氟酸 1 mL 水 2.5 mL	电压 14 ~ 22 V 覆膜时间 3 ~ 4 min 覆膜温度 室温 覆膜后用热水洗	适用 5A02（LF2）、3A21（LF21）、纯铝等
4	硫酸 38 mL 磷酸 43 mL 水 19 mL	电压 30 ~ 32 V 电流密度 0.02 ~ 0.05 A/cm^2 覆膜温度 25 ~ 30℃ 覆膜时间 1.5 ~ 2.5 min	适用于热处理强化铝合金及纯铝
5	磷酸 120 ml 乙醇 25 mL 氢氟酸 5 mL	电压 25 ~ 30 V 覆膜时间 1 ~ 7 min 覆膜温度 室温	适用于热处理强化铝合金

举 例

选 8011 铝合金铸造状态及变形状态各 1 个，所用电解抛光液为表 5.3 中 9 号。工艺条件是，电解抛光，直流电 18~28 V，抛光时间 3 秒至 2 分钟；氧化覆膜，直流电压 10~25 V，处理时间 3 秒至 2 分钟。

在使用微分干涉衬度（DIC）附件或灵敏色片观察，晶粒清晰，色彩鲜艳，见封面。

在用偏振光照明观察，晶粒呈白亮色、灰色和黑色，有明显的区别，见图 5.5 和图 5.6。

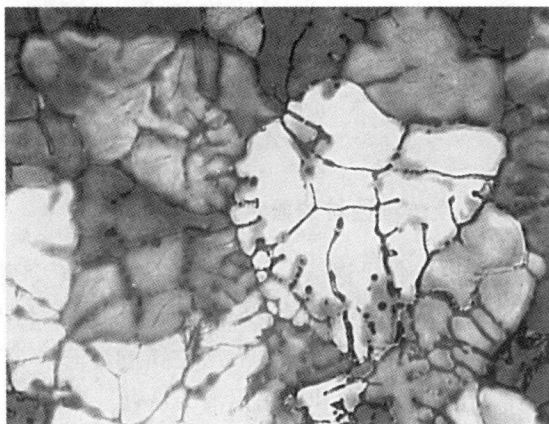

图 5.5　8011 合金铸态组织

说明：8011 合金铸造状态，电解抛光阳极氧化覆膜，偏振光照明。枝晶网和晶粒区分明显

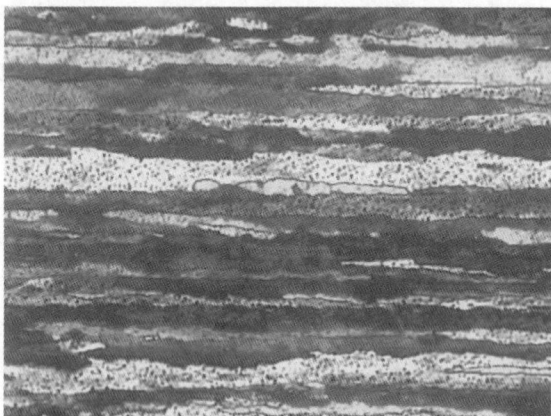

图 5.6　8011 合金变形组织

说明：8011 合金变形状态，电解抛光阳极氧化覆膜，偏振光照明。
晶粒拉长，方向明显，有部分再结晶迹象

5.1.4　铝箔晶界及位错蚀坑的显示

对热轧、冷轧、中间退火、终轧至 0.08 mm（冷变形度 >
95%）后，经350℃，保温 4 小时退火的电容器铝箔，利用电解抛
光，化学浸蚀剂浸蚀，能良好地显示出位错的形态和分布情况。
这一方法也适用于一般工业和民用铝箔的检查。

1）电解抛光参数及浸蚀

（1）电解抛光参数

　　　电流密度 1~2 A/cm^2

　　　抛光时间 1~1.5 min

（2）电解抛光液成分

　　　硫酸　　　　　14 mL

　　　磷酸　　　　　57 mL

　　三氧化铬　　　　9 g

　　蒸馏水　　　　　20 mL

　　电解抛光后在 9 mL 盐酸 + 2 mL 氢氟酸 + 5 mL 蒸馏水溶液中浸蚀 100 秒，或在 50 mL 盐酸 + 15 mL 硝酸 + 10 mL 氢氟酸 + 25 mL 蒸馏水溶液中浸蚀 60 秒，可显示出位错蚀坑的形状、大小和分布情况。

　　2）显示位错的其他浸蚀剂见表 5.8。

表 5.8　纯铝和高纯铝的位错浸蚀剂

序号	浸蚀剂成分		Al 纯度	说　　明
1	HCl HNO$_3$ HF	50 mL 47 mL 3 mL	99.99%	浸蚀
2	HNO$_3$ HCl HF	35 mL 61 mL 4 mL	化学纯 光谱纯	用塑料容器，冷却到 0 ~ 8℃，浸蚀 5 ~ 15 s
3	HCl 水 HF	80 mL 25 mL 5 mL	工业纯铝	在沸液中浸蚀几分钟，具体时间随晶面而定
4	HNO$_3$ HCl HF	70 mL 50 mL 3 mL	高纯铝	改良的 Lacombe 和 Beaujard 浸蚀剂
5	HCl HNO$_3$ HF 水	9 份 3 份 2 份 5 份	超高纯铝	浸蚀剂用量充分，避免发热，浸蚀 2 min

举 例

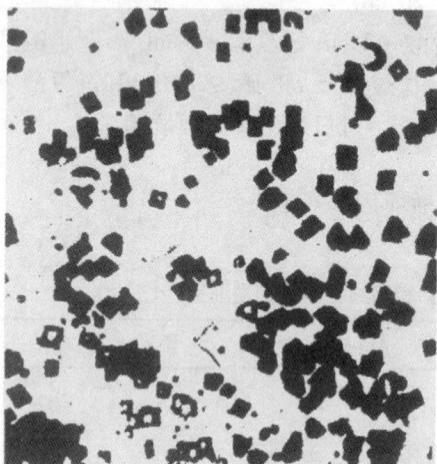

图 5.7　高纯铝位错蚀坑　200×

材料名称：99.98% 高纯铝加入微量 Mg-Nd 中间合金。

处理情况：铸锭经热轧、冷轧、中间退火后终轧至 0.08 mm 厚的箔材。再加热至 350℃，保温 4 小时，炉冷后取样。

显示：电解抛光及浸蚀。

组织说明：位错蚀坑露头

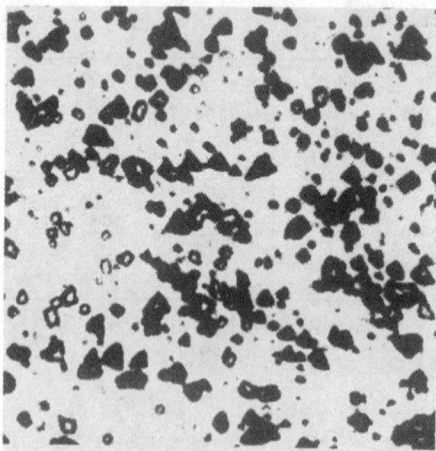

图 5.8　高纯铝位错蚀坑　200×

5.2　铜及铜合金金相试样制备与显示方法

5.2.1　试样选取

1）试样的选取应根据有关标准或技术协议的规定，选取有代表性的部位。

2）测定加工制品的退火再结晶晶粒平均直径，以及观察冷加工的金属晶粒畸变程度的试样沿平行于加工方向的纵向切面截取。检验锭坯径向组织变化规律的试样沿垂直于锭坯轴线方向的切面截取。

分析缺陷的试样，应在缺陷部位或缺陷附近取样，并同时在正常部位取样进行对比。

3）试样尺寸

取样数量应符合有关技术标准、技术协议的规定，试样尺寸可参照表5.9。

表5.9　试样尺寸

试样类型	长度/mm	宽度/mm	高度/mm	直径/mm
块　状	20～25	10～15	15～20	—
板　状	25～30	25～30	—	—
圆柱形	—	—	15～20	12～15

注：厚度≤0.5 mm的带材及具有小截面的加工制品，可视具体情况灵活截取

4）试样截取

铜合金较软，不宜采用砂轮截取，可采用手锯、剪切、刨、车、铣加工等取样，精细试样应采用线切割取样，硬脆的中间合金可用锤击取样。

取样时应避免样品变形、温度过高等，为此，取样时可采用水、机油或乳液加以冷却。

5）特细特薄或需对边缘组织观察的试样应进行镶嵌。

5.2.2   试样磨光与抛光

1）试样磨光

截取后的试样应首先用锉刀锉去 1 ~ 2 mm 表层，并锉出一个平面，然后，依次采用不同粒度的水砂纸磨光。可用手工也可选用金相电动预磨机磨光，最后精磨至 P800 ~ P1200 金相砂纸即可。

2）试样抛光

铜及铜金试样可采用常规的机械抛光方法，此时，抛光剂宜选用三氯化二铬和水的悬浮液。此外，也可选用化学抛光、电解抛光、综合抛光（机械抛光 + 化学抛光）等方法。

（1）机械 – 化学抛光

精磨光的试样，用水清洗后，可在普通抛光机上进行抛光（机械抛光略），抛光过程中加浸蚀剂的抛光悬浮液，浸蚀抛光液成分见表 5.10。

表 5.10   机械 – 化学抛光浸蚀悬浮液

序号	材　料	抛光浸蚀液	使用说明
1	铜 黄铜（含高 Zn）	过硫酸铵　　10 ~ 15 g/L	先用 Al_2O_3 或 Cr_2O_3 悬浮液抛光，最后加过硫酸铵溶液抛光，可以免除浸蚀
	青铜	过硫酸铵　（5 ~ 30）g/L	
2	铜及铜合金	蒸馏水　　　　100 mL 乙醇(96%）　100 mL 硝酸铁　　　　　10 g	浸蚀剂抛光液中可不加抛光微粉
3	铜	三氧化铬　　10 ~ 20% 蒸馏水　　50 ~ 80 mL 适量氧化铝微粉	用绒布抛光

序号	材　料	抛光浸蚀液	使用说明
4	铜	硝酸铁　　　　　　5 g 盐酸　　　　　　25 mL 蒸馏水　　　　370 mL 氧化铝微粉适量	浸蚀抛光 3 min，洗净抛光盘，只用清水再抛光 3~6s
5	铜－30% 锌	过氯酸铵水溶液 12 g/L MgO 研磨微粉适量	用多绒布抛光

注：浸蚀抛光后，组织显示会在抛光的同时完成，一般不需再进行化学显示

（2）化学抛光

化学抛光有时兼有浸蚀作用。化学抛光溶液成分见表 5.11。

表 5.11　化学抛光溶液

序号	试　剂　成　分	抛　光　条　件	适用范围
1	正磷酸　　　　50 mL 硝　酸　　　　22 mL 冰醋酸　　　　28 mL	在 60~70℃，抛光 1~2 min	紫铜及铜合金
2	正磷酸　　　　10 mL 硝　酸　　　　30 mL 盐　酸　　　　10 mL 冰醋酸　　　　50 mL	在 70~80℃，抛光 1~2 min	铜合金（试样在抛光中应摇动）
3	正磷酸　　　　15 mL 盐　酸　　　　30 mL 醋　酸　　　　55 mL	85 ℃抛光	紫　铜

（3）电解抛光

电解抛光液成分见表 5.12。

表 5.12 电解抛光溶液

序号	抛光溶液成分		抛光条件	阴极板材料	适用范围
1	正磷酸	3 份	空载电压/V：30～50 时间/s：10～20	紫铜	紫铜及某些单相合金
	水	4 份			
2	正磷酸	825 mL	电压/V：1～1.6 时间/min：40～60	紫铜	紫铜
	水	175 mL			
3	正磷酸	700 mL	电压/V：1.2～2 时间/min：15～30	紫铜	紫铜、黄铜、铝、锡、磷和硅青铜，以及含量低于 3% 的铍、铁、铅、铬青铜
	水	350 mL			
4	正磷酸	250 mL	电压/V：3～6 时间/s：50	不锈钢	铜及铜合金
	甲醇	250 mL			
	丙醇	50 mL			
	蒸馏水	500 mL			
	尿素	3 g			
5	正磷酸	670 mL	电压/V：2～3 时间/min：15	紫铜	紫铜，锡青铜
	硫酸	100 mL			
	蒸馏水	300 mL			
6	正磷酸	540 mL	电压/V：2～2.2 时间/min：15	紫铜	白铜
	水	160 mL			

5.2.3 试样显示

1）光学显示

铜合金金相分析中，有些试样可通过光学显示来观察组织特征，如检查铅黄铜中铅相分布、紫铜中含氧的氧化亚铜（Cu_2O）、含硫的 Cu_2S 及含硒的 Cu_6Se 等杂质相。对这些检查项目试样可不经浸蚀，但要求抛光很好，并经清洗干燥后，在显微镜下观察分析。

2）化学浸蚀

抛光好的试样，根据铜合金系列、检查目的，操作者经验选用适当浸蚀剂。

YS/T 449—2002 铜及铜合金铸造和加工制品显微组织检验方法标准中推荐常用浸蚀剂为：

① 硝酸铁乙醇溶液

　　　　硝酸铁　　　　　　2 g

　　　　无水乙酸　　　　　50 mL

此试剂作用柔和，使用时加入少量的水可使单相铜合金晶粒染色。

② 三氯化铁盐酸乙醇溶液

　　　　三氯化铁　　　　　3 g

　　　　盐酸　　　　　　　2 mL

　　　　无水乙醇　　　　　96 mL

此试剂对晶界浸蚀能力较强。

铜及铜合金试样制备过程中容易出现划痕，浸蚀过程中又容易氧化、组织显示不均匀等现象，推荐使用表 5.13 中 6 号浸蚀剂，效果较好。

化学浸蚀剂见表 5.13。

表 5.13　化学浸蚀剂

序号	成　　分	方法	适用	备　注
1	硝酸高铁　　　　　　2 g 乙醇　　　　　　　50 mL	擦拭	铜及铜合金	适用范围宽，作用柔和。去细小划痕能力强。组织清晰，但有时易出现浮雕。用部分水代替乙醇可使单相合金晶粒染色倾向增大
2	三氯化铁盐酸水溶液的各种配比。 　三氯化铁　盐酸　　水 　　(g)　　(mL)　(mL) 　　1　　　20　　100 　　3　　　10　　100① 　　5　　　10　　100② 　　5　　　25　　50 　19(20)　6(5)　100③ ①可放入 1 g 二氯化铜 ②又称格莱氏试剂№2。使用时可加入 1 g 二氯化铜及 0.05 g 二氯化锡 ③又称格莱氏试剂№1	浸入或擦拭	紫铜，黄铜，青铜，黄铜中的 β 相经浸蚀变黑	去细小划痕能力较强。使用时可再加入 50% 酒精
3	三氯化铁　　　　　59 g 盐酸　　　　　　　2 mL 乙醇　　　　　　　96 mL	擦拭	铜及铜合金	用乙醇稀释至 5:1 使用
4	三氯化铁　　　　　3 g 乙醇　　　　　　100 mL	反复擦拭	硅青铜等	组织清晰，去划痕能力强
5	氢氧化铵　　　　　20 mL 水　　　　　　0 ~ 20 mL 双氧水　　　　8 ~ 20 mL	浸入或擦拭	铜及铜合金	作用迅速。双氧水的加入量应随铜含量降低而减少。试剂需即配即用，保持新鲜

续表 5.13

序号	成　　分		方法	适用	备　注
6	三氧化铬 盐酸(35%) 硫代硫酸钠 水	200 g 17 mL 20 g 1000 mL	浸入	铅黄铜、 铜银合金、 锡青铜、 紫　铜	经浸蚀的试样表面 不易氧化,清晰度 高,衬度加强,晶 界显示分明,重复 性好
7	不同浓度的硝酸水溶液		浸入或 擦拭	紫铜、青铜	能除去表面变形 层,使锡青铜中 δ- 相变黑。作用强烈 不易掌握
8	铬酐 重铬酸钾 醋酸 硫酸 加水至	7.2 g 12 g 7 mL 5.8 mL 100 mL	浸入	铜及铜合金	可显现铜合金晶 界,浸蚀后可再用 本表2号试剂使晶 粒着色
9	氯化铵铜浸蚀剂 二氯化铜 氢氧化铵	 8~20 g 8~100 mL	浸入	铍青铜 白　铜	能使铍青铜的 α 相变暗,而 β 相呈 亮白色
10	硝酸 冰醋酸 水	30 mL 42 mL 28 mL	浸入	加工及退火 锡青铜	有良好的晶粒对 比度
11	铁氰化钾 水	1~5 g 100 mL	浸入	锡磷青铜	能很好的区分(α + δ + Cu_3P)中的 δ 相及 Cu_3P 相, δ 相 经浸蚀后颜色不 变,而 Cu_3P 随浸 蚀时间的延长可由 蓝变至深灰色
12	重铬酸钾 硫酸 氯化钠饱和水溶液 水	2 g 8 mL 4 mL	浸入	紫铜及铍、 锰、铬、硅 青铜、白铜	

续表 5.13

序号	成　　　分		方法	适用	备　　注
13	铬酐 水	1 g 100 mL	浸入,使用前可加入1~2滴盐酸	铜及铜合金	可显现某些铜合金的镍、铁等硅化物。使锡青铜中的δ相变黑
14	醋酸(75%) 硝酸 丙酮	30 mL 20 mL 30 mL	擦拭	白铜	浸蚀后 NiAl 呈鸠灰色,Ni_3Al 呈暗灰色
15	氢氧化铵 过硫酸铵(2.5%)水溶液 水	25 mL 50 mL 25 mL	浸入	铜及铜合金	
16	过硫酸铵 水	5~10 g 10 mL	冷浸或热浸	铜及铜合金	
17	NH_4OH H_2O 30% 双氧水	25 mL 25 mL 25~50mL	擦拭	铜及铜合金	通用浸蚀剂,显现铜及铜合金晶粒反差
18	饱和 CrO_3 水溶液 (每 100 mL 水中约 60 $gCrO_3$)		浸蚀或擦拭 5~30 s	铜及铜合金	通用浸蚀剂
19	KOH 3% H_2O_2 NH_4OH H_2O	1 g 20 mL 50 mL	浸蚀 3~60 s	铜及铜合金	好的通用浸蚀剂,清晰显示晶界
20	CrO_3 HCl H_2O	10 g 2~4 滴 100 mL	浸蚀 3~30 s	铜及铜合金	通用浸蚀剂

序号	成　　　分	方法	适用	备　　注
21	CrO_3　　　　　40 g NH_4Cl　　　　7.5 g HNO_3　　　　50 mL H_2O　　　　1900 mL	浸蚀	铜合金	用于 β 黄铜
22	30% H_2O_2　　　20 mL H_2O　　　　25 mL NH_4OH　　　50 mL 20% KOH 水溶液　5 mL	浸蚀 2～30 s	铜合金	用于铜－硅合金

3）电解浸蚀

铜合金电解浸蚀剂成分和工艺见表 5.14。

表 5.14　铜合金电解浸蚀剂成分和工艺

序号	成　　　分	浸蚀方法	适用范围	备　　注
1	硫酸亚铁　30 g 氢氧化钠　4 g 硫酸　100 mL 水　1900 mL	电解浸蚀， 8～10 V， 不超过 15 s	黄铜、青铜、白铜	浸蚀后表面勿再擦拭。可使 β 相变黑。如预经表 5.13 中 6 号试剂浸蚀后浸蚀可有较好的晶粒对比
2	冰醋酸　5 mL 硝酸　10 mL 水　30 mL	电解浸蚀， 0.5～1.0 V，5～15 s	白铜	—
3	铬酐　1 g 水　100 mL	电解浸蚀， 6 V，3～6 s	铍青铜	铝作阴极板

举例1　铜及铜合金的光学显示

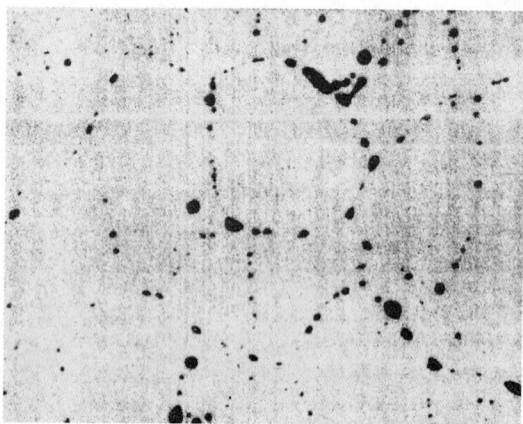

图5-9　Cu-S　200×
状态：半连续铸锭
组织：颗粒状的 Cu_2S 呈网状
分布于 α -基体上
浸蚀剂：未浸蚀、光学显示

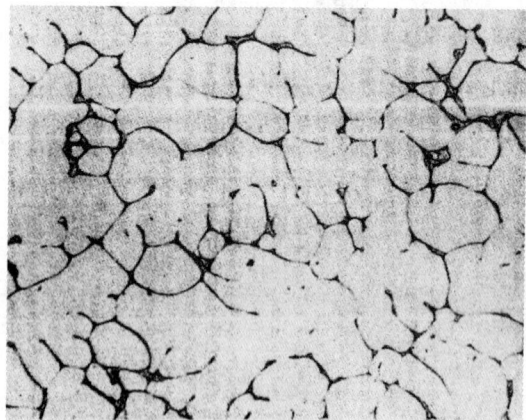

图5-10　Cu-Bi
（含 Bi9.4%）　200×
状态：铸造
组织：铜-铋共晶呈网状分
布于 α 粗基体上
浸蚀剂：未浸蚀、光学显示

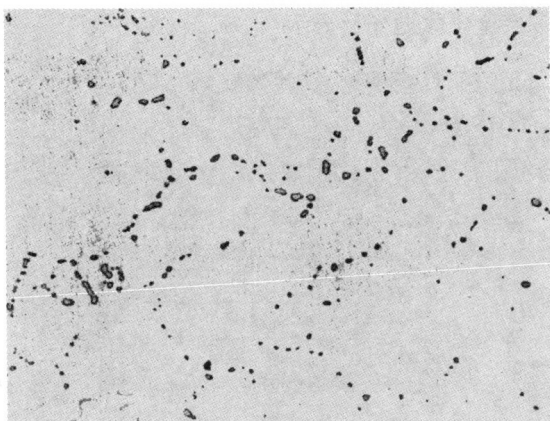

图 5.11　紫铜　200×

状态: 铸态

浸蚀剂: 未浸蚀、光学显示

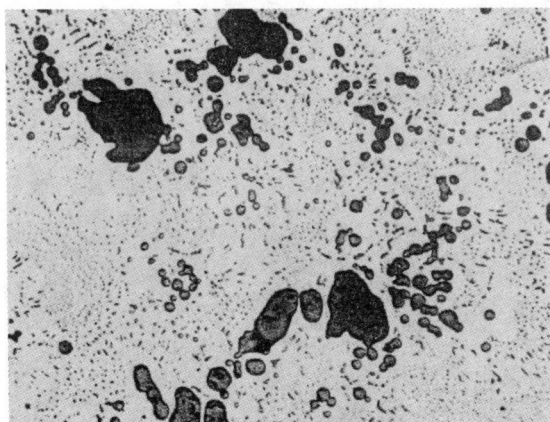

图 5.12　紫铜　200×

状态: 铸造

浸蚀剂: 未浸蚀、光学显示

举例2　铜合金化学抛光及显示[①]

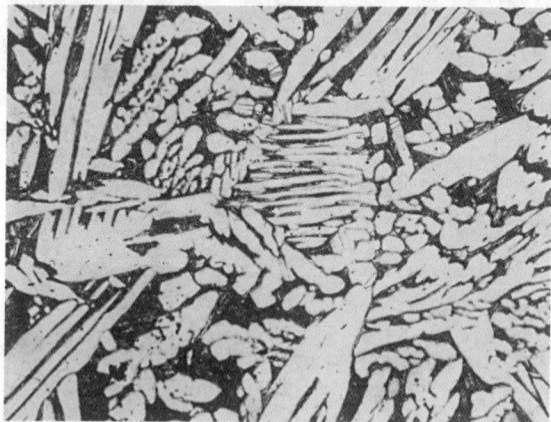

图5.13　QA19-2青铜组织　150×
状态：半连续铸锭　　　浸蚀剂：表5.11中1号

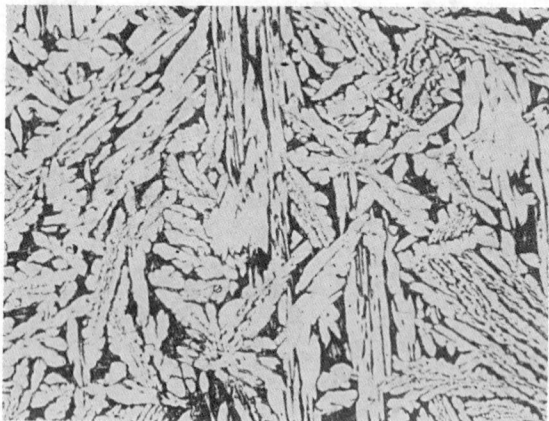

图5.14　QA19青铜组织　150×
状态：半连续铸锭，经570℃退火后炉冷　　浸蚀剂：表5.11中1号

注：①照片来源于长沙有色金属加工厂刘志明学会交流论文《铜合金化学抛光》

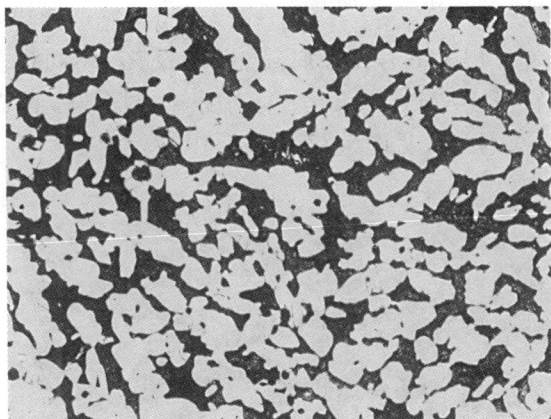

图 5.15　HPb95 –1 黄铜组织　150×

状态：抛轧后冷拉棒材

浸蚀剂：表 5.11 中 1 号

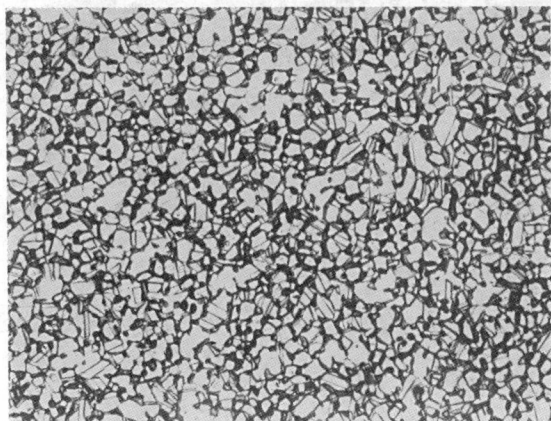

图 5.16　H62 黄铜　150×

状态：拉制棒经 300℃ 消除应力退火

浸蚀剂：表 5.11 中 1 号

举例3   铜合金化学浸蚀显示[①]

利用表 5.13 中 6 号浸蚀剂，将抛光的三种不同状态的铜及其合金进行浸蚀，试样不氧化、清晰度高、衬度好、晶界显示分明，而且重复性好。见图 5.17 至图 5.19。

图 5.17   T2 紫铜板组织   200×

材料状态：冷变形后退火

材料组织：单相再结晶组织，双晶明显

注：①照片来源于江南机器厂徐立、薛健民、周伟文学会交流论文《铜及铜合金浸蚀剂的改进》

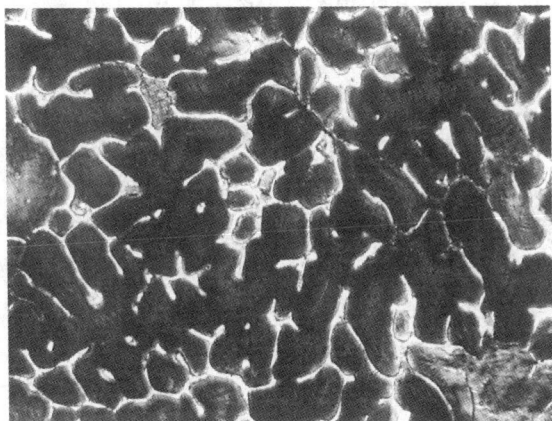

图 5.18　铜 -18％银合金组织　125×

状态：铸态

图 5.19　H70 黄铜组织　125×

状态：冷变形后退火

5.3　镁及镁合金金相试样制备与显示方法

5.3.1　试样选取

1）试样选取的部位，如有标准或协议规定的应按标准或规定执行。横断面试样主要检查中心至表面的组织变化、晶粒度、化合物相或夹杂物多少、大小和分布以及表面缺陷、保护层、腐蚀的深度等。纵向试样主要检查变形程度、化合物或夹杂物破碎延伸情况、带状组织等。

2）试样尺寸没有特殊要求时，块状尺寸取 25×15×15 mm；板状尺寸取 30×30 mm。

3）小试样，特别是检查表面层组织特征的试样应进行镶嵌。

5.3.2　试样磨光与抛光

1）试样磨光

镁与铝相似，易产生变形层和模糊层，在较小变形时即形成双晶。有些含镁的相，会被自来水浸蚀，因此，磨光时用力应轻、时间应短，镁的粉尘易自燃，磨光后务必作清理。一般，在 SiC 砂纸湿磨到 P1000 号砂纸即可，在镁合金含有对水敏感的组元时，宜干磨。

2）试样抛光

（1）机械抛光。机械抛光可用氧化铝微粉悬浮液，最好用金刚石抛光膏（7～1 μm）抛光，织物应选用极细绒布，抛光机转速宜选用 400～600 r/min。

（2）化学抛光。为了改善试样品质和缩短抛光时间，镁合金在细磨光后可直接进行化学抛光。化学抛光液成分及工艺见表 5.15。

化学抛光用脱脂棉蘸以化学抛光液，垂直于试样表面磨痕擦拭并观察，以失去光泽变浅暗色即可，擦后迅速用酒精擦洗干净。

表 5.15　镁合金化学抛光液成分

序号	化学抛光液成分		试验条件	适用范围
1	甘油(98%) 盐酸(36%~38%) 硝酸(65%~68%) 乙酸(99%)	20 mL 2 mL 3 mL 5 mL	擦拭	镁及镁合金
2	硝酸 甲醇	10% 90%	擦拭	镁及镁合金
3	$K_3[Fe(SCN)_6]$ H_3BO_3 H_2O	0.4 g 6 g 140 mL	浸入 1~2 min	适用在偏光下检查

3)电解抛光。镁合金电解抛光液成分见表 5.16。

表 5.16　镁合金电解抛光液成分

序号	电解抛光液成分		试验条件	适用范围
1	磷酸 酒精	375 mL 625 mL	直流电 1~3V,室温,抛光10 min	随抛光的进行,电流密度降至 0.5 A/cm² ,当阳极膜产生时,快速清洗
2	正磷酸($\rho=1.63$) 甘油 乙醇	100 mL 100 mL 200 mL	直流电 0.3~0.5 V,抛光15 min	适用镁铜合金试样,取出后应在酒精中冲洗

镁及其合金的组织,通常在电解抛光过程中即被显示。大多数镁合金在电解抛光完成后,将电流密度降低 9%~50%,在此条件下试样在原电解液中保持一定时间,组织会清晰显示。

5.3.3　试样浸蚀

1)化学浸蚀

根据合金成分和检查要求,选择浸蚀剂。GB/T 4296—1984 镁合

金加工制品显微组织检验方法中推荐浸蚀剂成分及浸蚀时间如下:

（1）硝酸乙酸草酸溶液

硝酸（化学纯）	1 mL
乙酸（99%）	1 mL
草酸（化学纯）	1 g
水（蒸馏水或离子交换水）	150 mL
浸蚀时间	10 ~ 25 s

（2）苦味酸乙酸酒精溶液

苦味酸（化学纯）	3 g
酒精（95%）	50 mL
乙酸（99%）	20 mL
水（蒸馏水或离子交换水）	20 mL
浸蚀时间	5 ~ 30 s

浸蚀方法可使用脱脂棉蘸以浸蚀剂轻轻擦拭试样，或将试样浸入浸蚀剂内轻轻摆动，然取出后用酒精棉迅速擦净和干燥。

2）化学薄膜浸蚀

为了提高偏光下观察组织的效果，需将试样放入薄膜浸蚀剂中进行浸蚀，当表面形成薄膜以后，在酒精中浸泡洗净后干燥，不得擦拭。

薄膜浸蚀剂成分及浸蚀时间如下:

苦味酸（化学纯）	6 g
乙酸	2 mL
磷酸（85%）	0.5 mL
酒精（无水）	100 mL
水（蒸馏水或离子交换水）	1 mL
浸蚀时间	1 ~ 5 min

3）其他浸蚀剂

镁及镁合金显示组织的浸蚀剂还有可供选用的，见表5.17。

表 5.17　镁及镁合金浸蚀剂

序号	名　称	成　　分		使用要点	适用范围
1	草酸溶液	草酸 水	2 mL 10 mL	擦试 3～5 s 用热水或冷水冲洗	显示铸造镁合金及变形镁合金组织
2	硝酸溶液	(A) { HNO₃ H₂O (B) { HNO₃ 乙基乙二醇 水	0.5～20 mL 100 mL 1 mL 75 mL 24 mL	擦试 3～10 s 用热水冲洗,(A)与(B)相同	用 5% 溶液显示镁及镁合金,0.5% 硝酸溶液可显示变形组织,1% 酒精溶液显示一般组织。适用于时效处理后的镁合金,显示晶界及组织
3	酒石酸溶液	酒石酸 水	2 g 100 mL	擦试 10～20 s	显示含 Al,Zn,Mn 的镁合金组织
4	柠檬酸溶液	柠檬酸 水	5～10 mL 100 mL	擦试 5～15 s	显示形变镁锰合金以及镁铜合金组织
5	硝酸溶液	蒸馏水 硝酸	100 mL 1～8 mL	擦试几秒到几分钟	显示纯镁和大多数镁合金的铸态和变形态组织

续表 5.17

序号	名　称	成　　分		使用要点	适用范围
6	硝酸醋酸溶液	硝酸 醋酸 乙二醇 水	1 mL 20 mL 60 mL 19 mL	擦试 5 ~ 15 s	显示铸造及变形镁合金
7	硫酸溶液	硫酸 水	5 mL 100 mL	浸入 1 ~ 15 s，用热水洗涤	显示各种成分的镁合金
8	苦味酸醋酸溶液	苦味酸 醋酸 乙醇 蒸馏水	5 g 5 mL 100 mL 10 mL	用棉球浸擦试 5 ~ 15 s（有时可达 1 分钟）。用酒精洗涤	显示形变镁和镁合金晶界
9	盐酸溶液	盐酸 乙醇	10 mL 100 mL	浸入 10 秒或更长时间	显示含铝和锌的铸造合金晶界

举　例①

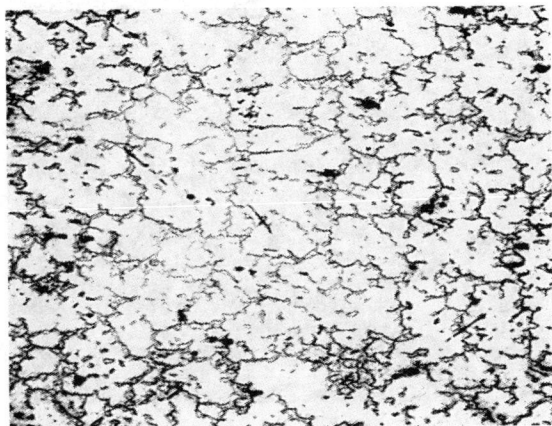

图 5. 20　AZ6(MB5)镁合金　100×

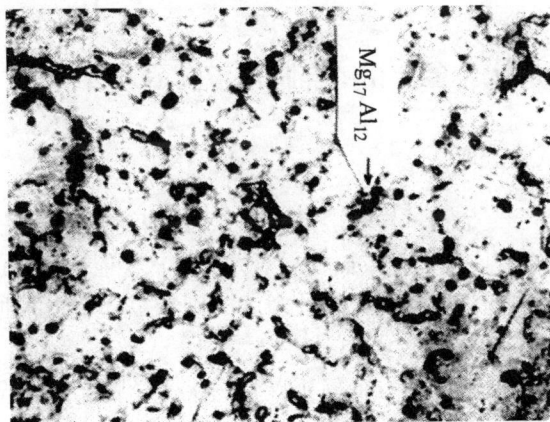

图 5. 21　AZ31(MB2)镁合金　150×

状态: 铸造状态　　　浸蚀剂: 表 5. 17 中 6 号

注: ①镁合金照片, 中南大学材料科学与工程学院余琨副教授提供

图 5.22　ZK60(MB15)镁合金　200×

处理状态: 挤压状态　　浸蚀剂: 表5.17中6号

5.4　钛及钛合金金相试样制备与显示方法

5.4.1　试样选取

1) 钛合金金相试样一般是在已做过低倍组织需要检验的试样上合适的部位截取。或按供需双方协议从其他规定部位取样。

2) 未作低倍检查或经热处理后的则在零部件上根据检查目的和具有代表性部位处取样。

3) 纯钛质软并具有良好延展性, 钛合金则会因合金元素的加入而变硬, 且塑性降低, 取样时易引起孪晶, 磨光抛光时易引起金属流动, 截取试样时进刀要缓慢, 还应有充分冷却, 避免因过热而引起介稳定 β 相的分解。

5.4.2　试样磨光

一般的金相观察，并不需要镶嵌。如为某些特别目的和对于那些细小试样，则需将试样镶嵌。镶样应避免热镶嵌，因为加热时，氢有可能从镶样材料向试样扩散，引起氢污染（会形成氢化物）。特别是组织中含大量 α 相，因氢在 α 相中溶解度随温度升高而增大，有可能在加热时，氢溶于 α 相中，在随后冷却时，析出钛的氢化物（呈细小弥散的形貌）。

磨光分三个步骤：先用 P400 号 SiC 水砂纸湿磨；细磨用 P600 号至 P1000 号的金相砂纸湿磨或干磨，再用粒度为 20 μm 的 SiC 微粉 50 g 加 60 mL 水，20% 的铬酸 5 mL，制成混合浆液，在低速(250 r/min)抛光盘上进行精磨。精磨织物可用短绒布。磨光后必须用水洗干净，以免磨面上残存游离金属和磨料微粒，划伤表面。

5.4.3　试样抛光

1）机械 – 化学抛光。用 15 g 细 Al_2O_3、35 mL 水、20% 铬酸 5 mL 三者的混合物作抛光剂。在高速抛光盘上抛光。初抛时，为了消除金属流动，可交替地采用抛光—浸蚀—抛光的办法。

2）化学抛光

国内外资料推荐钛及钛合金化学抛光液，见表 5.18。

表 5.18　钛及钛合金化学抛光液成分

序号	化学抛光液成分		使用说明	适用范围
1	氢氟酸(48%) 过氧化氢(30%) 水	8～10 mL 60 mL 30 mL	抛光 30～60 s	钛及钛合金
2	氢氟酸(40%) 硝酸(1.40) 水	1～3 mL 2～6 mL 100 mL	抛光 5～20 s	钛的原材料,尤其适用于钛－铝－钒合金
3	氢氟酸(40%) 硝酸(1.40) 乳酸(90%)	10 mL 10 mL 30 mL	抛光 60 s 以内	钛及钛合金
4	氢氟酸 硝酸	1 份 1 份	剧烈反应后再继续抛光 10 s	钛及钛合金

3) 机械抛光

机械抛光可分三到四步,通常从粗到细,使用几个级别的金刚石抛光膏分步抛光,会得到较好效果,也可用三氧化二铝微粉抛光。

4) 电解抛光

如果用电解抛光,两相钛合金高低倍组织检验方法选用下列三种溶液之一(GB5168—1985 推荐)。

A 溶液及工艺

甲醇　　　　　　630 mL

乙醇　　　　　　50 mL

乙二醇丁醚　　　260 mL

乙酸　　　　　　2 mL

高氯酸　　　　　60 mL

抛光条件　　　　电流电 25～40 V, 抛光 10～30 s。

B 溶液及工艺

高氯酸　　　　　78 mL

蒸馏水　　　　　120 mL

　　　乙醇　　　　　　　　700 mL

　　　乙二醇丁醚　　　　100 mL

　　　抛光条件　　　　　直流电 40 ± 1 V, 抛光约 5 s。

　C 溶液及工艺

　　　高氯酸　　　　　　50 mL

　　　冰醋酸　　　　　　950 mL

　　　抛光条件　　　　　直流电 55 ~ 60 V, 抛光 20 ~ 40 s。

其他可供选用的电解抛光液配方见表 5.19。

表 5.19　钛及其合金电解抛光液

序号	成　　分		电解抛光规范	备　　注
1	醋酐 过氯酸($\rho = 1.60$) 水	795 mL 185 mL 48 mL	电压 40 ~ 50 V 电流密度 0.2 ~ 0.3 A/cm^2	试样磨面平放于阴极之下或上,略加移动
2	醋酐 过氯酸	200 mL 10 mL	温度 ≤40℃ 电流密度 1 A/cm^2 时间 4 min	抛光面在空气中很快即被包住
3	醋酸 过氯酸($\rho = 1.60$)	1000 mL 60 mL	电流密度 0.3 A/cm^2 时间 3 min	大块 Ti 为阴极
	过氯酸($\rho = 1.20$) 乙醇 丁氧基乙醇	200 mL 350 mL 100 mL	电压 30 V, 电流密度 0.018 ~ 0.035 A/cm^2 时间 20 s	Disa-Electropol 用
4	过氯酸($\rho = 1.67$) 甲醇 甘油 水	36 mL 390 mL 350 mL 24 mL	温度 5 ~ 10℃, 电压 30 ~ 50 V, 时间 10 ~ 40 s	同上

5.4.4　试样浸蚀

　　浸蚀剂应根据钛合金的成分、状态和要求及观察的目的来选择。

钛合金浸蚀用的试剂中，几乎都含有一定浓度的氢氟酸(HF)和硝酸(HNO_3)。将它们溶于水、或溶于甘油、乳酸中。HF 起腐蚀作用，HNO_3 使腐蚀表面洁净、光亮，甘油、乳酸等试剂起缓蚀作用。浸蚀时，可根据具体情况和实际经验，适当改变试剂的浓度，以获得满意的结果。浸蚀时可用擦拭法或浸入法。钛合金浸蚀时，一般容易浸蚀过度，这样使得组织不甚清晰，为了防止浸蚀过度，最好是轻浸蚀，如不够，可再行轻浸蚀，直至获得清晰组织。Kroll 试剂是一种稀释的含 HF 和 HNO_3 的水溶液。最早和普遍采用的 Kroll 试剂，可显示出钛合金组织的细节。应用这种浸蚀剂时宜采用擦拭方法，一般情况下，可使合金试样组织显示清晰。在一些浸蚀剂中，加入适量的过氧化氢可减轻腐蚀程度。

　　钛及钛合金常用的浸蚀剂成分见表 5.20 和表 5.21。

表 5.20　钛及钛合金常用的浸蚀剂

序号	浸　蚀　剂		备　　注
1	HF HNO_3 H_2O	1 ~ 3 mL 2 ~ 6 mL 91 ~ 97 mL	著名的"Kroll"浸蚀剂，可用于纯 Ti、α、$\alpha + \beta$、β 合金，效果很好。擦拭 10 s 或浸入 10 ~ 20 s
2	HF HNO_3 甘油	20 mL 20 mL 60 mL	用于一般组织观察之用。采用擦拭法浸蚀 α 合金时，时间约 5 ~ 60 s
3	HF HNO_3 甘油	20 mL 20 mL 40 mL	用于一般组织观察之用
4	HF(48%) 甘油	50 mL 50 mL	腐蚀多相合金时，α 呈暗色，β 相或碳化物呈白亮
5	HF HNO_3 乳酸	5 mL 10 mL 30 mL	常用擦拭法

序号	浸　蚀　剂		备　　注
6	HF HNO$_3$ 乳酸	1 mL 30 mL 30 mL	检查某些合金中的 Ti－H 化合物，但不能用它来作鉴别氢化物
7	HF HNO$_3$ 乳酸	10 mL 10 mL 30 mL	化学抛光和浸蚀用，化学抛光可除去流动金属和细小条痕。特别适用于浸蚀含有大量 α 相的钛合金(近 α 合金)，也可用来擦拭抛光试样表面
8	HF H$_2$O 乳酸	0.5 mL 20 mL 50 mL	可用于两相合金的浸蚀，分几次进行，每次约 30 s，α 相着色
9	新切而灭(医用消毒剂) 甘油 HF 甲醇	20% 40% 5% 35%	Ti－679 合金腐蚀用
10	HF H$_2$O$_2$ 水	1~2 mL 4~5 mL 93~95 mL	
11	HF 水	0.5 mL 99.5 mL	α 相染色腐蚀用，浸蚀时间为 3~5 s
12	KOH(40%) H$_2$O$_2$(30%) 水	10 mL 5 mL 20 mL	浸蚀剂加热到 70~80℃，浸入 30~60 s，α 相呈暗色，β 相光亮
13	HNO$_3$ HCl 乳酸	10 mL 10 mL 30 mL	浸蚀速度慢
14	HNO$_3$ HCl 甘油	10 mL 10 mL 30 mL	浸蚀速度慢

序号	浸　蚀　剂		备　　注
15	Benralkonium Chloridl （12.8%）	2.7 mL	美国 Ti6Al6V2Sn4Zr 合金腐蚀用
	HF	2 mL	
	甘油	8 mL	
	酒精	7 mL	
16	HF	1~2 mL	非着色浸蚀用。其效果可与 Kroll
	双氧水	4~5 mL	浸蚀剂相比
	水	93~95 mL	
17	HF	1 mL	适用 Ti - Al - Mn 合金棒、板块、
	H₂O₂	6 mL	工业纯 Ti 板、Ti - Al - V、Ti - Al -
	水	193 mL	Nb 棒、板块等

表 5.21　钛及钛合金浸蚀剂(美国坩埚金属公司推荐)

序号	浸蚀剂成分		显示组织	适用材料
1	氢氟酸	10 mL	显示一般组织	纯钛和大多数钛合金
	硝酸	5 mL		
	蒸馏水	85 mL		
2	氯化苯	18.5 g	显示一般组织	Ti - Al - Zn 和 Ti - Si
	乙醇	35 mL		合金
	甘油	40 mL		
	氢氟酸	25 mL		
3	双氧水	30 mL	显示一般组织	Ti3Al8V6Cr4Mo4Zr
	氢氟酸	3 滴		合金
4	高锰酸钾	1 g	显示一般组织	β 钛合金
	硫酸	5 mL		
	氢氟酸	5 滴		
	蒸馏水	95 mL		
5	氢氟酸	3 滴	显示一般组织	Ti3Al8V6Cr4Mo4Zr 合金
	双氧水	30 mL		
6	氢氟酸	2 mL	显示一般组织	Ti8Mn 和 Ti13V11Cr3Al
	硝酸	4 mL		合金
	蒸馏水	94 mL		

举 例

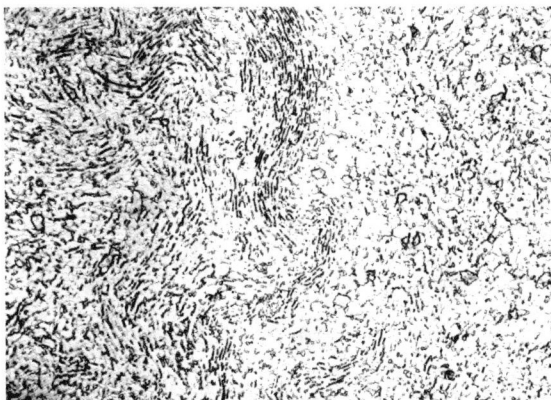

图 5.23 TCl 钛合金组织 200×

处理状态：热轧棒材经退火处理

组织说明：$\alpha + \beta$ 两相组织

浸蚀剂：表 5.20 中 17 号浸蚀剂

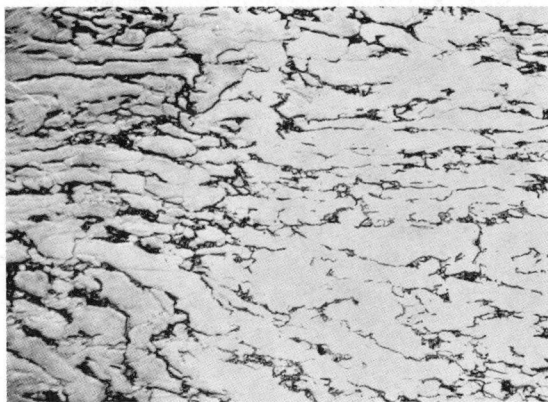

图 5.24 TC20 钛合金组织 400×

处理情况：20 mm 原锻造板条经退火处理(700℃/1 h)

组织说明：条状 $\alpha + \beta$ 两相组织

浸蚀剂：表 5.20 中 17 号浸蚀剂

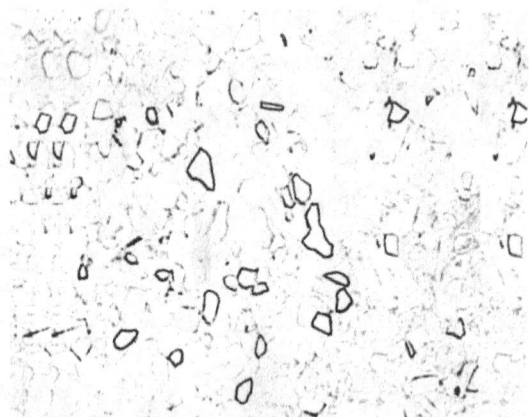

图 5.25　TC4 钛合金　500×（明场）

状　态：950℃/1 h 水淬 +550℃/4 h 空冷

显微组织：等轴初生 α + 含有针状 α 的 β 转变基体

浸蚀剂：表 5.20 中 1 号浸蚀剂

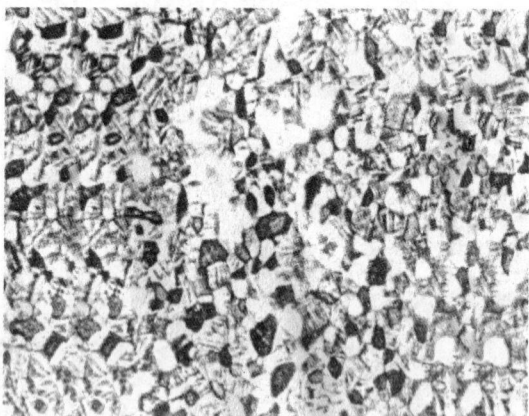

图 5.26　TC4 钛合金　500×（相衬）

状　态：950℃/1 h 水淬 +550℃/4 h 空冷

显微组织：等轴初生 α + 含有针状 α 的 β 转变基体

浸蚀剂：表 5.20 中 1 号浸蚀剂

5.5　锌及锌合金金相试样制备与显示方法

锌具有密排六方结构，锌的晶体结构引起锌塑性变形困难及产生各向异性。

5.5.1　试样切取

因为锌及锌合金易于产生表面变形孪晶，而且硬度较低，一般多在 100HBS 以下，所以试样截取宜用手工锯切。

5.5.2　试样磨光

在金相水砂纸上湿磨至 P800 号，磨光时避免压力过大，砂纸上可涂一层薄石蜡。

5.5.3　试样抛光

1）机械抛光

常规的机械抛光方法，适用于抗蠕变锌合金（如 Zn－Cu－Ti）及铸造锌合金（如 Zn－Al－Cu 系列）。

2）化学抛光。适用于带材和生产中的冲压制品，如电池锌板 XD1、XD2、嵌线锌板、锌铜合金带 ZnCu1.5 等。

推荐化学抛光液配制成分：

　　　① 蒸馏水　　　　　100 mL

　　　硝酸（1.40）　　　5 mL

　　　硫酸钠　　　　　　1.5 g

　　　氧化铬　　　　　　20 g

  ② 蒸馏水   95 mL

    氧化铬   20 g

    硝酸   5 mL

    硫酸锌   4 g

3）电解抛光

电解抛光液成分及规范见表 5.22。

表 5.22 锌及锌合金电解抛光液成分及工艺

序号	电解液成分	电流密度/A·cm^{-2}	直流电压/V	温度/℃	时间/min
1	磷酸(85%) 1份 酒精 1份	1.5 ~ 2.5 mA/cm²	2.5 ~ 3.5	20	60 或更长
2	氧化铬 200 g 蒸馏水 1000 mL	2.5 ~ 3.5	60	20	40 ~ 45 s
3	氢氧化钾 250 g 蒸馏水 1000 mL	160 mA/cm²	4 ~ 5	室温	15
4	氧化铬 200 g 硫酸钠 15 g 蒸馏水 1000 mL	2.6 ~ 7	—	—	—
5	过氯酸(20%)1份 乙醇 4份	1.0 ~ 2.0	28 ~ 35	10 ~ 25	8 ~ 25 s
6	磷酸 370 mL 乙醇 630 mL	0.02 ~ 0.03	< 1	12 ~ 20	12 ~ 20

5.5.4　试样浸蚀

锌及锌合金相试样浸蚀剂成分见表 5.23。

表 5.23　锌及锌合金金相试样浸蚀剂

序号	浸蚀液成分		浸蚀条件	说　明
1	蒸馏水 氧化铬 硫酸钠	100 mL 20 g 1.5 g	2~3 min	用于大多数 Zn 合金
2	蒸馏水 氢氧化钠	100 mL 10 g	1~5 s	工业用纯 Zn, Zn–Co 和 Zn–Cu 合金, 一般用于低合金 Zn
3	硫代硫酸钠 饱和水溶液 焦亚硫酸钾	 50 mL 1 g	30 s	
4	蒸馏水或乙醇 盐酸 有时增加水含量	100 mL 1~5 mL	几秒至 1 min	Zn 和高 Zn 合金, Zn–Cu –Al 合金
5	蒸馏水 乙醇 苦味酸	70 mL 30 mL 0.3 g	几秒至 3 min	含有铁的 Zn 合金以及用 于镀锌层的检验
6	蒸馏水 盐酸(1.19) 氯化三铁	1250 mL 30 mL 4 g	几秒至 1 min	含较多 Cu、Ag、Au 的 Zn 合金
7	蒸馏水 柠檬酸 过硫酸铵	100 mL 1 g 11 g	几秒至 1 分钟	Zn 挤压合金中的纤维 组织
8	氧化铬 硫酸 蒸馏水	18 g 4 g 78 mL	几秒至 1 min	适用铸造 Zn–Al–Cu 合金

经机械或化学或电解抛光后的锌合金试样，经显示后，适用在偏光下观察和摄影，与白炽光相比有较明显的差别和较好的效果。

5.5.5 化学覆膜

抛光的锌合金试样经浸蚀后，由于显微组织中各个晶粒间被观察面高低差较小、色差弱、衬度低，对光的反射能力比较强，对光的明显选择性吸收不明显。因此，在显微镜下晶内亚晶、孪晶、滑移线等方面显微特征不能充分反映出来。为此，利用电化学原理进行化学覆膜处理，使不同位向晶粒和亚晶、孪晶等细节都得到不同厚度的膜层，利用显微镜上的偏光或 DIC 附件，能显示出不同的干涉色。不同相、结构特征和晶粒都能得到明显的彩色特征的显示。锌及锌合金化学覆膜液成分见表 5.24。1#配方优于 2#配方。

表 5.24　化学覆膜液配方

序号	配　　　方	成分含量
1	水 硫代硫酸钠 焦亚硫酸钾	100 mL 24 g 15 g
2	浓盐酸溶液 焦亚硫酸钾 氟化氢铵 焦亚硫酸钠	100 mL 0.75 g 1 g 2 g

注：溶液配制时无需按上面顺序进行，一定要在前一种试剂充分溶解后才可缓慢加入后一种试剂

举　例

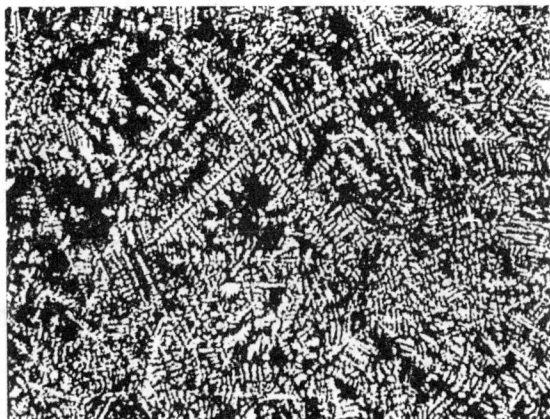

图 5.27　ZA8 – 1 锌合金组织　100×

处理情况：铸造(铁模)

浸蚀剂：表 5.23 中 8 号浸蚀剂

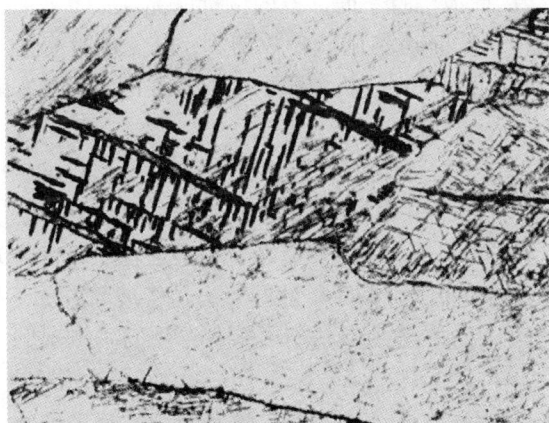

图 5.28　工业纯锌组织　100×

处理状态：铸态

浸蚀剂：表 5.23 中 8 号浸蚀剂

5.6　铅及铅合金金相试样制备与显示方法

铅及其合金一般硬度都很低，纯铅硬度仅为 4~6HBS；护套铅合金硬度约 8HBS，蓄电池板栅合金硬度为 10~14HBS。铅的延展性好，在截取、磨光、抛光时特别易于产生表层流动，导致易出现假象。此外，因为铅在磨光、抛光过程中易于嵌入磨料，铅及铅合金还极易发生表面氧化，潮湿的空气、CO_2 气氛或水都易使试样表面氧化，氧化后的表面常为一层黑灰色的氧化物膜覆盖。因此，铅合金金相试样制备时要注意合理地磨光、抛光及显示，才能获得较理想的效果。

5.6.1　选样与截取

1）选取试样部位应注意其代表性，对合金锭应在锭的上、中、下部取样，因为铅的密度较大，某些加入组元如 Al、Ca 等密度又较小，因此应注意不同部位的偏析情况。

2）截取试样时切勿用砂轮片切割，以免过量变形和磨料嵌入试样表面，宜用手锯或机械截取。整备表面时用锉刀就易于将其锉平整。

5.6.2　试样磨光

铅合金试样的粗、细磨光最好采用湿磨法，即在磨光过程中始终有流动的水冲刷。最简单的湿磨法是将玻璃板置于一浅水槽中，在开着细流水的笼头下进行，能有专用的手工湿磨设备磨光则更好。

湿磨法适用于铅合金的磨光，这是因为①流动的水能够及时将铅屑和磨粒冲走，能保持良好的切削作用；②脱落的铅屑、磨粒被冲走后就避免被嵌入铅试样表面形成假象；③能起良好的冷却作用；④铅的微粉是有毒的，因被流水带走不会扬起，有利于操作人员的健康。

粗磨光在金相砂纸上磨至 P600 号（W28），砂纸可涂蜡。

细磨光在金相砂纸上磨至 P1000 号（W20）即可。

5.6.3　试样抛光

1）机械抛光

因为铅合金易于氧化应尽量缩短抛光时间。抛光盘的旋转速度不宜过快。用可调速的抛光机时，最好选 300 ~ 400 r/min。如抛光机不能调速，则可将试样置于抛光圆盘近中心的区域内抛光。

抛光微粉可选用三氧化二铬或人造金刚石制成的悬浮液。选用金刚石悬浮液并非追求其高硬度，而是因其切削效果佳，抛光时间短、变形层浅。粒度应选用 F1200（W3）规格。

2）化学抛光

铅及铅合金化学抛光液成分见表 5.25。

表 5.25　铅及铅合金化学抛光液成分

序号	化学抛光液成分		试验条件	使　用
1	醋酸 H_2O_2	70% ~ 75% 30% ~ 25%	室温 15 s ~ 1 min	铅及铅合金
2	醋酸 H_2O_2 甲醇	20 mL 30 mL 50 mL	室温 试样浸入晃动	纯铅
3	乳酸 H_2O_2	50% 50%	室温 试样浸入晃动	铅及铅合金

3）机械 – 化学抛光

铅合金最好用机械 – 化学抛光法。磨好的样品在抛光机上（绒布织物）抛光 1～2 min，抛光液用较浓的三氧化二铬或三氧化二铝悬浮液，在一立升悬浮液中加 1 g 的醋酸铵，用此溶液作抛光介质，在软抛光织物上以低转速（200 r/min）进行抛光。初始试样表面呈灰黑色，不明亮，及时放在 50% 乳酸和 50% 双氧水（容积比）的化学抛光液中几秒钟，再机械抛光 – 化学抛光反复操作 3～5 次，便可得到很好的抛光效果，试样表面光亮如镜。

4）电解抛光

铅及铅合金电解抛光液成分及工艺见表 5.26。

表 5.26　铅及铅合金电解抛光液成分及工艺

序号	电解抛光液成分		电解抛光工艺条件				适　　用
			电流密度 /A·cm^{-2}	直流电压 /V	温度 /℃	时间 /min	
1	醋酸	650～705 mL	0.3～0.55	25～35	<30	3～5	Pb，Pb－Sn 及其他合金，以铜作阴极
	高氯酸	350～250 mL					
2	醋酸	315 mL	0.05～0.12	50～60	20～30	4～10	不适用于含 Sb 量超过 0.2% 的合金
	醋酸钠	60 g					
	水						
3	醋酸	315 mL	0.05～0.1			2	适用于 Pb 及其低合金。在 3：1 的醋酸和 30% H$_2$O$_2$ 溶液中浸蚀很快去掉黑色膜表层
	醋酸钠	60 g					
	水	80 mL					

5.6.4 试样浸蚀

1）化学浸蚀

铅及铅合金化学浸蚀剂成分见表5.27。

表5.27 铅及铅合金化学浸蚀剂成分

序号	浸 蚀 剂	试验条件	适用范围
1	甘油或乙醇(96%) 　　　　84(76) mL 冰醋酸　　8(16) mL 硝酸(1.40)　8 mL	在 80℃ 浸蚀几秒钟,应用新配的	铅,铅 – 锑、铅 – 镉,铅 – 钙合金
2	乙醇或甲醇　100 mL 硝酸(1.40)　1~5 mL	浸蚀 1~10 min 后在水中旋转短时间	铅和铅合金。硬铅和高铅的合金
3	蒸馏水或乙醇 90(90)mL 盐酸(1.19)　20(30)mL 氯化铁　　0(10)g	浸蚀1~10 min	铅焊料,铅 – 锑合金和高铅合金,铅字合金
4	蒸馏水　　80 mL 冰醋酸　　15 mL 硝酸(1.40)　20 mL	在 40℃ 浸蚀14~30 min,用新配制的	铅焊料、铅 – 锡合金
5	冰醋酸　　75 mL 过氧化氢(30%)　25 mL	浸蚀5~15 s	纯铅、铅 – 锑、铅 – 钙合金、晶界
6	蒸馏水　　100 mL 硝酸银　　5~10 g	浸蚀几秒到几分钟后清洗	所有铅合金,硬铅、铅字合金和滑动轴承合金
7	醋酸酐　　1 份 硝酸　　1 份 甘油　　4 份	需用新配试剂,交换地浸蚀及抛光	显示纯铅的晶界

2）电解浸蚀

铅及铅合金电解浸蚀剂成分见表5.28。

表5.28　铅及铅合金电解浸蚀成分

序号	电 解 液 成 分		试 验 条 件	适　用
1	过氯酸（60%） 冰醋酸	30 mL 70 mL	1 min，1～2V（直 流） 铅或铜为阴极	晶粒衬度
2	过氯酸 蒸馏水	60 mL 40 mL	试件为正极 铂板为负极 10 s，2 V（直流）	适用于铅－锑 合金，铅－锡 合金，纯铅

注：在冰水槽中将过氯酸逐滴加入冰醋酸或蒸馏水中，以防爆炸

举　例

图5.29　PbCaAlSn铅合金组织　400×

浸蚀剂：表5.27中5号浸蚀剂

处理状态：铸态

组织说明：白色方块和蝶形块是 Pb_3Ca 相，基体为 Pb 固溶体

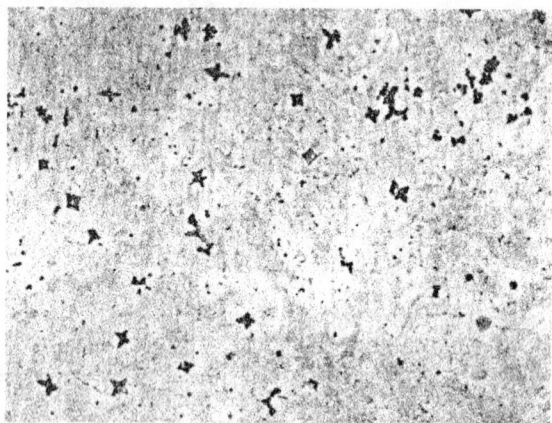

图 5.30   PbCaAlSn 铅合金组织   100×

试样与图 5.28 相同

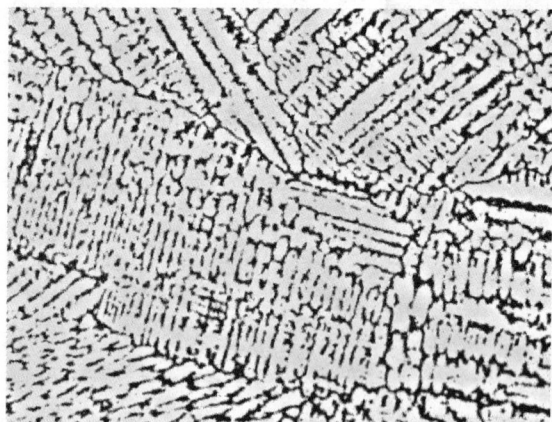

图 5.31   Pb–5Sb 铅板栅合金组织   100×

浸蚀剂：4% 硝酸酒精

处理状态：铸态

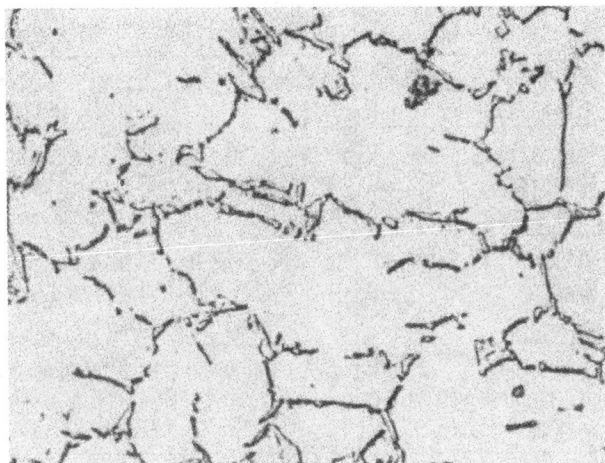

图 5.32　Pb – 5Sb 铅板栅合金组织　500×

此图为图 5.29 试样放大 500× 后的组织特征，共晶体清楚可见

5.7　锡及锡合金金相试样制备与显示方法

　　锡质软，容易变形和有较低的再结晶温度。因此，锡及锡合金在制样过程中易产生变形层以及伪组织和孪晶，应注意温度和变形的影响。

　　截取试样用手工锯很容易取得。

　　磨光时在金相砂纸上用湿磨法磨到 P800 号砂纸即可。

　　抛光时用三氧化二铬悬浮液在呢布上抛光，抛光机转速宜选用 600 r/min 以下。

　　显示用的化学浸蚀剂成分见表 5.29。

表 5.29　锡及锡合金浸蚀剂成分

序号	浸蚀剂成分		操作条件	适用说明
1	蒸馏水 盐酸(1.19)	100 mL 2 ~ 5 mL	浸蚀几秒到几分钟	锡，锡－镉，锡－铅，锡－锑－铜合金
2	蒸馏水 盐酸(1.19) 三氯化铁	100 mL 5 ~ 25 mL 10 g	浸蚀 10 ~ 30 s 必 要 时 可 到 5 min	富锡轴承合金，锡－铜合金和锡－铋共晶体
3	酒精 硝酸	100 mL 1 ~ 5 mL	擦拭或浸蚀几分钟	纯锡及其合金，含锡、铁、锑、铜的高 Sn 合金
4	甘油 氢氟酸(40%) 硝酸	25 mL 2 mL 1 滴	擦拭 1 min	钢表面上的 Sn 层，Sn － Pb 合金
5	甘油 醋酸 硝酸	50 mL 30 mL 10 mL	在 38 ~ 42℃，浸蚀 10 min	用于纯锡和 Sn － Pb 合金
6	酒精 氢氟酸	100 mL 1 滴	擦拭几秒钟	用于镀锡钢板
7	蒸馏水 重铬酸钾 盐酸	100 mL 10 g 1 g		用于锡－镉合金
8	蒸馏水 过硫酸铵	10 mL 5 ~ 12 g	几秒至几分钟	用于锡层，含 Sn 轴承合金
9	乙醇(96%) 苦味酸	100 mL 4 g	几秒至 1 分钟	有锡表层的钢和铸铁

电解浸蚀用的电解液成分及工艺见表 5.30。

表 5.30　锡及锡合金电解浸蚀剂成分及工艺

序号	电解浸蚀液成分		操作条件	适用说明
1	醋酸 蒸馏水 高氯酸	300 mL 25 mL 50 mL	Sn 阴极 DC 20~30 V	用于锡及其合金
2	蒸馏水 硫酸(1.84)	80 mL 20 mL	Al 阴极 DC 20~30 V 几秒至 1 min	纯锡
3	蒸馏水 冰醋酸 高氯酸(70%)	25 mL 300 mL 50 mL	Sn 阴极 DC 20~30 V 10 min	锡和高锡合金

举　例

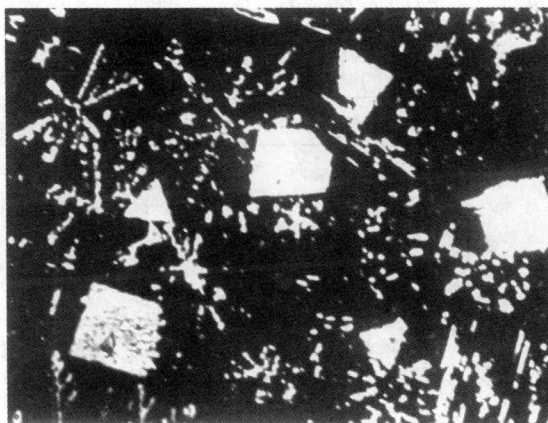

图 5.33　ZSnSb11Cu6 合金组织　200×

处理状态：铁模铸锭

浸蚀剂：4% 硝酸酒精

组织说明：黑色基体为 α 固溶体。白色方块为 β'(SnSb)相，星形枝状
　　　　　为 ε(Cu$_6$Sn$_5$)相，白色细小点状颗粒为二次 β' 相

5.8   镍及镍合金金相试样显示方法

镍基合金具有优良的物理化学性能，在工业中广泛应用的有耐蚀镍基合金、高强耐热镍基合金等。由于它们均具有高耐蚀性，因而金相组织较难显示。一般来讲，镍不易被碱性溶液腐蚀。稀释的盐酸和硫酸可使其缓慢腐蚀，特别是在酸中加入起氧化作用的 Fe^{3+}、Cu^{2+} 离子可促进腐蚀。因此，在酸浸蚀剂中加入含有 Fe、Cu 离子的盐类如 $FeCl_3$ 或 $CuSO_4$ 等，可获得较好的显示效果。在 HNO_3 溶液中镍会被迅速溶解，因此，在镍及镍合金的浸蚀剂中常选用含有 HNO_3 组分的溶液。镍及镍合金也宜采用电解浸蚀方法。

1）化学浸蚀

化学浸蚀的浸蚀剂见表 5.31。

表 5.31   镍及其合金浸蚀剂成分

序号	浸蚀剂成分		操 作 说 明
1	HNO_3 醋酸或水	50 mL 50 mL	用于 Ni、Ni–Cu、Ni–Ti 及超耐热合金的通用浸蚀剂。新配溶液在通风橱中操作，不能贮藏。浸蚀或擦蚀 5~30 s，如果晶界有硫化物存在，则比正常晶界先受到浸蚀
2	$CuSO_4$ HCl 水	10 g 50 mL 50 mL	Marble 试剂。用于 Ni、Ni–Cu 和 Ni–Fe 合金及超耐热合金。浸蚀或擦蚀 5~60 s。加几滴 H_2SO_4 可增加活性，显示超耐热合金的晶粒组织
3	NH_4Cl CrO_3 HNO_3 水	5 g 3 g 10 mL 90 mL	用于蒙乃尔合金，Ni–Al 和 Ni–Fe 合金。不能贮藏，擦蚀 5~30 s。蒙乃尔合金用偏光检查，显示形变情况

续表 5.31

序号	浸蚀剂成分		操 作 说 明
4	CrO$_3$ HCl	0.1~1 g 100 mL	用于 Ni－Al 合金。使用前，陈化溶液几分钟。浸蚀和擦蚀几分钟
5	K$_3$Fe(CN)$_6$ KOH 水	10 g 10 g 100 mL	用于 Ni－Cu 合金和超耐热合金的 Murakami 浸蚀剂。α′和 σ 变黑，75℃下使用
6	FeCl$_3$ HCl 酒精	5 g 15 mL 60 mL	用于 Ni－Al 合金，浸蚀或擦蚀几分钟
7	HNO$_3$ 酒精	1~5 mL 100 mL	用于 Ni－Fe、Ni－Mn 和 Ni－Mo 合金。擦蚀 5~60 s
8	HF HNO$_3$	10 mL 25 mL	用于 Ni－Ti 合金，擦蚀 5~30 s
9	H$_2$SO$_4$ HNO$_3$ HCl	5 mL 3 mL 92 mL	用于超耐热合金。通风橱内操作，缓慢加硫酸于 HCl 中，搅拌、冷却，然后加 HNO$_3$。溶液变成暗橙色时，倒掉。擦蚀 10~30 s
10	HNO$_3$ HCl 甘油	10 mL 50 mL 60 mL	用于超耐热合金，显示沉淀物。通风橱内操作，不能贮藏，最后加 HNO$_3$，当溶液呈暗黄色时，要倒掉。浸蚀 10~60 s
11	HCl H$_2$O$_2$(30%)	50 mL 1~2 mL	用于超耐热合金，浸蚀 γ′相，一般浸蚀 10~15 s
12	A 溶液 　过硫酸铵 　水 B 溶液 　KCN 　水	 10 g 100 mL 10 g 100 mL	用于纯 Ni，显示晶界。通风橱内操作，混合等体积的溶液 A、B。擦蚀 30~60 s
13	HCl HNO$_3$ 甘油	15 mL 5 mL 15 mL	"Glyceregia"浸蚀剂用于超耐热合金和 Ni－Cr 合金，浸蚀或擦蚀 5~60 s。不能存放，通风橱中操作

序号	浸蚀剂成分		操 作 说 明
14	HCl	50 mL	用于超耐热合金,显示晶界、γ' 和碳化物,
	Na_2O_2(粒状)		浸蚀 15~75 s,随 Na_2O_2 含量而变化
		0.2~0.6 g	
15	$FeCl_3$	5 g	镍合金的 Carapella 浸蚀剂
	HNO_3	2 mL	
	甲醇	99 mL	
16	A 溶液		加 B 溶液于 A 溶液中,用于 Ni 合金,蒙乃
	HNO_3	12 mL	尔合金浸蚀晶界。退火试样需擦蚀 20 s;冷
	醋酸	8 mL	作加工试样则需时间较短
	B 溶液		
	水	4 mL	
	氯化铜铵	0.5 g	
	NH_4OH	0.5 mL	
17	HCl	1 份	17、18 号试剂能清晰显示 OONi70Mo28 和
	NHO_3	1 份	OOCr16Ni57Mo16FeW 的时效组织,棉球
	$CuCl_2$ 过饱和溶液		擦拭
18	HCl	100 mL	17、18 号试剂对含高铬的镍基合金,如:对
	H_2SO_4	5~10 mL	Ni36CrTiAl、Cr20Ni45Mo12、40CrNiAl 等合
	$CuSO_4$	5~10 g	金的固溶态、时效态、加工态的金相组织均
			有较好的显示效果。棉球擦拭
19	HCl	75 mL	OONi70Mo28 和 OOCr16Ni57Mo16FeW 合金
	H_2SO_4	10 mL	棉球擦拭,能清晰显示奥氏体晶界
	HNO_3	5 mL	
	$CuSO_4$ 过饱和溶液		

2)电解浸蚀

电解浸蚀的浸蚀剂见表 5.32。

表 5.32　电解浸蚀剂

序号	浸蚀剂成分		操作说明
1	H₃PO₄ 水	70 mL 30 mL	用于 Ni、Ni – Cr 和 Ni – Fe 合金。DC 5 ~ 10 V, 5 ~ 60 s
2	H₂SO₄ 水	3 ~ 10 mL 100 mL	用于 Ni 和 Ni – Cu 合金，DC 6V, 5 ~ 10 s
3	NaNO₃ 水	10 g 100 mL	显示 Ni 金属的硫化晶界，电流密度 0.2 A/cm², 60 s
4	醋酸 HNO₃ 水	5 mL 10 mL 85 mL	用于 Ni – Ag、Ni – Al、Ni – Cr、Ni – Cu、Ni – Fe 和 Ni – Ti 合金。在通风橱内操作，不 能存放。DC 1.5 V, 20 ~ 60 s, Pt 阴极和导 线，显示 Ni 的亚晶界
5	草酸 水	10 g 100 mL	用于 Ni – Cr 合金。DC 6 V, 10 ~ 15 s。显示 超耐热合金的不均匀性，显示晶界前，先显 示富 Ti 和富 Ni 区，DC 10 V，电流密度 0.2 A/cm², 5 ~ 30 s
6	A 溶液 　水 　HCl 　HNO₃ 　FeCl₃ B 溶液 　CrO₃ 　水	 20 mL 20 mL 10 mL 0.5 g 5 g 100 mL	用于含 20% Cr – 2% ThO₂ – Ni 合金孪晶和晶 界的双重浸蚀剂，A 溶液擦蚀，显示孪晶， 溶液 B 电解浸蚀，DC 5 V 显示晶界
7	HF 甘油 酒精 加水使溶液总体积达 到1000 mL	5 mL 10 mL 10 ~ 50 mL	用于 Ni – Al – Ti 合金，γ′ 相优先浸蚀。电解 浸蚀

举　例①

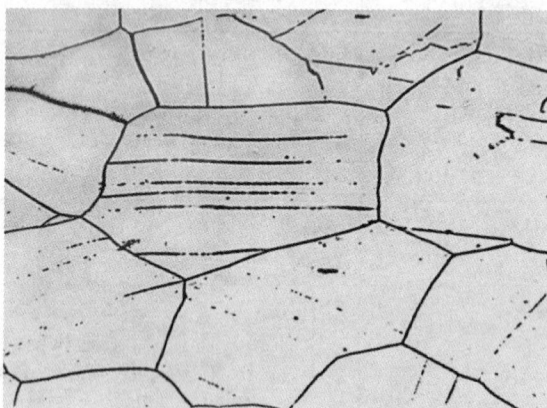

图 5.34　OOCr16Ni57Mo16FeW 合金组织　250×
处理状态：1200℃水淬，900℃时效 1 小时　　浸蚀剂：表 5.31 中 19 号浸蚀剂

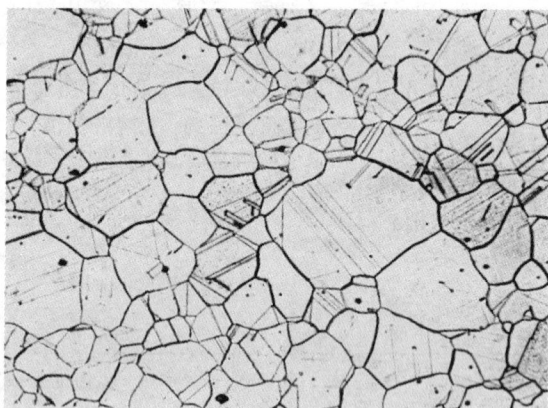

图 5.35　OONi70Mo28 合金组织　100×
处理状态：1160℃水淬　　浸蚀剂：表 5.31 中 19 号浸蚀剂

注：①照片来源：重庆仪表材料研究所卢适如学会交流论文《高性能耐蚀镍基合
金的金相显示》

5.9　铍及铍合金金相试样显示方法

铍合金制备过程中可能产生粉尘，铍合金粉尘的毒性极大，有害人体健康。含铍量稍高的合金应在防护箱体中(戴手套通过密封软套)进行试样制备。对一般如铍青铜类合金，湿法切割，湿磨通常是可以防止空气污染。

1) 化学浸蚀

铍及铍合金金相试样显示浸蚀剂见表 5.33。

表 5.33　铍及其铍合金浸蚀剂

序号	浸蚀剂成分	操作条件	适用说明
1	蒸馏水　　　　　　100 mL 氢氟酸(40%) 2~10 mL	几秒至几分钟	Be 合金
2	乙醇　　　　　　　90 mL 盐酸(1.40)　　　10 mL	10~30 s	铍及铍合金
3	蒸馏水　　　　　100 mL 硫酸(1.84)　　　5 mL		大多数铍合金
4	蒸馏水　　　　　　50 mL 饱和氨水溶液　　20 mL 过氧化氢(30%)　3 mL	几秒至几分钟，用新配溶液	Be - Ag 和 Be - Al - Ti 合金
5	甘油　　　　　　　25 mL 氢氟酸(40%)　　5 mL 硝酸(1.40)　　　5 mL	浸蚀约 15 s	Be 和 Be 合金
6	乳酸(90%)　　　　50 mL 硝酸(1.40)　　　50 mL 氢氟酸(40%)　　50 mL	几秒至几分钟	Be - U, Be - Nb, Be - Y 和 Be - Zr 合金
7	草酸　　　　　　　20 g 蒸馏水　　　　　100 mL	沸腾液中最多浸蚀 16 min，也可在 100 mL 水中加 3 g 草酸	显示铍合金晶界和沉淀相
8	5%~15%铬酸水溶液	几秒至几分钟	铍青铜

举　例

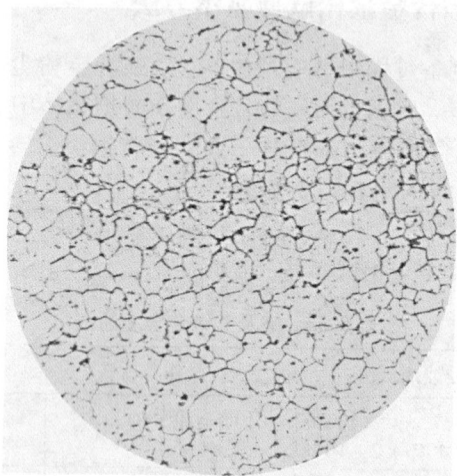

图 5. 36　铍青铜 QBe2 板材组织　200×

材料状态：780℃加热 1 h 水淬　浸蚀剂：表5. 33 中 8 号浸蚀剂

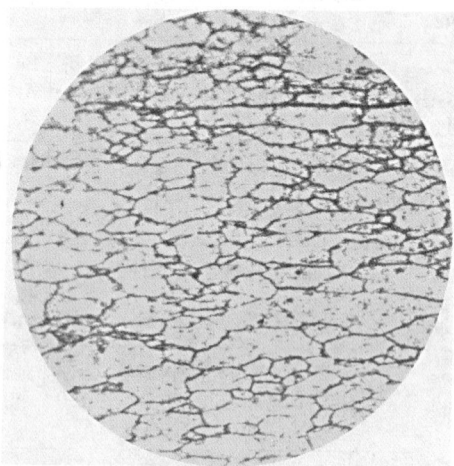

图 5. 37　铍青铜 QBe2 板材组织　200×

材料状态：40％冷变形　浸蚀剂：表5. 33 中 8 号浸蚀剂

5.10　锑、铋、锰金相试样显示方法

锑、铋、锰金相试样显示的浸蚀剂见表 5.34。

表 5.34　锑、铋、锰及其合金浸蚀剂

序号	浸蚀剂成分		操作条件(浸蚀)	适用说明
1	蒸馏水 盐酸(1.19) 过氧化氢(30%)	70 mL 30 mL 5 mL	几秒至几分钟	用于纯锑以及低合金锑
2	冰醋酸 过氧化氢(30%)	30 mL 10 mL	几秒至几分钟	锑和锑合金
3	蒸馏水 盐酸(1.19) 三氯化铁	100 mL 30 mL 2 g	几秒至几分钟	锑和锑合金，Pb - Sb, Bi - Sn 和 Bi - Cd 合金
4	蒸馏水 盐酸(1.19)	50 mL 50 mL	1 ~ 10 min	锑，铋及其合金
5	乙醇(96%) 硝酸(1.40)	95 mL 5 mL	几秒至几分钟	Bi - Sn 共晶合金， Bi - Cd 合金
6	蒸馏水 硝酸银	97 mL 5 g	几秒至几分钟	铋
7	蒸馏水 盐酸	97 mL 3 mL		Bi - In 合金
8	蒸馏水 氢氟酸(40%)	90 mL 10 mL	几秒至几分钟	Mn - Si - Ca 合金 和 锰铁
9	乙醇 硝酸(40%)	98 mL 2 mL	几秒至几分钟	Me - Fe, Mn - Ni, Mn - Co, Mn - Cu 合金
10	甘油 氢氟酸(40%) 盐酸(1.19) 硝酸(1.40)	40 mL 30 mL 25 mL 10 mL	1 ~ 3 s	Mn - Ge, Mn - Si, Mn - Sn - Ge, Mn - Sn - Si 合金
11	乙酰丙酮 硝酸(1.40)	200 mL 1 ~ 2 mL	2 ~ 18 min	纯锰，含少量 Ni, Co, Fe, Ge 和 Cu 的锰合金
12	水 碘化钾 碘	100 mL 30 g 10 g	几秒至几分钟	Bi - Cd 合金

序号	浸蚀剂成分		操作条件(浸蚀)	适用说明
13	甘油 氢氟酸 硝酸	25 mL 5 mL 5 mL	15 s	Bi 和 Sb 着色浸蚀剂
14	乙醇 盐酸	90 mL	10 ~ 30 s	Bi 和 Sb 着色浸蚀剂

5.11　镉、铟、铊金相试样显示方法

镉、铟、铊金相试样显示的浸蚀剂见表 5.35。

表 5.35　镉、铟、铊及其合金浸蚀剂

序号	浸蚀剂成分		浸蚀时间	适用说明
1	乙醇(96%) 硝酸(1.40)	98 mL 2 mL	几秒至几分钟	镉和镉合金,铊
2	蒸馏水 氧化铬	100 mL 10 g	1 ~ 10 min	镉和含镉和铊的焊料合金
3	蒸馏水 盐酸(1.19) 三氯化铁	100 mL 25 mL 8 g	几秒至几分钟	镉 – 锡和镉 – 锌共晶合金
4	蒸馏水 氢氟酸(40%) 过氧化氢(30%)	40 mL 10 mL 10 mL	5 ~ 10 s	镉、铟、铊,铟 – 锑和铟 – 砷合金
5	乙醇 盐酸(1.19) 苦味酸	100 mL 5 mL 1 g	几秒至几分钟	铟和富铟合金
6	乙醇 盐酸 三氯化铁	100 mL 10 mL 5 g	5 ~ 10 s	镉合金

5.12　锗、硒、硅、碲金相试样显示方法

锗、硒、硅、碲金相试样显示的浸蚀剂见表5.36。

表 5.36　锗、硒、硅、碲及其合金浸蚀剂

序号	浸蚀剂成分	浸蚀操作条件	适用说明
1	蒸馏水　　　　　40 mL 氢氧酸(40%)　　10 mL 过氧化氢(30%)　10 mL	擦拭不超过3 min	硒、锗及其合金
2	氢氟酸(40%)　　10 mL 硝酸(1.40)　　　10 mL	几秒至几分钟	硅，锗及其合金
3	浓硝酸 可加少量水或盐酸稀释	浸蚀最多几分钟	锗、碲、硒。碲化物、硒化物和锗-硅化物
4	蒸馏水　　　　　100 mL 氢氧化钠　　50~100 g	几秒至几分钟	硅、碲、硒
5	蒸馏水　　　　　40 mL 氢氟酸(40%)　　40 mL 硝酸(1.40)　　　20 mL 硝酸银　　　　　2 g	30 s~2 min	锗及其合金。GaAs, InAs, AlAs化合物。晶界和(111)面位错
6	蒸馏水　　　　　50 mL 硝酸　　　　　　50 mL		用于纯碲,碲-银-锑合金
7	HF　　　　　　1份 33% CrO_3 水溶液　1份 等量混合后使用	浸蚀	适用单晶硅([1])面位错坑显示具择优性、可靠
8	HF　　　　　　1份 10% CrO_3 水溶液　1份	浸蚀	适用单晶硅(100)面位错坑显示

5.13　难熔金属及其合金金相试样显示方法

1)化学浸蚀

难熔金属金相试样显示的浸蚀剂见表5.37。

表 5.37 W、Mo、Ta、Nb、Zr、V、Cr、Hf 及其合金浸蚀剂

序号	浸蚀剂成分		浸蚀操作条件	适用说明
1	硝酸 1.40 盐酸 1.19	20 mL 60 mL	5 ~ 60 s, 应用新配试剂	Cr 和 Cr 基合金
2	硝酸 1.40 氢氟酸 40%	20 mL 60 mL	约 10 s	Cr 和 Nb 及其合金
3	A 溶液 蒸馏水 氢氧化钾 B 溶液 蒸馏水 氰亚铁酸钾	 100 mL 10 g 100 mL 10 g	15 s 左右。 等份的 A 和 B 溶液, 应用新配溶液。 对于 Mo 和 W 也可用 氢氧化钠和氰亚铁 酸钾	Cr、Mo、Mo - Cr 合金, Mo - Fe 合 金, W 和 W 基合 金, Mo - Re 合金
4	蒸馏水 硝酸(1.40) 氢氟酸(40%) (浓度可变)	50(50) mL 50(25) mL 50(5) mL	几秒至几分钟	Ta 和 Nb 及其合金 Cr 和铬硅化物 W - Th 合金
5	蒸馏水 过氧化氢(3%) 饱和氨溶液	50(70) mL 50(20) mL 50(10) mL	几秒至几分钟	Mo 和 Mo - Ni 合 金, W 和 W 合金 Nb 和 Nb 合金适用 括号中的配方
6	蒸馏水 氢氟酸(40%) (浓度可变)	50 mL 50 mL	10 s 左右	Ta 和 Ta 合金
7	氢氟酸(40%) 硝酸(1.40) 乳酸(90%)	10(10) mL 30(10) mL 60(30) mL	15 ~ 20 s, 浸蚀剂不 要储存	Nb 和 Nb 基合金, Ta 和 Mo 及其合金 Mo - Hf 合金, V 和 V 合金。括号 内配方适用 Ta 和 Nb 合金

续表 5.37

序号	浸蚀剂成分	浸蚀操作条件	适用说明
8	冰醋酸　　　　　50 mL 硝酸(1.40)　　 20 mL 氢氟酸(40%)　　5 mL (HF 浓度可变)	10 ~ 30 s	Ta 基合金 Nb 基合金
9	蒸馏水　　　　　100 mL 过氧化氢(30%)　1 mL (浓度可变的)	煮沸浸蚀 30 ~ 90 s	W 和 W 基合金
10	甘油　　　　10 ~ 20 mL 氢氟酸 40%　　 10 mL 硝酸　　　　　 10 mL	可达 5 min	Mo、Ta、Nb、Mo – Ti 合金,Ta – Nb 合金, 纯 V 和 V 基合金, Ta 合金晶界显示
11	盐酸(1.19)　　 30 mL 硝酸(1.40)　　 15 mL 甘油　　　　　 45 mL	几秒至几分钟	Cr 及其合金
12	盐酸(1.19)　　 10 mL 过氧化氢(30%) 10 mL	几秒至几分钟	W – Co 合金(含 10% ~ 70% W)
13	蒸馏水　　　　 100 mL 苦味酸　　　　　 2 g 氢氧化钠　　　　 25 g	煮沸浸蚀 15 s	W – Co 合金, 共晶 中 W 组织部分呈 黑色
14	蒸馏水　　　　50(0)mL 氢氟酸(40%) 　　　　　　 20(20)mL 硝酸(1.40) 10(20)mL 硫酸(1.84) 15(20)mL (浓度可变的)	几秒至几分钟	Ta 和 Ta 合金, Nb 和 Nb 合金 Nb – Cr 合金, Mo 和 Mo 合金
15	蒸馏水　　　　 100 mL 氢氧化钠　　　　 10 g	几秒至几分钟	纯 Ta
16	硝酸(1.40)　　 15 mL 氢氟酸(40%)　 30 mL 盐酸(1.19)　　 30 mL	3 ~ 10 s 擦拭浸蚀	锆和铪基合金, 锆 铌合金

序号	浸蚀剂成分	浸蚀操作条件	适用说明
17	甘油　　　　　85(45)mL 硝酸(1.40)　10(45)mL 氢氟酸(40%) 　　　　　　　5(10)mL	用新配制浸蚀液几秒至几分钟 括弧内的配方,适用于较少含量添加元素的合金	Zr – Mg, Zr – Mo, Zr – Sn, Zr – U, Zr – B, Zr – Fe, Zr – Ni 合金
18	蒸馏水　　　　100 mL 氢氟酸(40%) 　　　　　　5 ~ 10 mL	1 ~ 5 s	Zr, Zr – Be, Zr – H 和 Zr – Nb 合金
19	硝酸　　　　　25 mL 氢氟酸　　　　5 mL 水　　　　　　50 mL	浸蚀 5 ~ 120 s	Ta 合金
20	氢氟酸　　　　5 mL 硝酸　　　　　20 mL 醋酸　　　　　50 mL	擦拭 10 ~ 30 s	Ta 合金
21	氢氟酸　　　　　5 mL 5% 硝酸银水溶液 2 mL 水　　　　　　200 mL	擦拭 5 ~ 60 s	Hf
22	硝酸　　　　　50 mL 氢氟酸　　　　50 mL	擦拭	含 Al、Be、Fe、Ni 和 Si 的锆合金
23	硝酸　　　　42(2)mL 氢氟酸　　　8(4)mL 水　　　　50(94)mL	擦拭	Zr – Ni 共晶合金 和 Zr – Si 合金
24	甘油　　　　　30 mL 水　　　　　　10 mL 氢氟酸　　　　10 mL 硝酸　　　　　5 mL	擦拭数秒钟	Zr、Zr – Ni、Zr – Cr、Zr – Si、Zr – Al 合金
25	氢氧化铵　　　60 mL 30% 双氧水　　15 mL	浸蚀最多 10 min	W

续表 5.37

序号	浸蚀剂成分		浸蚀操作条件	适用说明
26	氢氧化钠 铁氰化钾 蒸馏水	10 g 30 g 60 mL	浸蚀	Mo 及 Mo 合金
27	硝酸 硫酸 蒸馏水	5 份 3 份 3 份	擦拭	Mo 及 Mo 合金

举　例[①]

图 5.38　Zr-4 合金棒材组织　200×

处理状态：加热 950℃，保温 3 小时后，冰水中淬火

浸蚀剂：表 5.37 中 23 号

注：①锆合金照片来源于上海有色金属研究所学术交流论文《锆—4 合金相变点测定》

图 5.39　Zr－4 合金棒材组织　200×

状态: 940℃淬火　　浸蚀剂: 同图 5.36

图 5.40　Zr－4 合金棒材组织　200×

状态: 930℃淬火　　浸蚀剂: 同图 5.36

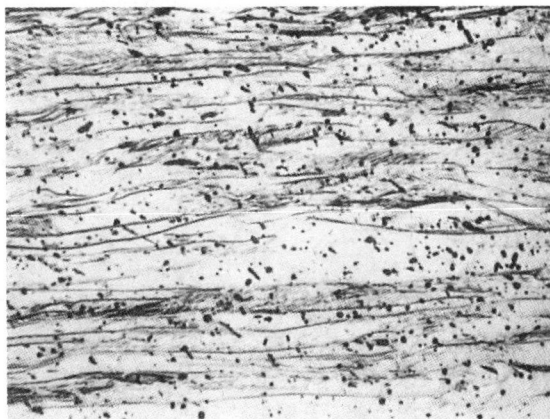

图 5.41　纯钽组织　100×

状态：经变形处理　　浸蚀剂：表 5.37 中 15 号

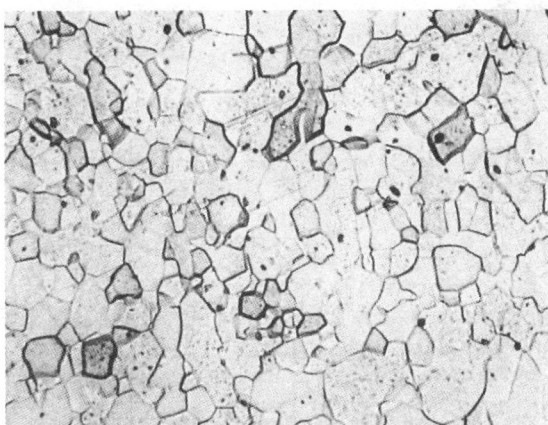

图 5.42　纯钽组织　100×

状态：经退火处理　　浸蚀剂：表 5.37 中 15 号

图 5.43　轧制钼材　200×

状态：经变形轧制

浸蚀剂：表 5.37 中 26 号浸蚀剂

图 5.44　开胚后退火钼片　200×

状　态：正常开胚料经 1100℃ 1h 退火

浸蚀剂：表 5.37 中 26 号浸蚀剂

5.14　贵金属及其合金金相试样制备与显示方法

贵金属——金和银以及铂系金属(铂、钌、铑、钯、铱、锇)及其合金化学稳定性高，均不易腐蚀，如金、银、钌、铑、锇不易受无机酸的腐蚀，铱则不易被所有的酸和碱腐蚀，只有钯可以被加了氧或氧化氮成分的硝酸腐蚀。贵金属常被用电解浸蚀的方法来显示组织。贵金属及其合金常用电解浸蚀剂及其工艺参见表5.38，贵金属及其合金常用化学浸蚀剂及其工艺适用参见表5.39。

5.14.1　试样选取

(1) 试样选取的原则应能表征材料内部的特点，取样的方向、部位随观察研究的目的而定。

(2) 铸锭应在锭头、锭尾取样。

(3) 热加工和冷加工金属，应同时截取横截面和纵截面试样。

(4) 线(丝)、带材应分别在两端取样。

(5) 正常生产中的半成品及成品的常规检验，试样截取的部位和数量，应按工艺规程或技术条件规定执行。

(6) 试样截取应选用最合适的方法，尽量避免因截取造成贵金属的损耗或引起金相组织变化。根据材料软、硬、粗、细、厚、薄可采用手锯、低速金刚石片切割机、电火花切割。薄片细丝试样也可以用剪刀剪取。截取试样时，必须垫上干净的纸张，回收贵金属粉末。

5.14.2　试样镶嵌

试样镶嵌一般与常规方法相同。贵金属及其合金试样常有极细的丝材或薄片，为了获得垂直截面的金相磨面，可用成型的塑料镶样块，在块上钻小孔，插入丝材，用电烙铁热封镶接，或对半锯开，放入薄片，再热压镶接，或压于两片有机玻璃中，用氯仿胶合。

薄片观察表面的试样可用万能胶粘贴于塑料或金属块台上。

5.14.3 试样的磨光与抛光

试样的磨光与抛光一般同常规。对于一些借助机械抛光难于获得满意结果的软金属(如纯金、纯银、纯铂)可采用电解抛光。电解抛光有两种:

交流电解抛光。适用铂和铂基合金。

直流电解抛光。适用金和银及其合金。

5.14.4 试样浸蚀

试样浸蚀剂及应用见表 5.38 和表 5.39。

表 5.38　贵金属及其合金的电解浸蚀剂及应用(YS/T 370—1994)

序号	试　剂	使用说明	适用范围
1	KCl 过饱和水溶液　　400 mL HCl　　几滴	直流电:0.07~0.09 A/cm² 阳极:不锈钢 电解—机械联合抛光 时间:2~3 min	纯金的电解抛光和电解浸蚀
2	硫脲　　8~10 g 硫酸　　12 mL 乙酸　　40 mL	直流电:10~15 V 时间:10~60 s	金基合金的电解浸蚀
3	Na₂S₂O₃　　20 g H₂O　　400 mL	直流电:0.8~1 A/cm² 阳极:不锈钢 电解—机械联合抛光 时间:0.5~1.5 min	铝及其合金的电解抛光和电解浸蚀
4	王水	交流电:6 V 另一电路:石墨	铂及其合金,铑及其合金的电解浸蚀
5	HCl　　20 mL NaCl　　25 g H₂O　　65 mL	交流电:6 V 另一电极:石墨 时间:1 min	铂、铂钌、铂铱合金的电解浸蚀

续表 5.38

序号	试　　剂	使　用　说　明	适用范围
6	HNO_3　　8.3 mL HCl　　　25 mL H_2O　　66.7 mL	交流电：6 ~ 10 V 电流密度：1.5 ~ 2.0 A/cm² 时间：8 ~ 10 min 另一电极：纯铂	铂、铱的电解 浸蚀
7	HCl　　　25 mL 甘油　　　5 mL H_2O　　　70 mL	交流电：6 V 另一电极：石墨 时间：30 min	铱及铱铑合金的 电解浸蚀
8	次氯酸钠溶液	直流电：10 ~ 15 V 时间：15 ~ 20 s	锇基、钌基合金 的电解浸蚀

表 5.39　贵金属及其合金浸蚀剂成分及应用

序号	试　　剂	使　用　说　明	适用范围
1	硝酸(1.40)　　　40(1)mL 盐酸(1.19)　　60(10)mL (浓度可变的)	几秒到 1 min 需要加热，应用新 配制浸蚀剂	纯金和钯，金 - 铂，大于90%贵金 属的钯合金。锗 合金
2	A 蒸馏水　　　　100 mL 　氯化钾　　　　10 g B 蒸馏水　　　　100 mL 　过硫酸铵　　　10 g	30 s 至 2 min 在用前将 A 和 B， 按1:1比例混合	钯和铂，小于90% 贵金属的金合金， 高含量贵金属的金 合金、白金
3	蒸馏水　　　　　100 mL 过氧化氢(30%)　100 mL 氯化铁(Ⅲ)　　　32 g	几秒到几分钟	金 - 铜 - 银合金
4	盐酸(1.19)　　　100 mL 氧化铬(Ⅲ)　　　1 ~ 5 g	几秒到几分钟	纯金和富金合金 钯和钯合金
5	蒸馏水　　　　　150 mL 赤血盐　　　　　3.5 g 氢氧化钠　　　　1 g	几分钟	锇和锇 - 钨合金

序号	试　　剂		使用说明	适用范围
6	蒸馏水 盐酸(1.19) 过氧化氢30%	80 mL 20 mL	几分钟	富钌合金，钌－钼合金
7	蒸馏水 硫酸(1.84) 氧化铬	100 mL 2～11 mL 2 g	到 1 min	主要用在银合金，特别适用于银－镍合金和银－镁－镍合金
8	硫酸(1.84) 重铬酸钾的饱和溶液 氯化钠的饱和溶液	10 mL 100 mL 2 mL	秒至分用1:9蒸馏水稀释	纯银和银合金，银焊剂
9	氨水 过氧化氢(3%)	50 mL 50 mL	最长至 1 min 应使用新配浸蚀剂	纯银，银－镍合金，银钯合金
10	蒸馏水 氯化(Ⅲ)	100 mL 2 g	5～30 s	银焊料
11	氢氧化钠 水溶液(10%) 赤血盐(30%) 水溶液	10 mL 10 mL	用蒸馏水稀释到50%	银－钨碳化物
12	结晶碘 乙醇	5 g 100 mL	浸入试剂内 1～3 min。表面的斑点通过浸入 NaHSO₄ 溶液内的办法去除	适用含金的银合金
13	硫化钾饱和水溶液(K₂S)		浸入热的试剂内，并用棉花擦拭 1～5 min	显露金镍合金
14	硝酸(1.4)水溶液(1:1)		浸入加热的硝酸内 1～3 min	显露钯和钯合金
15	盐酸 硝酸 甘油	2 份 1 份 3 份	用浸入法浸蚀，对于铂和金用热的溶液，浸蚀时间1 min	显露金、银、铂、钯和它们的合金以及锇基合金

序号	试　　剂		使 用 说 明	适 用 范 围
16	20%氰化钾水溶液	1 份	用棉花擦拭 30 s ~1 min	显露钯、金、银、铂、铱和复杂合金的组织
	20%过硫酸铵水溶液	1 份		
17	苛性钾（KOH）	100 g	将两种盐熔化后，将试样浸入熔盐内数分钟	显露铂的组织
	硝酸钾	10 g		
18	溴饱和水溶液			用于金－钯合金等
19	三氧化铬	1 g	浸入数秒至 1 min	用于银合金、银焊料
	硫酸	1 mL		
	蒸馏水	200 mL		

5.15　镧系金属金相试样制备与显示方法

　　镧系元素又称稀土元素共有 17 个，如镧（La）、铈（Ce）、铒（Er）、钆（Gd）、钬（Ho）、镝（Dy）、钇（Y）、钪（Sc）等。

　　稀土金属及其合金相当活泼、易氧化，它的化合物一般都比较脆，特别是含有富稀土金属化合物较多的试样，化合物相易脱落，因此，对稀土金属及其合金金相试样的制备应注意其区别于常规试样制备的特点。

5.15.1　取样与镶嵌

　　为避免截取试样所引起的组织变化、相脱落和减少磨光过程，试样的截取最好选用低速金刚石片切割机或线切割方法。

　　对较小的试样可进行镶嵌，镶嵌时为避加热氧化宜采用冷镶嵌。

5.15.2　试样磨光

　　经低速金刚石片切割的试样可不进行磨光，经线切割后的试样只需经 P1000 水砂纸精细磨光。为避免表层变形、硬脆相及其粉化脱落，在手工磨光过程中用力不宜过大；如用机械磨光、磨盘转速应控制在 300 r/min 以下。

5.15.3 试样抛光

稀土金属及其合金抛光宜选用薄海军呢及平绒抛光织物，抛光盘的转速宜控制在 300 r/min 以下。抛光时抛光盘上无需保持足够的湿度，抛光结束后应立即冲洗干净并浸入酒精溶液中，取出用电吹风冷风吹干。

5.15.4 试样浸蚀

试样浸蚀后在流动的水中冲洗干净，用无水酒精脱水，为避免氧化应及时进行观察分析和拍照。浸蚀剂参见表 5 - 41。

实例①

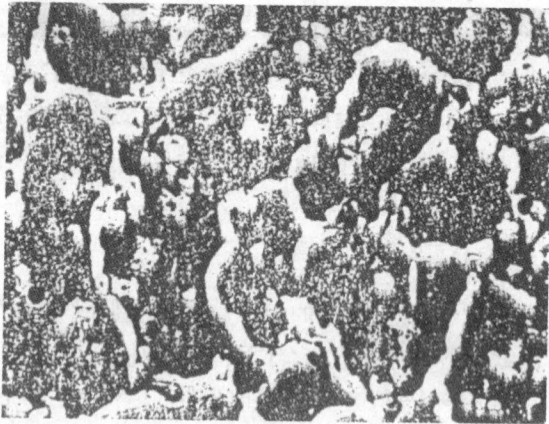

图 5.45 金属钇(99.5%) 200×
浸蚀剂：表 5.40 中 1 号浸蚀剂

注：①照片来源于马永华学术交流论文

金相试样浸蚀剂见表5.40。

表5.40　镧系金属金相试样浸蚀剂

序号	试 剂	使 用 说 明	适用范围
1	冰醋酸　　　　　　75 mL 过氧化氢(30%) 25 mL	5～15 s	用于大多数稀土金属及其合金
2	乙醇(96%)　　　　49 mL 硝酸(1.40)　　　　1 mL	2～3 min 有时可用30 mL硝酸加70 mL甘油溶液先浸蚀,溶液经加热	纯钆,稀土钴合金
3	过硫酸铵　　　　　10 g 水　　　　　　　100 mL	煮沸,短时间浸蚀	用于稀土钴合金
4	硝酸　　　　　　　10 mL 甲醇　　　　　　100 mL	宜用新配制溶液	用于铈合金
5	磷酸　　　　　　　10 mL 乳酸　　　　　　　10 mL 硝酸　　　　　　　30 mL 醋酸　　　　　　　20 mL		用于轧、铒、钬和镝等稀土金属
6	硝酸　　　　　　　95 mL 氢氟酸　　　　　　5 mL		适用于钪的晶界显示
7	浓硝酸		适用于硒－钛合金

5.16　放射性金属金相试样显示方法

放射性铀(U)、钚(Pu)、钍(Th)等。

铀及其化合物,以及其他放射性金属均有剧毒害性,应在专用的屏蔽室中,使用具遥控制备和检验的专用金相设备进行工作。这方面有专业的人员,专用的制备系统,一般人员切不可进行随意操作。放射性金属浸蚀剂见表5.41。

表 5.41　放射性金属浸蚀剂

序号	试　　剂		使 用 说 明	适 用 范 围
1	甘油 硝酸 氢氟酸	40 mL 40 mL 10 mL	浸蚀或擦拭 5 ~ 10 s	用于铀 – 钼合金和铀 – 锆合金
2	氢氟酸(40%) 硝酸(1.40) 乳酸	1 mL 30 mL 30 mL	擦拭 5 ~ 30 s 先用水，后用酒精冲洗、吹干	用于铀铍化合物。铀 – 锆和铀 – 铌合金
3	蒸馏水 硝酸(1.40) 氢氟酸(40%)	100 mL 38 mL 1 mL	几秒至几分钟	用于铀 – 铝合金，UAl_2 呈浅蓝色，UAl_3 呈黄色，UAl_4 呈灰色
4	硝酸(1.40) 冰醋酸 甘油	30 mL 30 mL 30 mL	5 ~ 30 s	用于铀和大多数铀合金
5	氢氟酸(40%) 硝酸(1.40)	50 mL 50 mL	几秒	钍和钍基合金
6	氢氟酸 硝酸	40 mL 10 mL	浸蚀 60 ~ 90 min 后用水冲洗后，用稀 NaOH，充分中和、冲洗、吹干	用于 PuO_2

5.17　高温合金金相试样制备与显示方法

　　高温合金由于其耐腐蚀性较好，易在试样表面上形成致密的钝化膜。一般金相组织的显示须采用较强烈的化学试剂。常用的浸蚀剂可大致分为碱性浸蚀剂和酸性浸蚀剂。碱性浸蚀剂可显示碳化物、硼化物、σ 相、μ 相、Laves 相等形貌，但不显示诸如 γ'、γ''、η 相等金属间化物；酸性浸蚀剂则能显露一般组织中的大多数相。

　　1）试样的选取与制备

　　（1）试样的切取部位和数量应按相应技术条件规定执行。

（2）试样可采用冷切或热切方法，热切后必须铇去热影响区，棒材试样厚度为 10 ~ 15 mm；板材试样为 20 ~ 30 mm。

（3）应按相应的技术条件规定热处理后加工试样。

（4）试样经砂轮磨平后，用砂纸或磨盘磨光，板材试样沿纵向磨制。用砂纸磨光时可磨至 P800 ~ P1000 号相砂纸。磨光后应进行清洗。

2）试样抛光和浸蚀（GB/T 14999.4—1994）

试样可用机械或电解抛光方法。机械抛光方法同常规。高温合金常用电解抛光后电解浸蚀方法，高温合金板材常用电解抛光液和电解浸蚀液成分见表 5.42 至表 5.47。

表 5.42　板材电解抛光和电解浸蚀液成分

序号	合金牌号	抛　光　方　法	腐　蚀　剂
1	GH3030	用高氯酸 40 mL + 乙酸 450 mL + 水 15 mL 溶液进行电解抛光	用 10% 草酸水溶液进行电解腐蚀
2	GH3039 GH1140	用磷酸 380 mL + 水 200 mL + 硫酸 180 mL 溶液进行电解抛光	用 10% 草酸水溶液或 10% 盐酸水溶液进行电解腐蚀
3	GH3044 GH3128	用磷酸 380 mL + 水 200 mL + 硫酸 180 mL 溶液进行电解抛光	用高氯酸 20 mL + 磷酸 20 mL + 硫酸 20 mL + 水 50 mL 溶液进行电解腐蚀
4	GH1131	机械抛光	用 10% 硫酸水溶液进行电解腐蚀
5	GH2132	用磷酸 380 mL + 水 200 mL + 硫酸 180 mL 溶液进行电解抛光	用三氯化铁 5 g + 水 20 mL + 硝酸 5 mL 溶液进行化学腐蚀

表5.43　棒材腐蚀剂

序号	腐蚀剂成分	序号	腐蚀剂成分
1	盐酸(1.19)：100 mL 硫酸(1.84)：5mL 硫酸铜($CuSO_4 \cdot 5H_2O$)：20 g 水：80 mL	3	硫酸铜($CuSO_4 \cdot 5H_2O$)： 1.5 g 盐酸(1.19)：20 mL 无水乙醇：20 mL
2	盐酸(比重1.19)：20 mL 硫酸铜($CuSO_4 \cdot 5H_2O$)：4 g 水：20 mL	4	盐酸：10 mL 硝酸：1 mL 水：10 mL

注：① 在室温下腐蚀，其时间根据组织特点而异；
　　② 允许采用其他试剂进行(包括化学或电解)腐蚀

表5.44　显示高湿合金显微组织的化学腐蚀剂

序号	化学腐蚀剂名称	试剂成分	显示合金	备注
1	$HCl—HNO_3—H_2O$	50 mL + HCl +5 mL + HNO_3 +50 mL H_2O	GH44、GH169 等	显示一般组织
2	$HNO_3—HF$	15 mL HNO_3 + 1~2 滴 HF	K19、K20 等	显示一般组织
3	$HCl—H_2SO_4—HNO_3$	92 mL + HCl +5 mL H_2SO_4 +3 mL HNO_3	GH130、GH131、K5、GH136、GH132、GH302	显示一般组织
4	$HCl—H_2SO_4—HNO_3$—甘油	90 mL HCl + 5 mL H_2SO_4 + 3 mL HNO_3 +100 mL 甘油	GH302 等	显示一般组织
5	$FeCl_3—HCl—H_2O$	5 g $FeCl_3$ + 50 mL HCl +100 mL H_2O	GH36、GH27 等	显示一般组织
6	$CuSO_4—HCl$—酒精	1.5 g $CuSO_4$ + 40 mL HCl +20 mL	Ni 基合金	显示一般组织
7	$CuSO_4—HCl—H_2SO_4—H_2O$	20 g $CuSO_4$ +100 mL HCl +5 mL H_2SO_4 +80 mL H_2O	K6、K16、17 等	显示一般组织

序号	化学腐蚀剂名称	试剂成分	显示合金	备注
8	H_2O_2—NH_4OH	H_2O_2 : NH_4OH = 1 : 1	GH49 等	显示 M_6C
9	碱性赤血盐溶液	10 g 赤血盐 + 10 g NaOH + 10 mL H_2O	GH49、GH118、GH15 等	显示 $M_{23}C_6$、M_6C、M_3B_2、σ

表 5.45　铁基和镍基高温合金的着色浸蚀规范与组织着色情况

序号	试剂组成	侵蚀规范	组织着色情况	备注
1	苦味酸　　2 g NaOH　　20 g H_2O　　100 mL	煮沸 10 ~ 15 min	MC 玫瑰红(不腐蚀);TiN 橘黄;M_3B_2 褐红(中心绿亮);η、σ、Laves、G、Z、γ' 及一次 γ' 相不显示,奥氏体基体灰白色或黄色	选择性腐蚀 M_3B_2 相有效
2	熔碱 NaOH	在铁坩埚中熔化热蚀 10 min	MC 玫瑰红不变,M_3B_2 褐绿;TiN 橘黄不变,η、σ、δ、Laves、G、Z、γ' 及一次 γ' 相不显示,晶界 M_6C 和 $M_{23}C_6$ 也不显示;基体灰白色或黄色	

序号	试剂组成	侵蚀规范	组织着色情况	备注
3	浓氨水	电解腐蚀 150 V 0.1 A/cm² 2~30 s	MC 灰白或玫瑰色，TiN 橘黄色，M_3B_2，红或褐色；Laves 紫红，σ 不明显，晶界 M_6C 和 $M_{23}C_6$ 玫瑰红色；Z 相灰黑边界不清；η、δ、一次 γ' 相不显示，奥氏体基体灰白色或黄色	
4	$K_3Fe(CN)_6$ 10 g NaOH 10 g H_2O 150 mL	煮沸 1~2 s	MC 彩色，TiN 橘黄，M_3B_2 大红；μ 相橘黄，σ 紫黑，γ'、η 及一次 γ' 相不显示，晶界 M_6C 和 $M_{23}C_6$ 呈红色	
5	$KMnO_4$ 4 g NaOH 4 g H_2O 100 mL	电解腐蚀 0.2 A/cm²， 1~2 s	MC 浅红或紫红，M_3B_2 紫红，M_6C 和 $M_{23}C_6$ 紫，Cr_7C_3 兰；μ 相紫兰，σ 紫黑，δ、η、γ' 及一次 γ' 相不显示	
6	$KMnO_4$ 4 g Na_2O_2 4 g H_2O 100 mL	电解腐蚀 0.2 A/cm²， 1~2 s	MC 彩色或溶解成黑洞，σ 褐红或褐黑，δ、η、γ' 及一次 γ' 相不显示	鉴别 σ 相
7	KOH 10 g H_2O 100 mL	电解腐蚀 0.2 A/cm²， 1~2 s	MC 彩色，σ 褐黑，δ、η、γ' 及一次 γ' 相不显示	鉴别 σ 相

续表5.45

序号	试剂组成	侵蚀规范	组织着色情况	备注
8	NaOH　　　　20 g H_2O　　　100 mL	电解腐蚀 0.2 A/cm²， 1~2 s	MC 彩色，σ 褐黑， δ、η、γ' 及一次 γ' 相 不显示	鉴别 σ 相
9	$Na_2S_2O_3$　　　3 g H_2O　　　150 mL	电解腐蚀 0.2 A/cm²， 1~2 s	MC 棕色、彩色， $M_{23}C_6$ 褐中心绿色， Laves 绿色，σ 白色， η 白色，一次 γ' 白色	
10	柠檬酸三铵10 g 乙酸钠　　　10 g H_2O　　　150 mL	电解腐蚀 0.2~0.3 A/cm²， 5~10 s	MC 玫瑰红 μ、M_6C 和 $M_{23}C_6$ 浅红，M_3B_2 浅兰或紫红，Z 彩色， σ 黄色、一次 γ' 黄 色，η、Laves，G 不 显示	
11	H_3PO_4　　10 mL H_2O　　　90 mL	电解腐蚀 0.3 A/cm²， 30 s	高 SiA286 合金 MC 浅红；G 灰白	
12	$Pb(CH_3COO)_2$ 　　　　　20 g H_2O　　　100 mL	电解腐蚀 0.3 A/cm²， 至基体蓝色	MC 彩色，M_6C 红 或黄，μ 黄红，M_3B_2 黄，η 彩色，不同取向 颜色变化	有些合 金需先用 一般试剂 显示组 织，用一 些试剂 着色
13	硫脲　　　　1 g H_3PO_4　　2 mL H_2O　　　100 mL	电解腐蚀 0.2 A/cm²， 10~15 s	MC 彩色，M_3B_2 紫 或绿色，晶界 M_6C 不 显示，Laves 绿色，μ 相红色，一次 γ' 白 色，σ、η、G、Z 相不 显示	

表 5.46　显示高温合金显微组织的电解腐蚀液

序号	电解液名称	电解液成分	电解浸蚀规范			显示合金	备注
			电流密度/A·cm⁻²	电压/V	时间		
1	HCl—HNO₃—甘油	50 mL HCl + 10 mL HNO₃ + 90 mL 甘油	0.2		3~10 s	GH37、GH49、GH151等 Ni 基合金	显示一般组织
2	HCl—HNO₃—甘油	30 mL HCl + 10 mL HNO₃ + 50 mL 甘油		6~8		GH135、GH15、GH901、K5等	显示一般组织
3	HCl—酒精	50 mL HCl + 50 mL 酒精	0.2		5~30 s	GH128 等	显示固溶组织
4	HNO₃—酒精	1 mL HNO₃ + 100 mL 酒精		2~6	30~75 s	GH39 等	显示一般组织
5	HCl—HNO₃—HF	80 mL HCl + 7 mL HNO₃ + 13 mL HF	0.2~0.3		10~60 s	GH169 等	显示一般组织
6	H₃PO₄—H₂O	5~20% H₃PO₄水溶液		8	2	GH135、GH901、GH140、K3等	显示一般组织
7	H₃PO₄—H₂SO₄—H₂O	65 mL H₃PO₄ + 20 mL H₂SO₄ + 15 mL H₂O	0.25		5~30 s	GH128 等	显示时效组织

续表 5.46

序号	电解液名称	电解液成分	电解浸蚀规范 电流密度/A·cm⁻²	电压/V	时间	显示合金	备注
8	H_3PO_4—H_2SO_4—HNO_3	12 mL H_3PO_4 + 45 mL H_2SO_4 + 41 mL HNO_3	0.1		15~30 s	GH33,GH170,GH136, GH16, GH143, K5, K13,K18等	显示一般组织
9	HNO_3—HF—甘油	10 mL HNO_3 + 30 mL HF + 50 mL 甘油		3~4	2~4 s	K3, K5, K19等	显示一般组织
10	HNO_3—HF—甘油	10 mL HNO_3 + 30 mL HF + 50 mL 甘油		3~4	2~4 s	K1, K19, GH118, GH140	显示一般组织
11	HF—甘油	5 mL HF + 95 mL 甘油		5		GH140	显示时效组织
12	HF—甘油—水	5 mLHF + 10 mL 甘油 + 85 mL H_2O		3.5		GH140等	显示时效组织
13	HF—甘油—酒精	5 mL HF + 10 mL 甘油 + 85 mL 酒精		30	2.5~3 min	GH144, GH33等	显示一般组织
14	HCl—甲醇	10~20% HCl—甲醇	0.2~0.3		2 s	K5等 Ni 基合金	碳化物 M_3B_2

续表 5.46

序号	电解液名称	电解液成分	电解浸蚀规范			显示合金	备注
			电流密度/A·cm^{-2}	电压/V	时间		
15	HNO₃—甲醇	1 份 HNO₃ + 2 份甲醇	0.9 ~ 1.5			GH39 等 Ni 基合金	显示一般组织
16	H₂SO₄—H₂O	5 mL H₂SO₄ + 95 mL H₂O		1.5 ~ 4.5	3 ~ 15 s	Ni 基和 Fe—Ni 基合金	显示晶界
17	KOH—H₂O	10 ~ 40% KOH—H₂O	0.2 ~ 0.5		5 ~ 10 s	K17、K18、K23 等	显示 σ、MC
18	NaOH—H₂O	40% NaOH—H₂O	0.2 ~ 0.5			K17、K5 等	显示 σ、MC
19	NH₄OH—H₂O	40% NH₄OH—H₂O		4 ~ 8	2 s	K₃ 等	显示碳化物,硼化物
20	草酸—H₂O	10% 草酸—H₂O	0.1	3 ~ 6	15 ~ 60	GH30,GH901,GH140,K18 等	显示一般组织,Z 相
21	CrO₃—H₂O—冰醋酸	25 g CrO₃ + 7 mL H₂O + 130 mL 冰醋酸	0.3		1 ~ 2 min	GH169、GH136	显示晶界和一般组织
22	H₂SO₄—NaCl—FeSO₄—H₂O	10 mL H₂SO₄ + 3.5 g NaCl + 3 g FeSO₄ + 90 mL H₂O	0.2		5 ~ 10 s	GH136、GH118 等	显示一般组织

续表 5.46

序号	电解液名称	电解液成分	电解浸蚀规范			显示合金	备注
			电流密度 /A·cm⁻²	电压 /V	时间		
23	酒石酸—H₂O	15 g 酒石酸 + 85 mL H₂O	0.2		10～20 s	K6 等	显示碳化物
24	H₂SO₄—H₂O	5 mL H₂SO₄ + 95 mL H₂O		1.5～4.5	3～15 s	显示 Ni 基和 Fe—Ni 基合金	显示晶界
25	HNO₃—冰醋酸—H₂O	5 mL 冰醋酸 + 10 mL HNO₃ + 85 mL H₂O		1.5	20～50 s	显示 Ni 基合金	显示晶界
26	高氯酸—冰醋酸	21 mL 高氯酸 + 79 mL 冰醋酸	0.5			GH140 等	
27	硫脲—H₃PO₄—H₂O	硫脲 1 g + 2 mL H₃PO₄ + 100 mL H₂O		6	12～20 s	GH302 等	TiC, 棕色 显示晶界
28	硫代硫酸钠水溶液	2% 硫代硫酸钠 + H₂O	0.2	5		K5 等	显示 γ' MC
29	甲醇—酒精	10% 甲醇—酒精				GH135 等	显示长期时效组织
30	CuSO₄—柠檬酸钠—甲醇—H₂SO₄—H₂O	50 g CuSO₄ + 80 g 柠檬酸钠 + 126 mL 甲醇 + 200 mL H₂SO₄ + 1000 mL H₂O				GH130 等	显示一般组织

表 5.47　显示高温合金显微组织的热浸蚀剂及电解萃取液

序号	试剂名称	试剂成分	热浸蚀及萃取条件	适用合金	备注
1	HF—HCl—酒精	10 mL HF + 10 mL HCl + 100 mL 酒精	60~80℃热蚀	GH15，GH140 等	显示时效组织
2	KMnO$_4$—H$_2$SO$_4$—H$_2$O	1~2 g KMnO$_4$ + 10 mL H$_2$SO$_4$ + 90 mL H$_2$O	煮沸 30 min	GH13，GH15，GH16 等	显示晶粒组织及一般组织
3	碱性苦味酸	2 g 苦味酸 + 20 g NaOH + 100 mL H$_2$O	煮沸 7~20 min	GH136，GH302，GH49，K19，K3，K5	显示 M$_3$B$_2$、M$_6$C
4	碱性赤血盐	10 g K$_3$Fe(CN)$_6$ + 10 g NaOH + 100 mL H$_2$O	热蚀		显示 C$_7$C$_3$、M$_{23}$C$_6$
5	HCl—HNO$_3$—甘油	1 份 HNO$_3$ + 3 份 HCl + 5 份甘油	电压 10 V、电解萃取	GH15 等	萃取碳化物
6	高氯酸—冰醋酸—酒精—甘油	10%高氯酸 + 20%冰醋酸 + 70%酒精 + 甘油	电解萃取	GH118 等	萃取 γ 相
7	HCl—甲醇—甘油	50 mL HCl + 1050 mL 甲醇 + 100 mL 甘油	−5℃ 电解萃取 0.2 A/cm^2	GH118，K17 等	萃取碳化物、微量相
8	高氯酸—冰醋酸	10%高氯酸—冰醋酸	电解萃取电压 10 V	GH140	萃取 γ 相
9	HCl—酒精	10% HCl—酒精	电解萃取	K17	萃取碳化物
10	HCl—HNO$_3$—甘油	90 mL 甘油 + 50 mL HCl + 10 mL HNO$_3$	电解萃取 0.3 A/cm^2	GH151，GH37 等	萃取晶界碳化物
11	HCl—HNO$_3$—HF	80 mL HCl + 7 mL HNO$_3$ + 13 mL HF	电解萃取 0.3 A/cm^2	GH169	萃取 δ 相

举 例(结果评定)

高温合金应关注纯洁度(夹杂物)的评级、晶粒度和细晶粒带状组织的评定。评定时按 GB/T 14999.5—1995"高温合金低倍、高倍组织标准评级图谱"所附的图片进行评定。

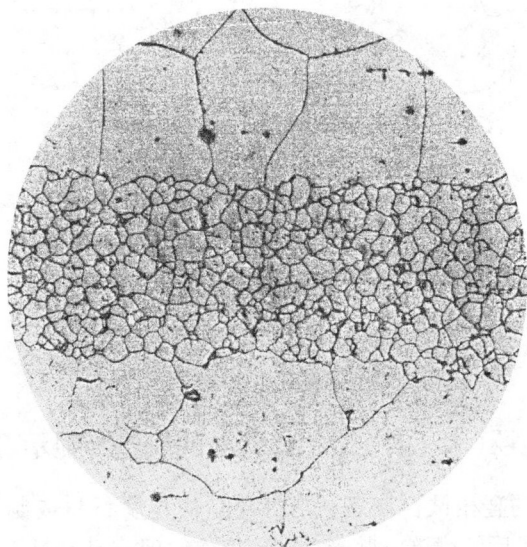

图 5.46 细晶粒带状组织 3级 100×

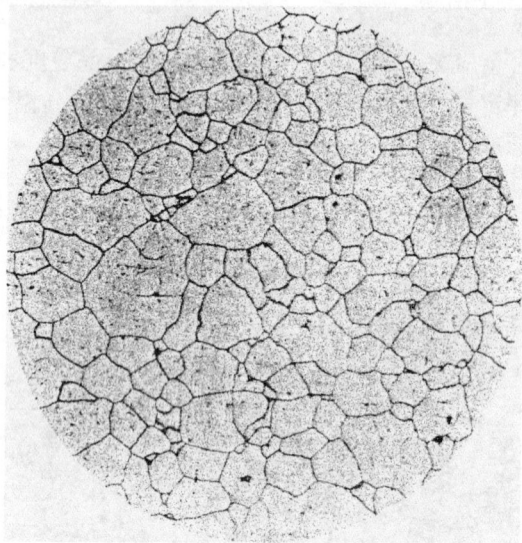

图 5.47　晶粒度评级　4 级　100×

5.18　现场(大工件)金相检验面的制备与显示方法

常规的金相试样制备,是将样品从金属材料或制件上切取后,再完成后续磨光、抛光、显示工作。但在某些情况下,如经热处理后的较大工件(如大型模具、各种挤压模等)在进行热处理后需进行组织评定时,制件、模具不能破坏取样,只能在大制件上局部进行磨制、抛光、显示出观察面,再使用专用的现场金相显微镜进行现场或大件检测。进行现场金相检测时,应使用现场金相检查仪,现场金相检查仪是一个配套系统,除专用的现场金相显微镜外(现场金相显微镜的特点是小型、底座配备有可通断磁的高磁性底座,以便稳固吸附在工件上),为在大工件上制备检验面,必配备有小型高速磨抛机和多种砂轮磨头。还可选购专用于大工件上的微型电解抛光仪（亦可不购配）及相应附件。

5.18.1　现场金相操作程序

操作程序见图 5.48。

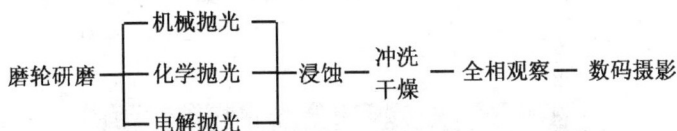

图 5.48　现场金相观察操作程序

5.18.2　大工件试验面的制备

1）磨光。大工件试验面的磨光，一般均使用便携式高速磨抛机，便携式磨抛机一般有两种，一种为手握式磨抛机，微型电动机带动刚性轴，轴端夹具夹持可更换不同粒度粗细的刚玉磨头；另一种为微型电动机带动软轴，轴端同样有可更换磨头的夹具，通过软轴操作较方便灵活，使用便携式磨抛机，通过更换粗、细、精磨头可将检验面磨光，磨光面积可控制在 100 mm^2 以内即足够。机械磨光后可用金相砂纸作手工精细磨光。

2）抛光

（1）手工抛光。可用小块的抛光织物，在浸湿的织物上涂抹上 W5 以下抛光微粉，用手工擦拭抛光。

（2）电解抛光。如随现场金相仪选购配备有小型电解抛光电源及其附件，可进行电解抛光，电解抛光时因电解抛光电源和附件配置各种型号稍有差别，应根据说明书进行操作。电解抛光仪多附带有遮蔽纸，遮蔽纸中间开有约 ϕ5 mm 小孔，将其贴置于经磨光的检验面上，再进行电解抛光。因工件作为阳极，遮蔽纸小孔为电解抛光有效抛光面积，便于控制电流参数。

电解抛光液选用，参阅本书中不同材料推荐的电解抛光液成分。

3）显示。试验面经手工或电解抛光后，可根据材料品种、状态，查阅选用本书中不同材料推荐的浸蚀剂进行浸蚀。

现场金相检查仪见图5.49。

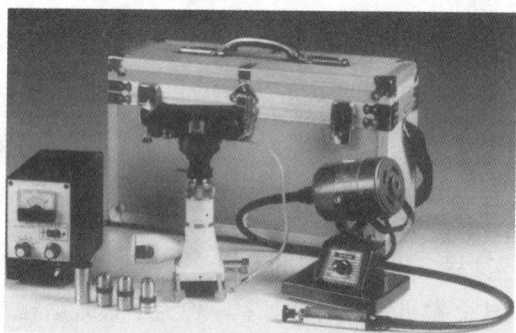

图 5.49　XJB－200S 金相检查仪

第6章 粉末冶金制品试样
制备与显示方法

6.1 硬质合金金相试样制备与显示方法

硬质合金组织中包含有特别硬的碳化物相（WC、TiC 等）和软的粘结相（Co）。常用的 YG 和 YT 系列硬质合金的特点是具有高硬度、高密度和组成相的硬软差异较大，因此其制样方法与一般钢铁和有色金属制样有较大差别。

6.1.1 试样截取

硬质合金试样因为有特别高的硬度，其截取方法应选用配置有金刚石片的切割机截取或采用线切割方法。

6.1.2 试样镶嵌

用自动磨光、抛光机和装镶料环的试样，均应进行镶嵌。镶嵌后试样尺寸规格化有利于装夹。镶嵌用冷热方法均可。

6.1.3 试样磨光

磨光分手工和机械磨光两种。

1）手工磨光。初磨光可在 SiC 水冷砂轮上进行（最后选用水平旋转砂轮并带有流水供给的磨抛机上进行）。磨光时手持试样的位置不宜变动，以利于得到平整的磨面。经砂轮磨平后可进行精磨。精磨选用的磨料为碳化硼或碳化硅，最好的可选用人造金刚石。粒度宜选用 20~30（W28）级磨料，将磨料用水调成浆液状磨剂涂撒于铸铁磨盘上，选用转速 450 r/min 进行精细研磨。在研磨过程中，不断喷撒研磨浆液，研磨数分钟后，用水清洗试样，表面会出现一平滑而灰暗色的区域，这说明该灰暗色区域内的磨痕已基本消除，继续研磨至平滑的灰暗色区域扩大到整个磨面，此时试样应已达到磨光要求。一般精磨光需 15 ~ 20 分钟。

2）机械磨光。机械磨光适用于大批量试样的制备。在预磨机铸铁盘上方，装有专用臂杆供卡住试样镶料圈的装置，磨盘采用特制的橡胶盘或镶入有不同粒度的金刚石塑料基磨抛盘。粗磨前，将所有试样放入圈内，放在涂有凡士林的玻璃板上，然后将熔化了的硫磺倒入圈中，冷却后试样固定在保持平面且具牢固性的镶嵌圈内。随后可进行磨光，磨光分粗磨与精磨。当使用已镶有金刚石的塑料基盘时，因已镶有磨料，只需先后两次更换塑料基盘（粗磨盘金刚石磨料粒度可选用 W63、精磨盘金刚石粒度可选 W28），即可完成粗磨和精磨。当用橡胶盘磨制时，粗磨用 250 ~ 300 目（相当于 W63）粒度的碳化硅或碳化硼磨粒，当所有镶料圈内试样都磨平，试样呈暗灰色后，粗磨即可结束。精磨与粗磨相同，只是磨料选用更细，此时可用 1600 目（相当于 W28）粒度的碳化硅或碳化硼作精磨料。经 10 ~ 15 分钟磨制，所有镶样料圈内试样面呈均匀灰色时，即可结束磨光。

6.1.4 试样抛光

试样抛光可在一般金相抛光机上进行，方法同一般钢铁金相试样，抛光织物可选用短毛绒或优质平绒织物。抛光应选用金刚石喷雾抛光剂，抛光操作分三步进行。

第一步应选用粒度为 8 ~ 12（W14）的金刚石喷雾剂作为抛光介质。

第二步应选用粒度为 5 ~ 10（W10）的金刚石喷雾剂作抛光介质。

第三步应选用粒度为 2.5 ~ 3（W2.5）的金刚石喷雾剂作抛光介质。

在分三步进行抛光过程中变换喷雾剂粒度时，绒布应作相应的更换。

6.1.5　试样显示

1）光学显示。硬质合金抛光后的金相试样，应在显微镜下放大 100 倍先检测孔隙度和评定级别，评定标准依据 GB/T 3489—1983 硬质合金孔隙度和非化合碳的金相测定。评定孔隙度级别后，检测石墨（非化合碳），同样在显微镜放大 100 倍进行观测，评定标准依据 GB/T3489—1983 内容中 3.4 条和 3.6 条选取石墨含量最多视场评级。

2）化学浸蚀。硬质合金常用浸蚀剂成分及操作条件见表 6.1。

表 6.1　硬质合金常用浸蚀剂成分及工艺

序号	浸蚀剂成分	浸蚀操作条件	适用范围
1	铁氰化钾（20%）水溶液 1 份 氢氧化钠（20%）水溶液 1 份 等量混合后使用	配制后即使用，可采用浸入法浸蚀 10 ~ 20 s	YG 系列合金 YT 系列合金 WC 相晶粒呈灰白色，Co 相不受浸蚀呈亮白色
2	饱和的三氯化铁盐酸水溶液	先经 1 号试剂浸蚀后，直接浸入 2 号试剂中，浸蚀 1 min	YG 系列合金 Co 相呈黑色，WC 相呈灰白色
3	铁氰化钾（5%）水溶液 1 份 氢氧化钾（5%）水溶液 1 份 等量混合后使用	配制后即使用，浸入 3 ~ 5 s	YG 系列合金显 η 相，η 相呈黄至橙红色

序号	浸蚀剂成分		浸蚀操作条件	适用说明
4	硝酸 双氧水 蒸馏水	0.5～10 mL 1～2 滴 100 mL	擦拭	YG 系列合金 Co 相相界清楚呈黑色，Co 相内呈白色，WC 相不受浸蚀
5	氢氧化钠 蒸馏水 饱和高锰酸钾溶液(2∶1)	10g 100mL	浸蚀 1～2 min	YG 系列合金，碳化钨相的晶界受浸蚀，晶粒呈灰色，Co 不受浸蚀
6	4 号和 5 号试剂配合使用		先置入 4 号溶液中，浸蚀出 Co 相界，再置入 5 号溶液中，浸蚀出 WC 晶界。两相交界处形成深的凹沟，两相清晰可辨	WC 晶粒被氧化着色，呈灰色，Co 相呈白亮色
7	醋酸 盐酸 硝酸	15 mL 30 mL 15 mL	20℃浸蚀 5～30 s	用于 WC、TiC、T_2C 和烧结碳化物中的 Co
8	30% 双氧水 水	3 mL 97mL	煮沸，浸蚀最多 60 s	用于 WC、Mo_2C、TiC

3）氧化着色显示方法

抛光清洗吹干后的试样置于已加热到 450～500℃的小箱式电炉中，保温 10 至 15 分钟，氧化热蚀至试样抛光面呈浅黄色时取出空冷至室温，即可进行显微观察。这种显示方法适用于 YT 类硬质合金。它能使这类合金中的 WC 相呈灰白色、TiC－WC 相呈浅褐色、Co 相呈黑色，尤其是 TiC－WC 相和 WC 相能明显区分。如用化学试剂浸蚀 TiC－WC 相和 WC 相边界模糊不清。

采用上述工艺保温 5～8 分钟，能显示出 γ 相组织。

举　例

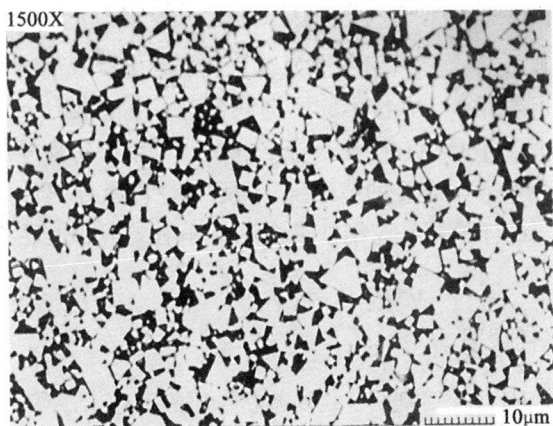

图 6.1　YG8 烧结制品组织

浸蚀方法：用表 6.1 中 1 号浸蚀剂，浸蚀 3~4 min，再经表 6.1
中 2 浸蚀剂浸蚀 10~20 s

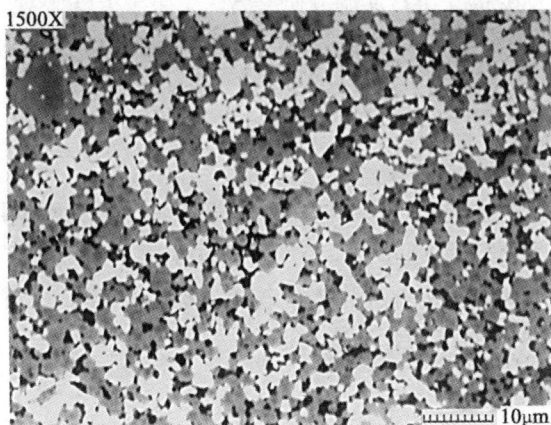

图 6.2　YT10 烧结制品组织

浸蚀方法：用表 6.1 中 1 号浸蚀剂，浸蚀 2~3 min，再经表 6.1
中 2 号浸蚀剂浸蚀 1.5 min

6.2　钢结硬质合金金相试样制备与显示方法

钢结硬质合金是以钢基作为碳化钨、碳化钛等高硬度、高熔点碳化物的粘结剂，并按不同比例混合，采用粉末冶金法烧结出来的一类介于工具钢和硬质合金之间的一种新型工模具材料。

由于钢结硬质合金的高硬度、高耐磨性以及导热性能差等特点，其金相试样的制备与钢铁试样制备稍有差异，也还有一定的特点。

6.2.1　试样切取

常用金刚石片切割机、线切割机、切割和敲击断等方法。

6.2.2　试样磨制

先在 80 目绿色碳化硅砂轮上粗磨。然后用 200 目的碳化硅或碳化硼及少量变压器油调成研磨膏，涂抹于铸铁磨盘上进行细磨光。也可用金相水砂纸 P600、P1000、P1200 分三道进行细磨光。

6.2.3　试样抛光

试样磨光经洗净后，用帆布作抛光织物，抛光磨料用 F1000（W5）粒度碳化硼。也可用 2.5～5（W5）粒度人造金刚石研磨膏作为抛光磨料，应用丝绒作抛光织物进行初抛光。最后用 2～4（W3.5）金刚石抛光膏作精抛光。

6.2.4　试样浸蚀

钢结硬质合金所含化学成分复杂，在一个试样表面上要显示出几种成分差异较大的相组成有一定困难，解决这些问题时，必须考虑相成分间的差异及其特点，组成相的化学性质、相界间的电位差等，然后依照化学浸蚀基本原理，设法增加晶界的腐蚀速度，做到尽可能显示出不同成分间的相界。同时也应考虑到基体组织的显示。钢结硬质合金起步较晚，缺乏浸蚀剂的实践经验和研究，但将会随着钢结合金的更多应用取得进步。钢结硬质合金浸蚀剂见表 6.2。

表 6.2　钢结硬质合金浸蚀剂成分

序号	浸蚀剂成分		操作条件	适用说明
1	氢氧化钾（10%）水溶液，铁氰化钾（10%）水溶液等量混合		浸蚀	显示 WC、TiC 晶粒
2	硝酸 乙醇	3 mL 97 mL	浸蚀或擦拭	TiC 晶粒边界呈均匀黑色，显示出晶粒边界和基体组织差别
3	硝酸 乙酸	20 mL 80 mL	擦拭	适用 GT35 合金，细珠光体、粒状珠光体、屈氏体、索氏体，被染成棕红色。马氏体浸色敏感
4	苦味酸 盐酸 乙醇	1 g 1.5 g 100 mL	擦拭	显示高碳高铬钢结硬质合金组织及热处理后的组织
5	三氯化铁 盐酸 乙醇	1 g 1.5 mL 100 mL		显示铁素体及碳化物以及不同热处理后的组织

举　例

图 6.3　钢结硬质合金组织　1500×

状态：烧结

浸蚀：表 6.2 中 1 号浸蚀剂

组织：块状为碳化钛

6.3　粉末冶金制品金相试样制备与显示方法

6.3.1　试样选取与截取

　　粉末冶金制品由于其生产的特点，如制品中孔隙分布不均匀；烧结时气氛使制品的上部和下部、外表面和内部组织存在差别。因此，粉末冶金制品要检查从上到下、从里到外的有代表性截面。

　　试样切割可用软性砂轮片，也宜用手锯或车床截取。条件许可时采用低速金刚石轮片切割则更好。

6.3.2　试样清洗和填孔

1）试样清洗

粉末冶金零件成品，一般均经过浸油处理，因此在成品上截取的试样一定要经去油处理。

去油方法有两种：一种是使用专业设备索格利特提取器（蛇形脂肪抽出器）除油；另一种是用有机溶剂如乙醚、苯、丙酮、四氯化碳清洗。清洗时可将试样浸入乙醚或四氯化碳清洗液中，清洗过程经常搅动试样，如孔隙少十几分钟可清洗完毕，如孔隙多可多次清洗。有条件亦可用超声清洗器清洗。

2）充蜡填孔

制备高品质的试样时应进行充蜡处理，可防止磨粒、水、浸蚀剂进入孔隙。充蜡时将试样浸泡在 175℃ 左右的熔融石蜡中，最后先在真空下保持短时，使气孔中的空气从蜡液中排除，然后再在常压下保持 2～4 h 保证蜡液进入气孔中，冷却后去除表面蜡层即可进行镶嵌和磨光。

6.3.3　试样磨光

1）手工磨光

手工磨光同常规方法。注意磨光时间不宜过长，否则容易改变气孔的真实形态，使之变圆、变大。

2）机械磨光

除同常规采用的机械预磨光机外，对于专业粉末冶金厂在制备大量粉末冶金制品时，可制作蜡盘或 MoS_2 盘。制作蜡盘和 MoS_2 盘的方法是：将石蜡和硬脂酸熔化，掺入一定成分比例的磨料，浇注到机械抛光机或预磨机的磨盘上，最后将石蜡、硬脂酸盘表面车平即成。

蜡盘和 MoS_2 盘配方见表 6.3～表 6.4。

表 6.3 蜡盘配方

配　方/g	配方 1	配方 2
P200 金刚砂	250	—
W10 金刚砂	—	300
硬脂酸	100	100
石　蜡	30	—
白　蜡	—	40

表 6.4 MoS$_2$ 盘配方

配　方/g	配方 1	配方 2	配方 3
P150 金刚砂	—	200	—
P100 金刚砂	200	—	—
W28 金刚砂	50	—	300
硬脂酸	100	80	100
1$^{\#}$MoS$_2$	10	10	10

6.3.4 试样抛光

试样抛光磨料可选用氧化铝、氧化铬、氧化镁、人造金刚石微粉。可用悬浮液、抛光膏以及抛光喷雾剂。微粉粒度应小于 28 μm。抛光设备用普通机械抛光机或自动抛光机均可。

在抛光过程中，用力应均匀，不宜过重，用力过重会使孔隙扩大、石墨和夹杂物剥落，不能真实反映其本来面目。抛光结束后，试样的抛光面应在流水中冲洗干净，滴上酒精，然后吹干。试样吹干的时间应略长一些，因为粉末冶金试样孔隙中会残留较多水和酒精。

6.3.5 试样浸蚀

粉末冶金材料种类很多，各种材料性能差异也很大，因此应根据不同材料选用合适的浸蚀剂。以下介绍常用铁基、铜基、银基粉末冶金制品金相试样用浸蚀剂，见表 6.5 至表 6.7。

表 6.5　铁基粉末冶金材料化学浸蚀剂（JB/T2798—1999）

编号	浸 蚀 剂 配 方		使 用 方 法	适 用 范 围
1	硝酸（1.40）	2 mL	浸蚀数秒，速度随浓度增加而加快，但选择性则随之而降低	烧结碳钢和合金钢，显示铁素体，珠光体等
	酒精	100 mL		
2	苦味酸	4 g	浸蚀几秒～几分钟，有时可用较淡的溶液	烧结碳钢和热处理组织，显示马氏体、碳化物等
	酒精	100 mL		
3	盐酸（1.19）	5 mL	浸蚀几秒～几分钟	显示回火马氏体
	苦味酸	1 g		
	酒精	100 mL		
4	苦味酸	2 g	50℃左右浸蚀 3～15 min	渗碳体呈暗黑色
	氢氧化钠	25 g		
	蒸馏水	100 mL		
5	焦亚硫酸钾	10 g	浸蚀几秒～几分钟，必要时可用热浸蚀	烧结碳钢和低合金钢，铁素体、马氏体着色
	蒸馏水	100 g		
6	甘油	45 mL	浸蚀几秒～几分钟	烧结不锈钢
	硝酸（1.40）	15 mL		
	盐酸（1.19）	30 mL		
7	磷酸	20 mL	热蚀，在 40～60℃溶液中 3～5min	铁素体晶粒着色
	酒精	100 mL		

表 6.6　Fe - Ni 和 Fe - Co 磁性材料的浸蚀剂

编号	浸 蚀 剂 配 方		使 用 方 法	适 用 范 围
1	HCl	100 mL	浸蚀或擦蚀 10～15 s	Fe - Ni 和 Fe - Co 材料
	$CuCl_3$	2 g		
	$FeCl_3$	7 g		
	HNO_3	5 mL		
	H_2O	100 mL		
	甲醇	200 mL		

编号	浸 蚀 剂 配 方	使 用 方 法	适 用 范 围
2	过硫酸铵饱和水溶液	室温，浸蚀 20 ~ 30 s	Fe - Co 和 Fe - Ni 材料
3	2% ~ 10% 硝酸酒精（或甲醇）溶液	室温，浸蚀 5 ~ 10 s	Fe - Co 和 Fe - Ni 材料
4	HCl　　　　　　　　15 mL HNO_3　　　　　　　5 mL 甘油　　　　　　　　10 mL	室温，擦拭 10 ~ 15 s	Fe - Ni 材料
5	HCl　　　　　　　　3 mL $CuCl_3$ 饱和 HNO_3 溶液　1 mL	室温，擦拭 2 ~ 3 s	高 Ni 合金，如莫尼坡莫合金

表 6.7　电解头材料的浸蚀剂

编号	浸 蚀 剂 配 方	使 用 方 法
1	NH_4OH　　　　　　　　　　20 mL H_2O_2（30%）　　　　　10 ~ 20 mL H_2O　　　　　　　　　10 ~ 20 mL	室温擦拭 3 ~ 10 s。用新配溶液，水多、H_2O_2 少，用于 Cu 合金。反之用于 Ag 合金
2	$K_2Cr_2O_7$　　　　　　　　　　2 g NaCl　　　　　　　　　　1.5 g H_2SO_4（浓）　　　　　　8 mL H_2O　　　　　　　　　100 mL	室温擦拭 5 ~ 10 s，适于难浸蚀的 Cu 合金
3	NH_4OH　　　　　　　　　　50 mL H_2O_2（30%）　　　　　10 ~ 30 mL	新配液，室温，擦拭 3 ~ 10 s
4	$FeCl_3$　　　　　　　　　　10 g H_2O　　　　　　　　　　90 mL	擦拭或浸泡
5	A 溶液 　$K_3Cr_2O_7$ 饱和水溶液　100 mL 　NaCl 饱和水溶液　　2 mL 　H_2SO_4　　　　　　　10 mL B 溶液 　A 溶液　　　　　　　1 份 　H_2O　　　　　　　　10 份 C 溶液 　CrO_3　　　　　　　　3 g 　H_2SO_4　　　　　　　2 mL 　H_2O　　　　　　　　98 mL	先用 A、B 溶液，然后用 C 溶液。室温擦拭，每种溶液各 15 ~ 20 s，中间用水洗净

续表 6.7

编号	浸 蚀 剂 配 方		使 用 方 法
6	CrO_3	20 g	使用时用水按 2:1 稀释,
	NH_4Cl	4.5 g	室温, 擦拭 3~10 s
	HNO_3(浓)	18 mL	
	H_2SO_4(浓)	15 mL	
	H_2O	500 mL	
7	A 溶液		A、B 等体积混合, 室温,
	HNO_3	25 mL	擦拭 3~15 s
	$K_2Cr_2O_7$	1 g	
	H_2O	100 mL	
	B 溶液		
	CrO_3	40 g	
	Na_2SO_4	3 g	
	H_2O	200 mL	
8	HNO_3(浓)	20 mL	38~40℃, 擦拭, 3~10 s
	醋酸	20 mL	
	甘油	20 mL	
9	含 0.2% CrO_3 和 0.2% H_2SO_4 的水溶液		擦拭, 1min
10	A 溶液		使用时 1 份 A 与 20 份 B
	HNO_3(50%)	200 mL	混合, 室温, 擦拭 3~15 s
	$K_2Cr_2O_3$	2 g	
	B 溶液		
	CrO_3	20 g	
	Na_2SO_4	1.5 g	
	H_2O	100 g	
11	NaOH	10 g	室温, 擦拭 5~15 s。为便
	$K_4Fe(CN)_6$	10 g	于控制浓度可减半
	H_2O	100 mL	
12	A 溶液 5% 硝酸酒精溶液		在 A、B 溶液中交替浸蚀
	B 溶液 5% $FeCl_3$ 甲醇		

举 例

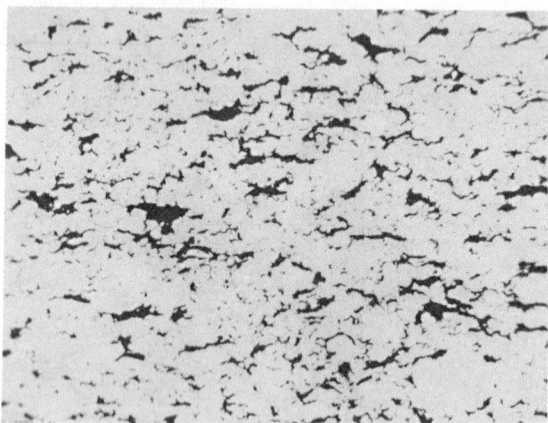

图 6.4   Ag - 石墨材料   100×

处理情况：压型后烧结   浸蚀剂：未浸蚀

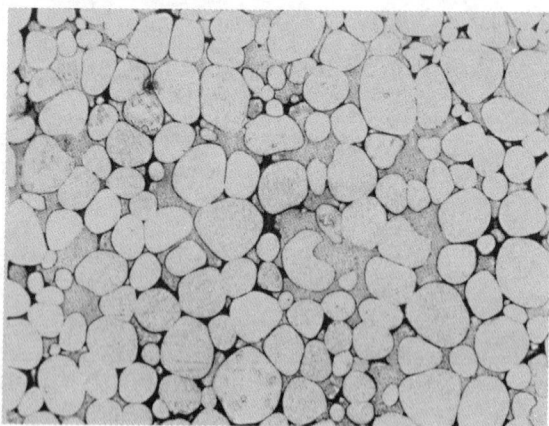

图 6.5   W - Ni - Cu 材料   250×

处理情况：压型后烧结   浸蚀剂：铁氰化钾(20%)水溶液

表 6.8　着色浸蚀

A. 钢和铁

序号	着色浸蚀剂	着色浸蚀
1	饱和硫代硫酸钠水溶液　　50 mL 焦亚硫酸钾　　1 g	Klemm Ⅰ 号试剂。20℃下浸蚀 40～100 s，显示磷偏析（白色），铁素体着色（蓝色或红色），渗碳体和奥氏体不受影响，马氏体呈棕色。硝醇液轻度预浸蚀有好处，能显示过热。可产生铁素体中的纹理浸蚀。适用于许多非铁合金
2	饱和硫代硫酸钠水溶液　　50 mL 焦亚硫酸钾　　5 g	Klemm Ⅱ 号浸蚀剂。20℃下浸蚀 30～90 s，当浸蚀超过 15 s 时，富磷区域变暗。用于奥氏体锰钢，γ 由黄色变到棕色或由浅蓝色变到深蓝色。α 马氏体变为棕色。ε 马氏体变为白色。适用于许多非铁合金
3	焦亚硫酸钾　　10 g 水　　100 mL	使未回火马氏体变暗。碳化物和碳化物不受影响。硝醇液轻度预浸蚀，然后浸蚀 1～15 s
4	A 溶液 　硫代硫酸钠　　80 g 　硝酸铵　　60 g 　水　　1000 mL B 溶液 　HNO_3　　1 份 　H_3PO_4　　2.5 份	Beraba 铁素体着色浸蚀剂。用前将 100 mL 溶液 A 加热到 70～75℃，加入 0.4～0.5 mL 的溶液 B 并剧烈搅动。试剂易变常，有效期为 15 min。硝酸液预浸蚀，然后将试样浸入试剂，缓慢移动试样，直到表面呈暗蓝色，通常约 1～3 min。冲洗掉粘附的硫磺颗粒。铁素体呈暗红色和蓝色，渗碳体和磷化物轮廓清晰，硫化物发亮
5	无水焦硫酸钠　　20 g H_3PO_4　　13 mL 钼酸钠　　3 g 硝酸钠　　6 g 水　　1000 mL （最终 pH3.5～4）	Beraha 珠光体钢和铸铁着色浸蚀剂。溶液在 48 h 内有效（母液不加硝酸钠以便贮存），硝醇液轻度预浸蚀。显示低碳钢晶粒反差，浸蚀 5～20 s；灰铸铁 4～90 s；高倍放大小于 30 s。渗碳层、渗氮层、电镀层不受影响

　　注：有关着色浸蚀和热染的文字简介，参阅本书第二章中 2.3 干涉层法内容中的相关内容。

序号	着色浸蚀剂		着 色 浸 蚀
6	A 溶液 　酒精 　HCl 　硒酸 B 溶液 　酒精 　HCl 　硒酸 C 溶液 　酒精 　HCl 　硒酸	100 mL 2 mL 1 mL 100 mL 1～2 mL 0.5 mL 100 mL 100 mL 3 mL	铸铁、钢、工具钢 Beraha 着色浸蚀剂。可用硝醇液预浸蚀。铸铁用 A 溶液(15～30 s);溶液 B 用于铸铁(HCl 2 mL, 7～10 min)、钢、工具钢和马氏体沉淀硬化不锈钢。铁素体和奥氏体明亮;磷化物、氮化物和碳化物着色。A 溶液将碳化物染成红棕色或紫色。使用 B 溶液以前,先用硝醇液预浸蚀,磷化液呈蓝色或绿色;渗碳体呈红色、蓝色和绿色;铁素体呈黄色或棕色。用溶液以前,硝酸液预浸蚀 2 min,磷化物染成红棕色;渗碳体和铁素体发亮
7	无水硫代硫酸钠 柠檬酸 氯化镉 水	240 g 30 g 20～25 g 100 mL	铁、钢和铁素体、马氏体不锈钢 Beraha 硫化镉着色浸蚀剂。按规定顺序溶解。每加入一种成分需待上一种成分完全溶解。20 ℃下,在暗色瓶中允许陈化 24 h。用前,滤出 100 mL 溶液,去掉沉淀物。20℃下,有效期 4 h。用常规试剂预浸蚀。浸蚀 20～90 s。如果用于钢,则 20～40 s 后,只有铁素体着色,呈红色或紫色。时间稍长,所有组织都着色:铁素体呈黄色或浅蓝色,硫化物呈棕色,碳化物呈紫色或蓝色。浸蚀不锈钢需 60～90 s;碳化物呈红色或蓝紫色,基体呈黄色,铁素体颜色发生变化;90 s 后硫化物呈红棕色
8	A 溶液 　水 　钼酸铵 　HNO$_3$ B 溶液 　A 溶液 　酒精	100 mL 15 g 100 mL 2 mL 100 mL	Matetfe 试剂。铁素体着色。溶钼酸铵于水中,加 HNO$_3$,陈化 4 天后,过滤。制成溶液 B 后,作浸蚀剂用,30～45 s

序号	着色浸蚀剂	着 色 浸 蚀
9	偏重亚硫酸钠　　　1 g 硫代硫酸钠　　　10 g 蒸馏水　　　100 mL	在室温下浸蚀或擦拭。适用于齿轮渗氮用钢，如 42CrMo、25Cr2MoV、34CrNi3Mo、40CrNiMoCrMo 等钢种。经着色浸蚀的表面化合物为白色，氮化层在显微镜下观察（不加染色片）为蓝黄色
10	亚硒酸(H_2SeO_3) 2 g 4% 硝酸酒精　100 mL 蒸馏水　　　100 mL	室温下浸蚀或擦拭数稍。适用上述齿轮用钢种化学染色显示。浸蚀加深使氮化层为蓝灰色或暗蓝色，氮化层层深界限十分清晰
11	A 溶液 　水　　　1000 mL 　HCl　　　200 mL B 溶液 　每 100 mL A 溶液 　溶入 0.5 ~ 1.0 g 　焦亚硫酸钾	Beraha 着色浸蚀剂，适用于奥氏体类钢，马氏体时效负及沉淀硬化钢。20℃下浸蚀 30 ~ 120 s，搅动。奥氏体着色，碳化物不受影响
12	HCl　　　5 ~ 10 mL 硒酸　　　1 ~ 3 mL 酒精　　　100 mL	Beraha 不锈钢着色浸蚀剂。20 ~ 30 mL HCl 用于高合金钢，20℃下浸蚀 1 ~ 10 min 直到表面产生黄色或浅棕色，以检验碳化物和氮化物，或者表面产生橙色或红色，以检验 δ 铁素体。HCl 越多，时间越短

B. 铝及铝合金

序号	着色浸蚀剂	着 色 浸 蚀
1	CrO_3　　　200 g Na_2SO_4　　　20 g	先用 10% 的 NaOH 溶液，再用 50% HNO_3 溶液预浸蚀。水冲洗后立即浸入试剂中 1 ~ 5 s，冲洗并干燥。基体晶粒上色，刻划出夹杂物和沉淀相轮廓
2	H_2O　　　10 mL HF　　　10 mL	加热溶液至沸，加钼酸至饱和。冷却并在冷态使用。呈现极明亮的色彩
3	H_2O　　　2 mL HNO_3　　　20 mL 钼酸铵　　　3 g	使用前加入 20 ~ 80 mL 乙醇。得到极明亮的色彩。用于 Al 及其合金

C. 铜及其合金 　　　　　　　　　　　　　　　　　　续表 6.8

序号	着色浸蚀剂		着 色 浸 蚀
1	饱和硫酸钠 水溶液 焦亚硫酸钾	50 mL 1 g	浸蚀 3 min，β 黄铜稍长些，β 黄铜不超过 60 min
2	饱和硫酸钠 水溶液 焦亚硫酸钾	50 mL 5 g	浸蚀 6～8 min，α 黄铜时间稍长些
3	饱和硫酸钠 水溶液 H_2O 焦亚硫酸钾	5 mL 45 mL 20 g	用于青铜合金，浸蚀 3～5 min
4	Cr_2O_3 无水硫酸钠 HCl H_2O	200 g 20 g 17 mL 1000 mL	铜、黄铜或青铜的着色浸蚀剂。浸蚀 2～20 s。稀释后浸蚀速度放慢

D. 钛及其合金

序号	着色浸蚀剂		着 色 浸 蚀
1	二氟化铵 HCl 水	3 g 4 mL 100 mL	Ti 合金 Weck 着色浸蚀剂。20℃，几秒钟。要求高质量抛光，α 晶粒着色，次生 α、初生 α 以及金属间化合物有时染色或不受浸蚀
2	钼酸钠 HCl 二氟化铵 水	2～3 g 5 mL 1～2 g 100 mL	铸态钛合金 Beraha 着色浸蚀剂，20℃，浸蚀至表面着色。α 相基体为蓝色或绿色。TiC 为黄色或深棕色

E. 锌、锡、铋及其合金

序号	着色浸蚀剂	着 色 浸 蚀
1	硫代硫酸钠饱和 溶液　　　　50 mL 焦亚硫酸钾　　　1 g	Klemm Ⅰ 号试剂。用于 Zn 及其低合金。浸蚀 30 s
2	硫代硫酸钠　　50 mL 焦亚硫酸钾　　　5 g	Klemln Ⅱ 号试剂。用于 Sn。浸蚀 60~90 s，使晶粒着色
3	NaOH　　　　　1 g $K_3Fe(CN)_6$　　35 g H_2O　　　150 mL	用于含碘碲化铋

F. 钴、钨及其合金

序号	着色浸蚀剂	着 色 浸 蚀
1	A 溶液 　HCl 和 H_2O　　1:1 B 配料 　焦亚硫酸钾 　　　　　0.6~1 g C 配料 　$FeCl_3$　1~1.5 g	钴基合金着色浸蚀剂。加配料 B 于 100 mL A 中，然后加配料 C。20℃浸蚀 60~150 s，搅动试样。基体着色，碳化物和氮化物不被浸蚀
2	10% HCl 水溶液 　　　　　94 mL CrO_3　　　　20 g	对晶向敏感的 W 的着色浸蚀剂。55℃浸蚀。分二段或三段(中间要观察)浸蚀 15，10 和 10 min。用晶界浸蚀剂预浸蚀效果最佳。溶液可用 1~2 天，到时变黑
3	水　　　　　100 mL NaOH　　　　10 g	用于 W 及其合金。不锈钢阴极。1.5~6 V dc，不超过几分钟

G. 热喷涂层和喷焊层

序号	着色浸蚀剂	着 色 浸 蚀
1	A 溶液 　盐酸　　　　　3 份 　硝酸　　　　　1 份 　甘油　　　　　n 滴 　预浸蚀 B 溶液 　硒酸　　　2 ~ 3 mL 　盐酸　　10 ~ 20 mL 　乙醇　　　100 mL	适用 G311、Co42 铁基、钴基喷焊层着色显示。先用 A 溶液预浸蚀，再用 B 溶液着色浸蚀
2	A 溶液 　硝酸　　　　25 mL 　酒精　　　　75 mL 　预浸蚀 B 溶液 　钼酸钠　　1.5 ~ 2 g 　氟化氢　　1 ~ 1.5 g 　硝酸 n 滴	适用 G312 等铁基喷焊层着色显示。先用 A 溶液预浸蚀，再用 B 溶液着色浸蚀
3	A 溶液 　硝酸 　氢氟酸各几滴 　预浸蚀 B 溶液 　硒酸　　　2 ~ 3 mL 　盐酸　　10 ~ 20 mL 　乙醇　　　100 mL	适用 G112 等镍基自熔性合金粉末喷焊层着色显示。先用 A 溶液预浸蚀，再用 B 溶液着色浸蚀

H. 激光及电子束表面合金化层

序号	着色浸蚀剂	着 色 浸 蚀
1	铬酸酐　　　　20 g 硫酸钠　　　　2 g 盐酸　　　1.7 mL 蒸馏水　　　100 mL	适用覆盖层 WC/CO，基材为 GCr15 钢经电子束合金化试样着色显示

序号	着色浸蚀剂		着色浸蚀
2	硒酸 盐酸 乙醇	1 ~ 3 mL 5 ~ 10 mL 100 mL	适用覆盖层 WC/CO，基材为 GCr15 钢经电子束合金化试样，浸刨蚀目测表面至紫红色
3	焦亚硫酸钾 氟化氢铵 盐酸 蒸馏水	3 g 2 g 少量 100 mL	适用 WC/Co + Ti/Ni，基材为 45 钢经电子束合金化试样，浸蚀目测表面至蓝紫色
4	A 溶液 　铁氰化钾 　氢氧化钾 　蒸馏水 B 溶液 　体积分数 　4% 的硝酸乙醇溶液 C 溶液 　硫代硫酸钠 　氯化镉 　柠檬酸 　蒸馏水	 10 g 10 g 100 mL 24 g 2.4 g 3 g 100 mL	先用 A 碱性试剂，再用 B 酒精溶液浸蚀最后用复合试剂 C 着色 适用 WC/CO + TiC，基材为 45 钢激光合金化试样
5	A 溶液 　体积分数 4% 　硝酸酒精先预浸蚀 B 溶液 　硫代硫酸钠 　氯化镉 　柠檬酸 　蒸馏水	 24 g 2.4 g 3 g 100 mL	先用 A 硝酸酒精溶液浸蚀，再用 B 复合试剂染色 适用覆盖层为 Cr_2O_3/Ni – Cr 合金粉未经电子束合金化后试样着色浸蚀
6	A 溶液 　三氯化铁 　盐酸 　乙醇 　预浸蚀后用 B 溶液 　硫代硫酸钠 　氯化镉 　柠檬酸 　蒸馏水	 5 g 15 mL 100 mL 24 g 2.4 g 3 g 100 mL	先用 A 溶液预浸蚀，再用 B 复合试剂染色 适用 WC/CO 合金粉未经电子束合金化后的试样着色浸蚀

I. 化学热处理层

序号	着色浸蚀剂	着 色 浸 蚀
1	体积分数 4% 硝酸酒精溶液预浸蚀 硫代硫酸钠　240 g 氯化镉　24 g 柠檬酸　30 g 蒸馏水　100 mL	先用硝酸酒精溶液预浸蚀，后用复合试剂着色浸蚀 适用碳氮共渗、渗硫、渗硼、热浸渗铝、渗铬、渗氮化钛表面化学处理试样着色显示
2	铁氰化钾　10 g 亚铁氰化钾　1 g 氢氧化钾　30 g 蒸馏水　100 mL 预浸蚀 硫代硫酸钠　240 g 氯化镉　24 g 柠檬酸　30 g 蒸馏水　100 mL	先用三钾试剂预浸蚀，再用复合试剂着色浸蚀试样 适用于钢表面渗硼处理试样彩色显示
3	盐酸(35%) 　5～10 mL 硒酸　1～13 mL 乙醇　100 mL	适用沉积碳化钛 PVD 法气相沉积，基材为钢的金相试
4	A 溶液 　体积分数为 4% 的 　硝酸酒精溶液 　预浸蚀 B 溶液 　焦亚硫酸钾 1～3 g 　氟化氢铵　2 g 　蒸馏水　100 mL 　(可适量加少许盐 酸)	先用 A 硝酸酒精溶液预浸蚀，再用 B 复合化染剂着色染蚀 适用 38CrMoAl 钢渗铬后试样显示

6.4　金属陶瓷试样制备与显示方法

关于"陶瓷",从狭义来说,通常包括陶瓷、瓷器、炻器等。从广义来说,特别是与金属陶瓷相关的包括各种元素的碳化物、氮化物、硼化物、硅化物、氧化物等无机非金属材料,如 Al_2O_3、TiC、ZrO_2、WC、CuO、$MoSi_2$……

金属陶瓷最理想的显微结构应该是:细颗粒的陶瓷相均匀分布于金属相中,金属相以连续的薄膜状态存在,将陶瓷颗粒包裹。

金属陶瓷材料一般多以反射式金相显微镜作为微观形貌检测工具,因此,其试样制作基本与金相试样制备相同。

6.4.1　试样磨光与抛光

1)试样磨光

在水砂纸上湿磨到粒度为 P320 号。

再用粒度为 F280 号(W40)至 F600 号(W28)的 SiC 蒸馏水悬浮浆液在铸铁盘上研磨。有条件最好用金刚石磨盘。

2)试样抛光

用粒度为 W7 的金刚石抛光膏在自动金相抛光机上(或用振动抛光机)抛光 1~2 天。

再用粒度为 W3.5 的金刚石抛光膏在快速旋转的硬木盘上抛光。

在金相试样抛光机上,抛光织物可选用结实的绒布或毛毡,用较快的转速进行最后抛光,抛光结束后立即用自来水彻底冲洗干净并干燥。

6.4.2 试样浸蚀

金属陶瓷试样的显示浸蚀剂见表6.9。

表6.9 金属陶瓷试样浸蚀剂成分

序号	浸 蚀 剂 配 方	操 作 条 件	适 用 范 围
1	在极纯的干氧中氧化浸蚀	1500℃下2.5 h	UO_2 – Mo 陶瓷
2	硫化氢	室温下 15~30 s	UO_2 – Cr 陶瓷
3	A 溶液 蒸馏水 100 mL 氰亚铁酸盐 10 g B 溶液 蒸馏水 100 mL 氢氧化钾 10 g	使用前,将 A 和 B 溶液以 1:1 比例混合,浸蚀 1~4 min	ZrO_2 – W, ThO_2 – W, W_2C – W, UC – Cr, UC – Fe, UC – Ni, UC – UF_2 陶瓷

4	蒸馏水 50(10) mL
	硝酸(1.40)
	        30(10) mL
	氢氟酸(40%)
	        10(10) mL
		浸蚀几秒至 1 min	TiN – Co, TiNi – Fe, TiN – Mo, TiNi – W 陶瓷。括弧内配方用于 HfC – Hf 陶瓷

5	硝酸(1.40) 10 mL 硫酸(1.84) 20 mL 氢氟酸(40%) 10 mL	浸蚀几秒至 1 min	NbC_2 – NbFe – Nb 陶瓷
6	乳酸(90%)	浸蚀几秒至 1 min	$(Y_3Al)C$ – Y,C – Y 陶瓷
7	蒸馏水 50 mL 硝酸(1.40) 47 mL 盐酸(1.1g) 3 mL	浸蚀几秒至 1 min	TiC – Ni 陶瓷
8	氢氟酸(40%) 50 mL 硝酸(1.40) 50 mL 乳酸(90%) 3 mL	浸蚀 1 至 5 min	UO_2 – Nb 陶瓷

续表 6.9

序号	浸 蚀 剂 配 方	操 作 条 件	适 用 说 明
9	A 溶液 蒸馏水　　　100 mL 盐酸(1.19)　　6 mL 硝酸(1.40)　　2 mL 氢氟酸(40%) 5 mL B 溶液 蒸馏水　　　10 mL 硝酸(1.40)　 10 mL	在 A 中 50℃，浸蚀 10 s 再在 B 中 25℃ 浸蚀 3 min	UO₂ – Al 陶瓷
10	硫酸(1.84)　　10 mL 乳酸(90%)　　10 mL 冰醋酸　　　10 mL	浸蚀几秒至 1 min	PuC – Pu 陶瓷

第 3 篇

低倍组织及缺陷
试样制备与显示

第7章　钢的低倍组织及缺陷试样制备与显示方法

7.1　试样截取

　　试样截取的部位、数量和试验状态，应按有关标准、技术条件或双方协议的规定进行。若无规定时，可在钢材(坯)上按熔炼批号抽取试样。

　　连铸坯应按熔炼批号在调整连铸拉速正常后的第一支钢坯上，截取试样；在浇注中期再截取试样。

　　1)截取方法

　　可用剪、锯、切割等方法。切割时必须留出足够的加工余量，以保证去除热切割产生的热影响区及冷切割时产生的变形应力区。加工后的试样表面粗糙度(R_a)应不大于 1.6 μm，冷酸浸蚀法不大于 0.8 μm，试面不得有油污和加工伤痕。

　　试面距切割面的参考尺寸为：

　　　　　　热切时不小于 20 mm；

　　　　　　冷切时不小于 10 mm；

　　　　　　烧割时不小于 40 mm。

　　2)试样尺寸

　　横向试样厚度一般为 20 mm，检验面垂直于材料的延伸方向。

　　纵向试样的长度为直径或边长的 1.5 倍，厚度一般为 20 mm。检验面通过材料的纵轴，其最后一道机械加工方向必须垂直于材料的延伸方向。

板材试样长度一般为 250 mm，宽度为板厚。

7.2   试样浸蚀

1）酸浸蚀法

（1）热酸浸蚀法

不同钢种应选用相应的酸液，其浸蚀时间及温度参见表 7.1。

表 7.1   热酸浸蚀剂成分及工艺（GB/T226—1991）

编号	浸蚀剂成分	使用温度 /℃	浸蚀时间 /min	适 用 材 料
1	1∶1 工业盐酸水溶液	60~80	5~10	易切削钢
2			5~20	碳素结构钢、碳素工具钢、硅锰弹簧钢、铁素体型、马氏体型、复相不锈耐酸、耐热钢
3			15~20	合金结构钢、合金工具钢、轴承钢、高速工具钢
4	盐酸 10 份，硝酸 1 份，水 10 份	60~70	20~40 / 5~25	奥氏体型不锈钢、耐热钢
5	盐酸 38 份，硫酸 12 份，水 50 份	60~80	15~25	碳素结构钢、合金钢、高速工具钢

试样浸蚀时，试面不得与容器或其他试样接触，试面上的腐蚀产物可选用 3%~5%碳酸钠水溶液或 10%~15%硝酸水溶液刷除，然后用水洗净吹干；也可用热水直接洗刷吹干。

（2）冷酸浸蚀法

冷酸浸蚀一般用于大试件的低倍检验。可用浸蚀和擦拭，常用冷蚀液成分及其适用范围参见表 7.2。

表 7.2　冷酸浸蚀剂成分（GB/T226—1991）

编号	冷 蚀 液 成 分	适用范围
1	盐酸 500 mL，硫酸 35 mL，硫酸铜 150 g	钢与合金
2	氯化高铁 200 g，硝酸 300 mL，水 100 mL	
3	盐酸 300 mL，氯化高铁 500 g，加水至 1000 mL	
4	10%～20% 过硫酸铵水溶液	碳素结构钢，合金钢
5	10%～40% 硝酸水溶液	
6	氯化高铁饱和水溶液加少量硝酸（每 500 mL 溶液加 10 mL 硝酸）	
7	硝酸 1 份，盐酸 3 份	合金钢
8	硫酸铜 100 g，盐酸和水各 500 mL	
9	硝酸 60 mL，盐酸 200 mL，氯化高铁 50 g，过硫酸铵 30 g，水 50 mL	精密合金，高温合金
10	100～350 g 工业氯化铜氨，水 1000 mL	碳素结构钢，合金钢

注：①选用第 1、8 号冷酸浸蚀液时，可用第 4 号冷酸浸蚀液作为冲刷液；

　　②10 号试剂试验验证时的钢种为 16 Mn

（3）热、冷酸蚀用设备和器材

①试样浸蚀容器。应用不与无机酸起化学反应而易于成形的材料制作，如铅板、瓷、玻璃、塑料、花岗岩和不锈钢等。

②加热方式。外热式可用电炉、煤炉、燃气炉等；内热式可通入蒸汽。

③辅助设备。测温计（最好用 0～100℃ 酒精温度计）、计时器、吹风扇、冲水装置、夹钳、毛刷、通风设备等。

④劳动保护用品。橡胶手套、耐酸工作服、鞋、防护眼镜、口罩等。

（4）浸蚀操作

① 热酸浸蚀操作

操作方法：

a. 配制溶液。先将水倒入槽内，再将一定比例的酸缓缓倒入槽内，边倒入边搅拌。硫酸倒入水中更要缓慢，以防升温过快飞溅。严禁将水倒入酸中。

b. 试样清洗。用汽油或四氯化碳将试样上的油及污物刷洗干净(尤其是检验面)，用水冲洗，吹干，切忌用手触摸检验面。

c. 将酸溶液加热到所需要的温度。

d. 将试样放入酸槽内(若先将试样在热水中加热至规定温度更好)，检验面朝上，且试样必须淹没于酸液中，并避免直接接触容器和其他试样。

e. 调整温度，当升到规定的温度时开始计时。在达到规定的时间后，用夹钳或耐热酸手套将试样从溶液槽中取出，用水冲洗并用毛刷洗刷检验面，将其上的腐蚀产物清洗干净，但切勿碰伤检验面。然后用 3% ~ 5% 碳酸钠水溶液或 (10 + 90) ~ (15 + 85) 硝酸水溶液或 20 g·L^{-1} 氢氧化钠水溶液清洗，或用热水较长时间地冲洗以去除检验面上残存的酸液，再用热风或高压空气吹干。如检验面上有水渍或玷污，则应重新放入酸液内浸泡，再重新冲洗吹干。

f. 试样的观察。若酸蚀过浅，则将试样再放入酸液槽中继续酸蚀，时间可根据浸蚀深浅情况而定。若酸蚀过深，则将试样进行机加工，去除表面的厚度 1 mm 以上，重新酸蚀，时间则根据前次酸蚀情况而定，以能清晰地显示宏观组织及缺陷为准。

② 冷酸浸蚀操作

冷酸浸蚀除浸蚀液不用加热外，其余浸蚀操作均与热酸浸蚀相同。

其他热、冷酸浸蚀浸蚀剂及操作见表 7.3。

表7.3　热、冷浸蚀剂成分

序号	材　料	浸蚀剂成分		操　作　说　明
1	铁 大多数钢种	HCl H₂SO₄ H₂O	500 mL 70 mL 180 mL	70~80℃浸蚀 1~2 h。用于经切削或磨光表面
2	铁 大多数钢种	HNO₃ H₂O	10~40 mL 60~90 mL	有效的通用浸蚀剂。冷操作用于磨光表面
3	合金钢	HCl HNO₃ H₂O	50 mL 25 mL 25 mL	稀王水，室温浸蚀 10~15 min。适用于高合金钢、铁–钴和镍基高温合金
4	铁 大多数钢种	A 溶液 　HNO₃ 　酒精 B 溶液 　HCl 　H₂O	5 mL 95 mL 10 mL 90 mL	在 A 溶液中浸蚀 5 min，然后在 B 溶液中浸泡 1 s。用于抛光试样。显示脱碳层、渗碳层以及硬化层深度
5	高合金钢	CuSO₄·5H₂O H₂O HCl	16 g 50 mL 100 mL	将磨光表面在 71~77℃浸蚀 300 min 或稍长时间
6	铁， 大多数钢种 铸铁	400 g·L⁻¹苦味酸酒精溶液 （可加入 10 g·L⁻¹氯化苄二甲基烷基铵） A 溶液 　(NH₄)₂S₂O₈ 　H₂O B 溶液 　A 溶液加 KI C 溶液 　B 溶液加 HgCl₂ D 溶液 　C 溶液加 H₂SO₂	2.5 g 100 mL 1.5 g 1.5 g 15 mL	冷浸蚀。高合金钢可加入数毫升 HCl 用 A、B、C、D 溶液依次擦蚀时间分别为 15、10、5、1 min
7	渗氮钢	(NH₄)₂S₂O₈ H₂O	10~20 mL 80~90 mL	71℃浸蚀 10 min

序号	材　料	浸蚀剂成分		操　作　说　明
8	铁，低合金钢	苦味酸 NaOH H$_2$O	2 g 25 g 100 mL	与抛光试样一同煮沸浸蚀显示枝晶组织
9	铁，大多数钢种，不锈钢	苦味酸 HCl 酒精	1 g 10 mL 100 mL	室温浸蚀抛光试样
10	高合金钢，不锈钢	HCl H$_2$O H$_2$O$_2$	50 mL 50 mL 20 mL	盐酸水溶液加热至 71～77℃，浸入试样并在泡沫停止后加 H$_2$O$_2$，不可同时混合
11	渗氮钢	H$_2$O (NH$_4$)$_2$S$_2$O$_8$ Maccanol(润湿剂) 饱和氰酸钠水溶液	250 m 109 g 1 g 10 滴	用于检查渗氮钢表面的"白亮层"。清洗表面后刷以浸蚀剂，表面"白亮层"不被浸蚀
12	铸钢	CuCl$_2$ FeCl$_2$ SnCl$_2$ HCl H$_2$O CH$_5$OH	1 g 30 g 0.5 g 50 mL 500 mL 500 mL	室温擦蚀，用于铜沉淀显示枝晶组织
13	钢	HNO$_3$ HCl H$_2$O	60 mL 15 mL 25 mL	洗净磨光面，并用 50% 盐酸擦拭
14	高速钢	(NH$_4$)$_2$S$_2$O$_8$ HF H$_2$O$_2$ H$_2$O	30 g 6 mL 6 mL 58 mL	配制溶液时，最后加入 (NH$_4$)$_2$S$_2$O$_8$。室温擦蚀，用于磨光面
15	奥氏体不锈钢，耐热钢	HCl HNO$_3$ H$_2$O	100 mL 10 mL 100 mL	60～70℃，深浸蚀

序号	材　料	浸蚀剂成分		操　作　说　明
16	高速钢	H_2O HCl HNO_3	23 mL 20 mL 10 mL	稀王水。于 82～93℃水中浸泡 5～6 s，然后冷浸蚀约 10 s。显示软点
17	Fe－3.25Si 合金	HCl HF H_2O	30 mL 1 mL 69 mL	显示二次再结晶
18	氮化合金钢	HCl HNO_3 H_2O	10 mL 2 mL 88 mL	磨光面在 82℃溶液中浸蚀时间小于 60 min。显示氮化铝分布状态
19	铁， 大多数钢种	HNO_3 H_2SO_4 H_2O	10 mL 10 mL 20 mL	混合酸（浓 HNO_3 和浓 H_2SO_4）浸蚀剂。显示铸态组织和铸钢晶粒度
20	奥氏体不锈钢，镍基合金钢	A 溶液 （NH_4）$_2SO_4$ H_2O B 溶液 $FeCl_3$ HCl C 溶液 HNO_3	15 g 75 mL 250 g 100 mL 30 mL	先混合溶液 A、B，然后加入溶液 C。用新配溶液，室温浸蚀。显示晶粒组织
21	奥氏体不锈钢	HCl 饱和 $CuSO_4$ 溶液（或在 50 mL H_2O 中加入 10 g $CuSO_4$）	50 mL 25 mL	可加热使用的有效的通用浸蚀剂
22	铁， 低合金钢	饱和苦味酸水溶液加少许润湿剂		抛光试样在室温浸蚀 25 min。加百分之几 HCl 可浸蚀高合金钢。适用于焊件
23	精密合金， 高温合金	HNO_3 HCl $FeCl_3$ （NH_4）$_2S_2O_8$	60 mL 200 mL 50 g 30 g	室温

序号	材 料	浸蚀剂成分		操 作 说 明
24	碳素钢，合金钢	H_2O 氯化铜氨 H_2O	50 mL $100 \sim 350g$ 100 mL	室温
25	钢（除铁素体钢外）	HCl HNO_3 H_2O 重铬酸盐	1000 mL 1000 mL 1000 mL $110 \sim 115g$	室温

2）电解浸蚀法

（1）设备装置见图 7.1。

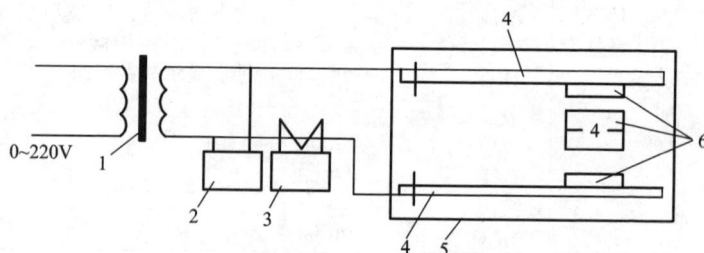

图 7.1 电解浸蚀法设备示意图

1——变压器（输出电压≤36 V）；2——电压表；3——电流表；
4——电极钢板；5——酸槽；6——试样

（2）酸液成分为 15% ~ 30% 工业盐酸水溶液。

（3）浸蚀操作。试样放在两极板之间，必须为酸液所浸没，试样表面间不能互相接触，并应和电极板平行。

通常使用电压小于 36 V，电流强度小于 400 A，电蚀时间为 5 ~ 30 min。

举　例

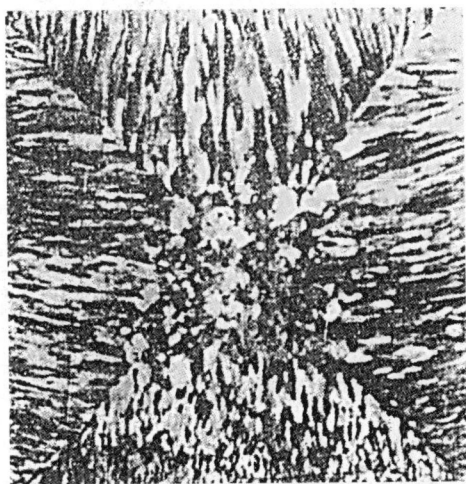

(a) 浇注温度最高 1:3

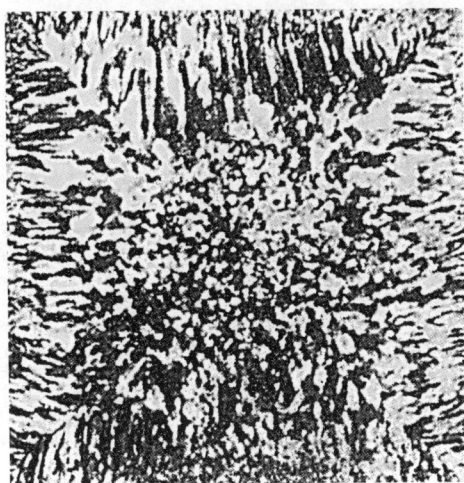

(b) 浇注温度较高(中等) 1:3

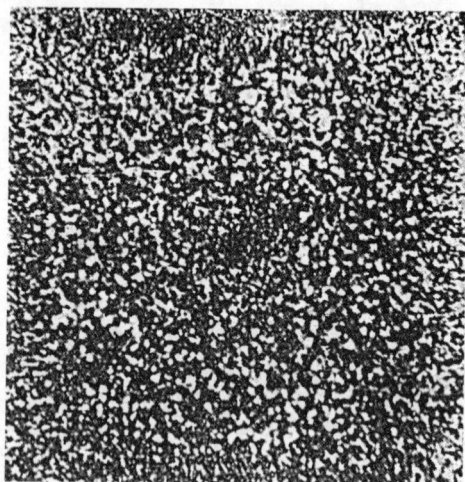

(c) 浇注温度最低 1:3

图 7.2   含 2.6%Si 的钢锭在不同浇注温度下的宏观组织

浸蚀剂：表 7.1 中 1:1 盐酸水溶液热浸法

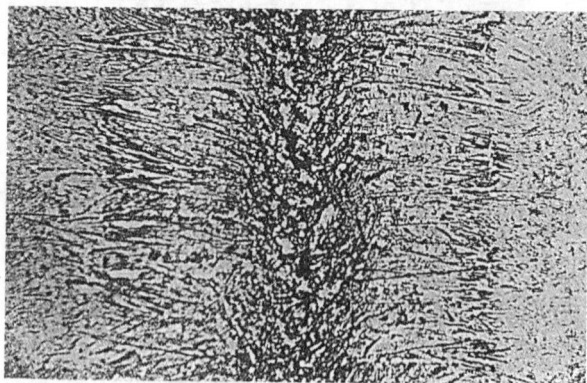

图 7.3   钢锭三个晶区的树枝状结构   2:1

浸蚀：表 7.1 中 1:盐酸水溶液热浸法

第 8 章　有色金属合金低倍组织及 缺陷试样制备与显示方法

8.1　铝及铝合金低倍组织及缺陷试样制备与显示方法

8.1.1　试样选取

1）取样

（1）圆铸锭试样需经切除头尾规定长度后，沿两端的横向截取，其规格为 25 mm ±5 mm 厚。

（2）检查铸锭氧化膜应在铸锭尾部截取长×宽×高为 50 mm ×50 mm×150 mm，并将其由高 150 mm 墩成厚度 30^{+5} mm 的试样。

（3）挤压制品试样，在挤压尾部沿横向截取，其规格为 30 mm ±10 mm 厚。特殊制品按图纸规定切取。

（4）锻件（自由件、模锻件）试样，应按各自的技术图纸规定部位取样。

（5）自由锻件、模锻件断口检查试样，应按各自的技术图纸规定的部位取样，挤压制品可采用低倍组织检验后的试样代替。

（6）检验粗晶环的低倍试样应是淬火状态。

（7）检查板材分层，在板材的后端沿横向剪切 30 mm 宽的条状试样，然后将其纵向切成几段后检查有无分层。

（8）铸件，按图纸及技术条件要求截取试样。

2）试样加工

（1）所有低倍试样的被检查面需经铣削加工。其粗糙度应不

低于 $Ra3.2\ \mu m$，加工面保持清洁。在不降低检查效果的前提下，也可采用其他加工方法。

（2）检查氧化膜试样，在墩饼上沿直径方向锯开成两块，在侧面刨口，刨口深度应保证被检面不少于 2000 mm^2。然后在压力机上一次劈开，保持清洁不被污染。

（3）检查断口试样，应在折断（观察）部位进行开槽，对尺寸过小，外形奇特的试样应加工成楔形槽，槽深不大于厚度的 1/3，然后折断。折断时不得使断口污染及变形。

（4）挤压产品，检查粗晶环的试样，淬火后铣削加工时，其厚度铣削量应大于 5 mm。

（5）板带材检查晶粒度试样，应采用加工产品的自然表面。

8.1.2　试样浸蚀

1）碱蚀

（1）铝及铝合金铸锭的低倍试样浸蚀。浸蚀工艺见表 8.1（GB/T 3246.2—2000）

（2）铝及铝合金加工制品低倍组织碱蚀工艺见表 8.2。

检查焊缝及氧化膜的试样可用表 8.2 中浸蚀剂，但浸蚀时间相应增加 1 到 2 倍。

2）酸洗

试样经碱液浸蚀后，应迅速转入流动的清水（自来水）中冲洗，然后再放入 20% ~30% 的 HNO_3 水溶液中进行光洗，除去黑色的碱蚀产物，最后用流动自来水冲洗干净，即可进行低倍组织检查。

3）低倍晶粒显示

（1）软铝合金制品及铸轧板（带）进行晶粒度检验时，应在下述组成的特强混合酸溶液中进行浸蚀。

42%的 HF，5 mL + 37%的 HCl，175 mL + 65%的 HNO$_3$，25 mL

将试样放入上述配制好的浸蚀剂中适当时间后，取出用水冲洗，可反复进行几次直至晶粒显示清楚为止。

表8.1　铝及铝合金铸锭低倍浸蚀剂（GB/T3246—2000）

合金牌号	NaOH 溶液浓度/g·L^{-1}	NaOH 溶液温度/℃	浸蚀时间/min
纯　　铝	80 ~ 120	室温	20 ~ 30
5A02（LF2）、5A03（LF3）、5083（LF4）、5A05（LF5）、5A06（LF6）、5B05（LF10）、5A12（LF12）、5052、3003、3A21（LF21）、6A02（LD2）、5056（LF5 – 1）	80 ~ 120	室温	8 ~ 15
2217、2A01（LY1）、2A02（LY2）、2A04（LY4）、2A06（LY6）、2B11（LY8）、2B12（LY9）、2017、2024、2A10（LY10）、2A11（LY11）、2A12（LY12）、2A13（LY13）、2A14（LD10）、2A16（LY16）、2A17（LY17）、7A03（LC3）、7A04（LC4）、7A05（曾用705）、7075、7A09（LC9）、7A10（LC10）、2A80（LD8）、4032、6061（LD30）、6063（LD31）	80 ~ 120	室温	3 ~ 8

表 8.2　铝及铝合金加工制品低倍浸蚀剂

合金牌号	NaOH 溶液浓度/g·L^{-1}	NaOH 溶液温度/℃	浸蚀时间/min
纯　　铝	150 ~ 250	室温	25 ~ 30
3A21(LF21)、5A05(LF5)、3003、5052	150 ~ 250	室温	25 ~ 30
6A02(LD2)、5A03(LF3)、5A05(LF5)、5A06(LF6)、2A50(LD5)、2A80(LD8)、2A02(LY2)、5056(LF5 - 1)	150 ~ 250	室温	15 ~ 25
2A11(LY11)、2A12(LY12)、2A16(LY16)、2A17(LY17)、7A04(LC4)、7A09(LC9)2017、2014、4032、7075	150 ~ 250	室温	10 ~ 20

（2）硬铝合金制品进行晶粒度显示时，可在下列三种浸蚀剂中任选一种室温下浸蚀，直至晶粒显示清晰为止。

①150 ~ 250 g/L NaOH 水溶液

②高浓度混合酸，配方如下：

　　　　42% 的 HF　　　　　　　10 mL

　　　　36% ~ 38% 的 HCl　　　　5 mL

　　　　65% ~ 68% 的 HNO$_3$　　　5 mL

　　　　H$_2$O　　　　　　　　　380 mL

③稀释混合酸，将高浓度混合酸②加入 2 倍水使用。

4）其他低倍浸蚀剂

其他铝合金（包括铸造铝合金）低倍浸蚀剂见表 8.3。

表 8.3　铝及铝合金低倍浸蚀剂成分

序号	浸蚀剂成分	操作条件	适用说明
1	盐酸　　　　　　15 mL 氢氟酸　　　　　10 mL 蒸馏水　　　　　90 mL	室温浸蚀或擦拭法	显示纯铝晶粒度
2	氢氧化钠 100 ~ 150 g·L^{-1}（或 150 ~ 250 g·L^{-1}）水溶液	室温或加热至 70℃浸蚀，时间根据合金和温度而异	铸铝及铝合金制品的缺陷显示。提高 NaOH 含量可显示形变硬铝的晶粒度
3	10% ~ 15% 氢氧化钠水溶液	溶液加热至 60 ~ 80℃，浸蚀 1 ~ 2 min，使试样表面形成黑膜，经 30% ~ 50% 硝酸水溶液清洗，除去黑膜。若采用室温浸蚀，时间应延至 4 ~ 5 min	显示含 Cu 高的合金晶粒及铸件针孔等级的测定
4	盐酸　　　　　　45 mL 硝酸　　　　　　15 mL 氢氟酸　　　　　15 mL 水　　　　　　　25 mL	试剂使用前配制，浸入或擦拭 15 ~ 20 s，然后在水中清洗干净，干燥。可反复浸蚀直到得到满意的结果	显示铝合金晶粒
5	盐酸　　　　　　5 mL 硝酸　　　　　　25 mL 氯化铁　　　　　5 g	室温浸蚀，表面形成的棕色膜可在 30% ~ 50% 硝酸水溶液中去除，可反复浸蚀，直至得到满意结果	显示铝合金细晶粒

序号	浸蚀剂成分		操作条件	适用说明
6	盐酸 硝酸 氢氟酸 水	5 mL 5 mL 10 mL 380 mL	室温浸蚀 3~5 min，表面形成的黑膜在 20%~30%硝酸水溶液中去除。可反复浸蚀直到得到满意结果	显示一般铝合金晶粒
7	氯化铜 水	150~160 g 1000 mL	试样可预先在 5%~10%氟氢酸水溶液中轻度浸蚀，然后在氯化铜溶液中浸蚀，表面的黑膜在 50%硝酸水中去除，室温浸蚀 10 s 左右，可重复浸蚀	显示含 Si 合金的晶粒
8	盐酸 硝酸铁 水	50 mL 25 mL 25 mL	用棉球擦浸，试样表面形成的黑膜在流水中清洗后，再在 25%硝酸水中去除，然后清干燥	显示含 Si 合金的晶粒
9	A 溶液 　三氯化铁 　氯化铜 　水 B 溶液 　硝酸 　水	 40 g 13 g 100 mL 45 mL 65 mL	在室温下，于 A 溶液中浸蚀 2 min 冲洗后，再在浸蚀剂 B 溶液中浸蚀	适用一铝合金锻件纤维组织的显示
10	盐酸 硝酸 氢氟酸	75 mL 25 mL 5 mL	室温浸蚀	含 Cu、Mn、Si、Mg 等元素的铝合金和高 Si 铝合金的宏观组织，软铝合金的晶粒度。

举　例

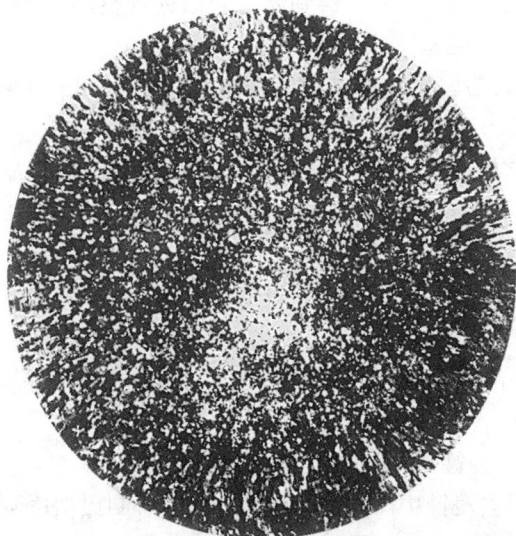

图 8.1　1060 工业纯铝半连续铸锭

规格：φ192 mm　浸蚀剂：表 8.3 中 4 号浸蚀剂

组织特征：宏观组织，最边缘约 3 mm 区域由等轴细晶粒组成，其中掺杂柱状
晶，其次为柱状晶区，宽约 20 mm，其余部分为较大的等轴晶

8.2　铜及铜合金低倍组织试样制备与显示方法

8.2.1　试样选取与制备

1）铸造制品在浇口端横向截取低倍试样，厚度不应超过
25 mm。

2）挤压制品在切尾后，沿尾端横向截取试样，断口检验可在
低倍组织检验后的试样上进行。

3）试样低倍检验面应铣削加工，粗糙度 Ra 不大于 3.2 μm，

在保证不降低检验目的前提下，也可采用其他加工方法。试样加工过程应防止过热，为了得到光洁表面或观察细小的缺陷，可以用金相砂纸打磨。

4）断口检验试样应在欲折断部位进行锯切、刻槽或加工成锲形槽，要求断裂截面为原截面的三分之一到三分之二为宜。

断口试样应在压力机上折断，应一次完成，不许反复多次。

5）加工后的低倍试样和折断断口的表面应保持洁净，不允许受到污染或损伤。

8.2.2　试样浸蚀

1）试样应在室温下、通风橱内，并有耐蚀槽和耐蚀下水道的条件下操作。

2）试样浸蚀可采用浸入法或均匀浇淋浸蚀方法，浸蚀过程中应不断擦去浸蚀中产生的表面膜，浸蚀时间以清晰显示组织及缺陷为准，浸蚀后要迅速用大量流动水冲洗干净，并擦干。试样如需保留，应及时涂上一层透明保护膜（如航空漆或机油）。

8.2.3　低倍浸蚀剂

1）低倍检验一般采用 30% ～ 50% 的硝酸水溶液作为浸蚀剂。

2）根据不同的铜合金系列及检测目的参考选用其他低倍浸蚀剂，见表 8.4。

表8.4　铜及铜合金低倍组织浸蚀剂

序号	浸蚀剂成分		适用范围	备　注
1	硝酸 水	20 mL 80 mL	黄铜	能显示晶粒、裂纹等其他缺陷
2	硝酸 水	20~50 mL 50 mL	紫铜、青铜、白铜(腐蚀白铜时可加入少量醋酸)	试剂成分应依具体合金及状态而变动。浸蚀中宜摇动试样以防腐蚀坑出现。如表面出现污膜时可用稀释的硝酸清除
3	硝酸 水 硝酸银	50 mL 50 mL 5 g	铜及铜合金	用作深腐蚀
4	硝酸 双氧化	10 mL 90 mL	锡青铜,白铜	锡青铜用硝酸浸蚀时易产生黑色膜,此试剂可有效地避免
5	重铬酸钾 食盐饱和水溶液 硫酸 水	2 g 4 mL 8 mL 100 mL	紫铜,磷青铜、锡青铜等铜合金	能显示晶界及氧化夹杂。浸蚀15~30 min,然后用新鲜试剂清除污斑
6	盐酸 三氯化铁 水或乙醇	30 mL 10 g 120 mL	紫铜,黄铜	有较好的晶粒对比,但表面光洁度要求较高
7	醋酸 5%铬酸水溶液 10%三氯化铁水溶液 水	20 mL 10 mL 5 mL 100 mL	黄铜的变形组织	水的比例可改变。用作深腐蚀
8	铬酐 氯化铵 硝酸 硫酸 水	40 g 7.5 g 50 mL 8 mL 100 mL	硅黄铜,硅青铜	浸蚀后在温水中清洗并吹干

举　例①

图 8.2　T2 纯铜铸锭

状态：半连续铸锭

浸蚀剂：表 8.4 中 1 号

组织说明：锭圆周边为柱状晶，内部晶粒是由一个个树枝晶所形成，获得
　　　　　的晶粒仍保持树枝状晶的方位

注：①照片邹力提供

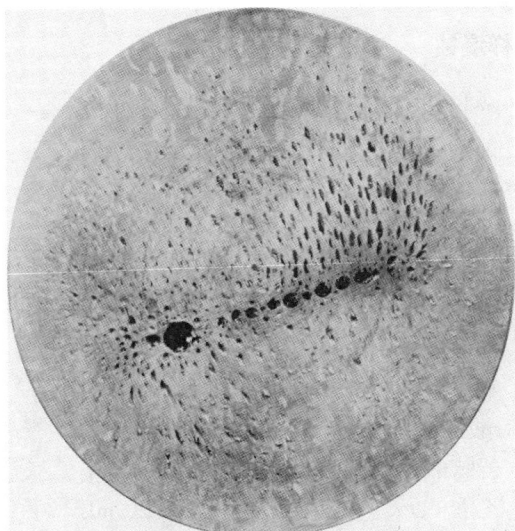

图 8.3　T2 纯铜铸锭

状态：半连续铸锭

浸蚀剂：表 8.4 中 1 号轻腐蚀

组织说明：黑色点为分散和集中气孔

8.3　镁及镁合金低倍组织及缺陷试样制备与显示方法

8.3.1　试样选取

1）铸件，在需要检查部位截取试样，或按技术规定及图纸要求取样。挤压制品切尾后，在尾端横向截取低倍试样。特殊挤压制品、锻件和模锻件及轧制材，则按有关技术要求标准和协议执行。试样厚度约为 30 mm。

2）试样被检查面需铣削加工，在保证不影响检查品质的前提下，也可采用其他加工方法。

8.3.2　试样浸蚀

1）浸蚀剂。低倍浸蚀剂和光洗剂成分如下：

低倍浸蚀剂（GB4297—2004 推荐）

① 硝酸柠檬酸溶液

　　　硝酸（65% ~68%）　　　　　100 mL

　　　盐酸（36% ~38%）　　　　　3 mL

　　　硫酸（96% ~98%）　　　　　12 mL

　　　柠檬酸（化学纯）　　　　　40 g

　　　水　　　　　　　　　　　1000 mL

② 苦味酸乙酸乙醇溶液

　　　苦味酸乙醇溶液（%）　　　　50 mL

　　　乙酸（99%）　　　　　　　20 mL

　　　水　　　　　　　　　　　20 mL

其他低倍浸蚀剂见表 8.5。

表8.5　镁合金低倍显示用浸蚀剂

序号	浸　蚀　剂	条　　件	应　用　范　围
1	蒸馏水　　　　　20 mL 在（96%）乙醇中加 （64%）苦味酸溶液 　　　　　　　50 mL 冰醋酸　　　　　20 mL 必要时可适量增加水	30 s ~ 3 min	铸、锻件中晶粒大小及流线
2	冰醋酸　　　　　10 mL 水　　　　　　　90 mL	擦洗	偏析，锻造零件的流线
3	蒸馏水　　　　　100 mL 硝酸（1.40）　　　20 mL		铸锭内部缺陷、偏析，锻造零件的流线。镁－锰和镁－锆合金

2）光洗剂。使用浸蚀剂①硝酸柠檬酸溶液浸蚀后，应用光洗剂 A 成分进行光洗；

① 光洗剂 A

醋酐（化学纯）	100 g
硝酸钠（化学纯）	5 g
水	1000 mL

使用浸蚀剂②苦味酸乙酸乙醇溶液浸蚀后，则使用氢氟酸水溶液光洗剂 B 进行光洗：

② 光洗剂 B

氢氟酸（42%）	50 mL
水	50 mL

3）浸蚀操作

（1）将试样受检面朝上放入浸蚀剂内，可轻轻摆动，浸蚀 0.5～3 min，随后放入流水中冲洗，再投入光洗剂中光洗，最后再用流水冲洗干净，即可。

（2）镁合金易氧化污染，如出现污染现象应再次浸蚀和光洗，以达到光亮清晰为准。

举　例

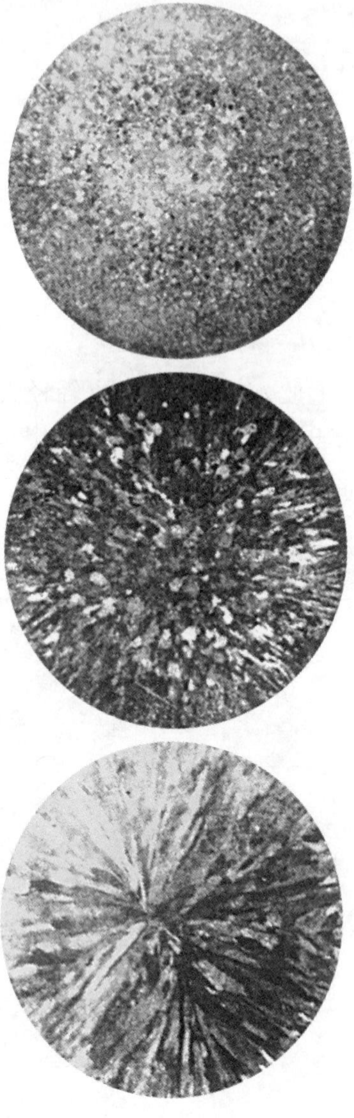

图8.4　工业纯镁低倍照片
浸蚀剂:表8.5中2号浸蚀剂
状　态:铸造状态
注:照片由中南大学余琨教授提供

8.4　钛及钛合金低倍组织及缺陷试样制备与显示方法

8.4.1　试样的选取与制备

1）挤压材、厚板以及锻造或挤压用毛坯，从检验的产品上横向截取试样，然后沿纵向切去一半，以便检查横向及纵向表面。从锻造或挤压用的毛坯上取的试样应在本炉次所测试的 β 相转变点以下 $30 \sim 15\,℃$ 加热，保温 60 ± 5 min 以后，以相当于空冷或更快的速度冷却，然后把试样加工成粗糙度为 $Ra\ 0.8\ \mu\mathrm{m}(\nabla 7)$ 的表面。

2）锻件，当尺寸允许时，应粗加工整个外表面，以保证去除 α 层。为了避免因低倍浸蚀而造成晶间腐蚀及成品零件的氢脆，腐蚀后的锻件应为精加工留有 0.8 mm 的余量。粗糙度 Ra 应小于 3.3 $\mu\mathrm{m}$。

3）试件应清除灰尘、油脂及其他外来物，并用清洁的自来水漂洗。

8.4.2　试样浸蚀

1）浸蚀剂

试样在常温的强酸溶液里浸蚀足够的时间，以便产生清晰的低倍组织。可以使用以下浸蚀液或供需双方同意的其他浸蚀剂。浸蚀剂配方按 GB5168—1985 两相钛合金高低倍组织检验方法中的推荐。

（1）用工业纯酸时

13% ~17% 的硝酸(浓度：65% ~68%)；

8.5% ~11.5% 的氢氟酸(浓度：48%)；

其余为水

（2）用化学纯酸时

13% ~17% 的硝酸(浓度：65% ~68%)；

10.6% ~13.5% 的氢氟酸(浓度：40% ~42%)；

其余为水。

2）其他低倍浸蚀剂

低倍浸蚀剂配方很多，仅推荐几种，见表8.6。

表8.6　钛及钛合金低倍浸蚀剂（GB/T5168—2008）

序号	浸蚀剂成分		操作条件	适用说明
1	蒸馏水 硝酸(1.40) 氢氟酸(40%)	50 mL 40 mL 10 mL	浸蚀 5 ~8 min 60 ~80℃	钛和钛合金 钛–铝–钼合金
2	蒸馏水 盐酸	50 mL 50 mL	浸蚀几秒至几分钟	通用宏观浸蚀剂。鉴别 α 和 β-Ti
3	蒸馏水 硝酸(1.40) 氢氟酸(40%)	75 mL 15 mL 10 mL	室温擦拭 2 min	显示金属流线、晶粒组织和偏析。 良好的通用宏观浸蚀剂。
4	盐酸(1.19) 氢氟酸(40%) 蒸馏水	20 mL 40 mL 40 mL	49 ~66℃ 浸蚀 20 ~30 min 如有残渣生成浸入 30% H_2SO_4 中 3 min	钛合金
5	蒸馏水 氢氟酸(40%) 硝酸铁(Ⅲ) 草酸	200 mL 2 mL 10 g 35 g	50 ~60℃，几秒至 1 min	焊接接合处
6	氢氟酸(40%) 硝酸(1.40) 蒸馏水	1.5 mL 15 mL 83.5 mL	室温擦拭 几秒至 1 min	适用 Ti5Al2.5Sn 合金

3）浸蚀操作

（1）溶液的浸蚀速度应保持在 5 min 内能去除金属厚度 0.05 ~ 0.10 mm。在浸蚀过程中定期检查浸蚀情况。

（2）从浸蚀液内取出的试样，立刻在干净的水中清洗，去掉浸蚀剂。

（3）试样用加压自来水进行最终冲洗，去除污迹并且用风吹干以供检验。

8.5　锌、铅、锡及其合金低倍组织与缺陷试样显示方法

锌、铅、锡三种金属的硬度和再结晶温度较低，易形成变形层，在制备低倍试样表面时应避免大的机械应力和过热的温度影响。低倍浸蚀剂见表 8.7 ~ 表 8.9。

表 8.7　锌及锌合金低倍浸蚀剂成分

序号	浸蚀剂成分	操作条件	适用范围
1	蒸馏水　　　　50 mL 盐酸(1.19)或 仅用浓盐酸或 仅用浓硝酸　　50 mL	擦拭浸蚀 15 s 在流水下冲洗去除表面薄膜	纯锌，不含铜的锌合金，锌铸件
2	蒸馏水　　　100 mL 氧化铬（Ⅲ）　　20 g 硫酸钠（无水）　1.5 g （如用含结晶水的硫酸钠 $Na_2SO_4 \cdot 10H_2O$ 应增加到 3.5 g）	擦拭浸蚀几秒到几分钟。 流水下冲洗并去除表面薄膜	含铜的锌合金
3	盐酸　　　　　5 mL 无水乙醇　　95 mL	浸蚀几秒至几分钟	富锌合金

表 8.8　铅及铅合金低倍浸蚀剂成分

序号	浸蚀剂成分		操作条件	适用范围
1	蒸馏水 硝酸(1.40)	80 mL 20 mL	擦拭浸蚀 10 min	晶面、焊缝、表层
2	醋酸 乙醇	5 mL 95 mL	室温浸蚀 20 min 试样表面抛光很好	铅－锑－铜合金
3	钼酸铵 柠檬酸 蒸馏水	10 g 25 g 100 mL	室温浸蚀至所需反差	铅－锑合金
4	甘油 冰醋酸 硝酸(1.40)	4 份 1 份 1 份	临用时加硝酸，溶液加热至 80℃，必要时交替浸蚀	铅及大多数铅合金
5	A 溶液 　硝酸 　蒸馏水 B 溶液 　钼酸铵 　蒸馏水	 20 mL 220 mL 45 g 300 mL	使用前，按 1:1 比例混合溶液 A、B，室温下浸蚀至所需反差	铅－锑合金
6	钼酸铵 氢氧化铵 硝酸 蒸馏水	16 g 20 mL 75 mL 100 mL	浸蚀数分钟，检视实际效果	铅，显示晶粒组织及反差

表 8.9　锡及锡合金低溶浸蚀剂成分

序号	浸蚀剂成分		操作条件	适用范围
1	乙醇 盐酸	95～99 mL 5～1 mL	浸蚀	锡
2	过硫化铵饱和水溶液		室温浸蚀 20～30 min。通风柜内操作，浸蚀后流水冲洗。对于低锡和高铜锡合金，浸蚀后还需浸入 H_2O_2 和 NH_4OH 溶液中，显示晶粒组织	锡－锑－铜合金

续表 8.9

序号	浸蚀剂成分		操作条件	适用范围
3	蒸馏水 盐酸 三氯化铁	100 mL 2 mL 10 g	浸蚀 30 s 至 5 min	锡合金
4	过硫酸铵 蒸馏水	10 g 100 mL	浸蚀	锡
5	硝酸 醋酸 甘油	1 份 1 份 8 份	浸蚀	锡-锑合金
6	浓盐酸		浸蚀	锡-铅合金

8.6 锑、铋及其合金低倍组织与缺陷试样显示方法

锑、铋及其合金低倍组织和显示的浸蚀剂见表 8.10。

表 8.10 锑、铋及其合金低倍浸蚀剂成分

序号	浸蚀剂成分		操作条件	适用范围

1	A 溶液
	  蒸馏水
	  硝酸(1.40)
	  冰醋酸
	B 溶液
	  蒸馏水
	  冰醋酸
		160 mL
		40 mL
		30 mL
		
		400 mL
		1 mL
			用 38℃ 的 A 溶液浸蚀。再抛光至发亮，然后再放入 B 溶液浸蚀 1~2 h	铋-锡合金，锑-铅合金

2	A 溶液
	  蒸馏水
	  硝酸
	B 溶液
	  蒸馏水
	  钼酸铵
		220 mL
		80 mL
		
		300 mL
		45 g
			使用前混合等量的 A、B 溶液，在混合后的溶液中浸蚀最多几分钟	工业上用的纯锑、锑-铋和锑-铅合金

序号	浸蚀剂成分		操作条件	适用范围
3	蒸馏水 柠檬酸 钼酸铵	100 mL 25 g 10 g	浸蚀几秒至几分钟	锑和铋及其在铸造中的缺陷，晶粒取向

8.7　高熔点金属及其合金低倍组织与缺陷试样显示方法

高熔点金属及其合金低倍组织与缺陷试样浸蚀剂见表 8.11。

表 8.11　高熔点金属低倍试样浸蚀剂成分

序号	浸蚀剂成分		操作条件	适用范围
1	蒸馏水 硫酸(1.84)	90 mL 10 mL	煮沸后浸蚀 2~5 min	铬及其合金
2	盐酸(1.19) 硝酸(1.40) 氢氟酸(40%)	30 mL 15 mL 30 mL	浸蚀几秒至几分钟	钨、钼、钒、铌、钽及其合金
3	蒸馏水 硝酸(1.40) 氢氟酸(40%)	75 mL 35 mL 15 mL	浸蚀 10~20 min	钼、钨、钒及其合金

8.8　贵金属低倍组织与缺陷试样显示方法

贵金属低倍组织与缺陷试样浸蚀剂见表 8.12。

表8.12　贵金属及其合金低倍浸蚀剂

序号	浸蚀剂成分		操作条件	适用范围
1	盐酸(1.19) 硝酸(1.40)	66 mL 34 mL	浸蚀几分钟，用新配的加热液	金、铂和钯合金
2	甲醇(95%) 硝酸(1.40)	95 mL 10 mL	浸蚀几分钟	纯银和低合金银，显示晶粒
3	盐酸(1.19) 硝酸(1.40) 氢氟酸(40%)	50 mL 20 mL 30 mL	浸蚀几分钟	钌和钌合金，锇和锇合金，铑和铑合金

第9章 铁基、镍基高温合金 低倍组织显示方法

9.1 试样选取与制备

1）试样的截取部位和数量应按相应技术条件规定执行。

2）试样可采用冷切或热切方工截取，若用热切，试验面必需离开热影响区和变形区。

3）横向低倍试样的厚度为 20 ~ 30 mm，经磨光后横向表面粗糙度 Ra 应不大于 1.6 μm（▽6）。

4）高温合金热轧棒材纵向低倍试样的长度为 55 ± 5 mm，沿纵向加工试样时，其试样面应通过轴向中心（其偏差为 ± 0.5 mm），试验面的粗糙度 Ra 应不大于 1.6 mm（▽6）。

5）试样表面应清洁无伤痕及倒棱，并不应有油污存在。

9.2 试样浸蚀

1）铁基、镍基高温合金棒材、板坯和铸锭横向低倍试样，可采用如表 9.1 浸蚀剂浸蚀，也允许选用能反映低倍组织及其缺陷的其他浸蚀剂浸蚀。浸蚀剂参见表 9.1。

2）铁基、镍基高温合金热轧棒材纵向低倍组织宜选用以下浸蚀剂浸蚀。

硫酸铜（$CuSO_4 \cdot 5H_2O$）	150 g
硫酸（密度不小于 1.8）	35 mL
盐酸（密度不小于 1.17）	500 mL

表9.1　高温合金横向低倍浸蚀剂

序号	腐蚀剂成分		配　制　方　法	通用合金
1	盐酸 硫酸 硫酸铜	500 mL 35 mL 150 g	先将硫酸铜加入盐酸中，加热至40~50℃，使硫酸铜完全溶解，然后慢慢加入硫酸；或硫酸铜先溶解于硫酸，然后倒入盐酸	铁基、镍基合金
2	盐酸 水 硝酸 重铬酸钾	1000 mL 1000 mL 100 mL 50 g	先将盐酸加入水中，再加硝酸，最后加入重铬酸钾	GH2036合金
3	盐酸 硝酸	3 份 1 份	先将硝酸加入盐酸中，放置24 h后可使用	GH2036 合金和其他铁基合金

在配制时可将试剂加热至40~50℃，使硫酸铜更好的溶于浓盐酸中。也可先将硫酸铜溶解于硫酸后，加入盐酸。

3）浸蚀操作

（1）一般试样浸蚀在室温下进行，可将试样浸入浸蚀剂中进行静浸蚀(试样面应向上)或用毛刷沾试剂进行擦拭。

（2）浸蚀时间以清晰地显示出低倍组织及缺陷为准，时间一般在5~30 min 范围内。

（3）浸蚀后立即取出试样，用水冲洗并将试样表面的浸蚀产物刷洗干净，必要时可用5%~15%的过硫酸铵或其他溶液洗涤，最后用水冲净后用吹风机吹干。

（4）观察浸蚀情况，参见 GB/T 14999.5 高温合金低倍、高倍组织评级图谱。

附　　录

附录1　安全、环保、技术注意事项

1.1　安全注意事项

1）金相试验室原则上应与化学试验室安全管理规程相同。

2）金相室所用化学药品多具腐蚀、易燃、易爆、有毒性等特点，因此，所有化学药品均应有清晰标注，仅保存短期使用少量试剂（有关金相显示用化学药剂的特性参见附录3）。

3）所有危险药品，都要存放在阴晾、防火、避光处。

4）所有有毒药品应有专门责任人管理并控制使用。

5）配制腐蚀性浸蚀剂应注意保护穿戴，如手套、口罩、眼镜等。

6）在配制浸蚀剂时，应将腐蚀性的化学药品放入稀释剂中（如水、乙醇、甘油等）。酸类化学药品配制时，应缓慢将酸液加入到水中。

7）较高浓度的高氯酸（超过60%），易燃且易爆炸，如遇有机物或易氧化的金属，例如Bi时尤为严重，必须注意浓度过高和加热。用高氯酸配制所有的溶液时，必须在不断搅拌情况下，将高氯酸以滴注方式缓慢地加入。

8）试样截取、磨制时，如在使用砂轮切割机、砂轮、抛光机等，注意避免机械伤害。

1.2　环保注意事项

1）废弃不用的浓度大的化学药液，不能随意倾倒，应先充分用水稀释后，始能通过符合环保标准的排水系统排出。

2）室内应有通风装置。配制有毒浸蚀剂或加热浸蚀剂时，应在排风橱内进行。

3）试样加工磨制时，注意有些金属粉末扬起，如铍、铅、镁、镉等粉末均具毒性，应戴口罩保获。最好采用湿磨方法，避免空间被有毒粉尘污染。

4）对放射性物质，应有特别专门的防护。只允许特许专业人员在特别制造的遥控装置下进行工作。

1.3　技术注意事项

1）配制浸蚀剂时，一般均应用化学纯试剂（低倍组织显示例外，有的可用工业纯）。

2）配制当需用水时，最好用冷的蒸馏水配制，因为自来水中多含有矿物质或氯化物。

3）大多数浸蚀剂或电解液配方，固体按质量，液体按容积配制。只有极少数情况是按质量百分比给出所有组分的量。

4）浸蚀剂配制时，固体药品用感量为 0.5 克的小台秤或简易天平即可。液体试剂用量筒计量。一般情况下量筒、烧杯可用化学玻璃器皿，而在配制氢氟酸溶液时。应使用聚乙烯制品。

5）试样的保存，制备好等待检测的试样应置于装有硅胶的玻璃干燥器中。经过观察分析或摄影后的试样，应有准确详细的记录留存。检查过的试样应根据情况，有的应长期编号储存，其余的则分类处理。

附录2 常用以提出者命名的试剂表

附表1 常用以提出者命名的试剂表

用提出者 命名的试剂	浸蚀剂成分		适用范围
Flick's	蒸馏水	90 mL	普通铝基材料、纯铝、铝－铜合金
	盐酸(1.19)	15 mL	
	氢氟酸(40%)	10 mL	
Keller's	蒸馏水	20(50) mL	普通铝基材料。高纯铝、铝－锰、铝－镁、铝－镁－锰、铝－镁－硅合金。晶粒大小、轧制组织。焊缝,适用宏观、微观浸蚀
	盐酸(1.19)	20(15) mL	
	硝酸(1.40)	20(25) mL	
	氢氟酸(40%)	5(10) mL	
	(浓度可变)		
Tucker's	蒸馏水	25 mL	高纯铝、铝－锰、铝－硅、铝－镁和铝－镁－硅合金
	盐酸(1.19)	45 mL	
	硝酸(1.40)	15 mL	
	氢氟酸(40%)	15 mL	
Kroll's	蒸馏水	92 mL	适用于铝铜合金,也适用于宏观浸蚀。适合纯钛显示,尤其适用对钛－铝－钒合金
	硝酸(1.40)	6 mL	
	氢氟酸(40%)	2 mL	
Dix-Keller's	蒸馏水	100 mL	用于大多数铝及其合金。高硅铝合金除外
	硝酸(1.40)	5 mL	
	盐酸(1.19)	3 mL	
	氢氟酸(40%)	2 mL	
Czochralski's	蒸馏水	30 mL	锑合金,晶粒衬度浸蚀
	盐酸(1.19)	15 mL	
	硫代硫酸钠 水溶液(16%)	50 mL	
	氧化铬水溶液(10%)	3 mL	
Nital's	乙醇(96%)	90 mL	铁和钢的通用试剂。渗碳和脱碳层浸蚀。可作宏观、微观浸蚀。适用于灰镁铁浸蚀
	硝酸(1.40)	10 mL	

用提出者 命名的试剂	浸蚀剂成分		适用范围
Klemm's Ⅰ号试剂	硫代硫酸钠饱和水溶液 偏重亚硫酸钾	50 mL 1 g	铸铁和铸钢低倍显示磷的分布。浸蚀钢时，铁素体呈浅蓝，马氏体呈棕黑色，残余奥氏体呈白色
Klemm's Ⅱ号试剂	饱和硫代硫酸钠不溶液 50 mL 焦亚硫酸钾	5 g	α 黄铜，浸蚀 6 ~ 8 min，另见附表 2
Klemm's Ⅲ号试剂	饱和硫代硫酸钠水溶液 焦亚硫酸钾	50 mL 20 g	蒙乃尔合金浸蚀 6 ~ 8 min,属着色浸蚀剂
Picral's	乙醇(96%) 苦味酸	100 mL 2 ~ 4 g	热处理状态的铁和钢
Murakami's	蒸馏水 氢氧化钾(或钠) 赤血盐	100 mL 10 g 10 g	含铬 10% 以上的渗碳体(Fe_3C)染成暗色。$(FeC_5)_7C_3$ 和 $(FeC_5)_{23}C_6$ 和磷化铁不染色。亦可用于 Ta - Mo
Vogel's	蒸馏水 盐酸(1.19) 硝酸(1.40)	100 mL 100 mL 10 mL	锰钢、铬 - 镍钢中的 σ 相和铁素体显示较好。合金钢中细的显微组织显示用
Vilella's	甘油 硝酸(1.40) 盐酸(1.19)	45 mL 15 mL 30 mL	含高铬的不锈钢，铬 - 镍铸钢。可显示原奥氏体晶粒的级差
Ery's	蒸馏水 乙醇或甲醇 盐酸(1.19) 氯化铜(Ⅱ)	30 mL 25 mL 40 mL 5 g	含氮的正火钢中能区分变形部分与不变形的相邻区域。锻件的流线等
Palmerton's	蒸馏水 氧化铬 硫酸钠(无水) (如用 $Na_2SO_4 \cdot 10H_2O$ 时应增 加到 3.5 g)	100 mL 20 g 1.5 g	含铜的锌合金低倍显示。当用作微观浸蚀时，可加 100 mL 水稀释

用提出者命名的试剂	浸蚀剂成分		适用范围
Marshall's	A 溶液		混合等量的 A、B 溶液，铁素体晶界浸蚀均匀，渗碳体着色，浸蚀夹杂物。显示马氏体低碳钢的原奥氏体晶界
	硫酸	5 mL	
	草酸	8 g	
	蒸馏水	100 mL	
	B 溶液		
	双氧水	30%	
Glyceregia's	甘油	3 份	奥氏体锰铜不锈钢，显示晶粒组织，显示 σ 相和碳化物轮廓，亦可用于超耐热 Ni – Cr 合金
	盐酸	3 份	
	硝酸	1 份	
Beraha's[①]	无水焦硫酸钠	20 g	珠光体钢和铸铁着色浸蚀剂。也适用于工具钢。不锈钢着色浸蚀
	磷酸	13 mL	
	钼酸钠	3 g	
	硝酸钠	6 g	
	蒸馏水	1000 mL	
Curran's	三氯化铁	10 g	大多数不锈钢的浸蚀剂，刻划轮廓，显示晶粒组织
	盐酸	30 mL	
	蒸馏水	120 mL	
Kalling's	氯化铜（Ⅱ）	1.5 g	马氏体不锈钢，马氏体变暗，铁素体着色，奥氏体不浸蚀
	乙醇	33 mL	
	蒸馏水	33 mL	
	盐酸	33 mL	
Groesbeck's	高锰酸钾	4 g	不锈钢在 60~90℃，浸蚀 1~10 min，碳化物呈黄色，σ 相呈灰色，铁素体和奥氏体不受浸蚀
	氢氧化钠	4 g	
	蒸馏水	100 mL	
Garapella's	三氯化铁	5 g	适用于镍及其合金
	硝酸	2 mL	
	甲醇	99 mL	

注：① 有多种用途，参见附表2

用提出者 命名的试剂	浸蚀剂成分		适用范围
Remington's	氢氟酸 硝酸 甘油	5 mL 5 mL 15 mL	钛及钛合金
Bohner's	氢氟酸 盐酸 硝酸 蒸馏水	2.5 mL 25 mL 8 mL 965 mL	纯铝及高纯铝，显示晶粒
Marble's	硫酸铜 盐酸 水	10 g 50 mL 50 mL	Ni、Ni – Cu 和 Ni – Fe 合金及 耐热合金，浸蚀或擦拭 5 ~ 60 s
Goerens's	戊醇 苦味酸	100 mL 0.5 g	显示极细珠光体、索氏体组 织。通风柜内操作，不宜 存放
Stead's	$CuCl_2$ $MnCl_2$ HCl 乙醇	1 g 4 g 1 mL 100 mL	显示固溶体磷或其他元素 偏析。 浸蚀 1 分钟。浸蚀后擦去铜 沉积，能清晰显示组织
Oberhoffer's	$CuCl_2$ $FeCl_3$ $SnCl_2$ HCl 乙醇 蒸馏水	1 g 30 g 0.5 g 50 mL 500 mL 500 mL	显示磷偏析和树枝状组织
Kunkeie's	明胶 水 甘油 H_2SO_4 硝酸银	5 g 20 mL 20 mL 2 mL 0.8 g	硫化物夹杂浸蚀剂，硫化物 周围产生白色环

用提出者 命名的试剂	浸蚀剂成分		适用范围
Whiteley's	硝酸银 水	5 g 100 mL	夹杂物浸蚀，对硫化物夹杂 着色
Mclean 和 Northco	饱和苦味酸水溶液 加入约 1 g 十三烷基苯磺 酸钠		显示原奥氏体晶界最常用的 浸蚀剂
Taff's	乙醇 水 HCl FeCl$_3$	60 mL 30 mL 5 mL 2 g	纯锡及其合金，擦拭或浸蚀 几分钟
Weck's	二氟化铵 HCl 水	3 g 4 mL 100 mL	Ti 合金着色浸蚀剂，20℃， 浸蚀几秒钟。α 晶粒着色， 次生 α 及金属间化物有时不 受浸蚀
Carapella	FeCl$_3$ HNO$_3$ 甲醇	5 g 2 mL 99 mL	浸蚀镍合金
Lacombe 和 Beaujard	HNO$_3$ HCl HF	70 mL 50 mL 3 mL	高纯铝显示位错
Miller	FeCl$_3$ 水	5 g 100 mL	低碳钢显示原奥氏体晶粒
Matetfe's	A 溶液 　水 　钼酸铵 　HNO$_3$ B 溶液 　A 溶液 　乙醇	 100 mL 15 g 100 mL 2 mL 100 mL	铁素体着色 陈化 4 天后的 A 溶液过滤后 制成 B 溶液，作浸蚀剂用， 浸蚀 30~40 s

注：命名试剂，除应用于适用说明内容外，其他材料凡文献资料介绍用该命名试剂时，同样适用。

附录3　常用制备浸蚀剂的化学药品

符号含意: F 为易燃的　!!! 为有毒　E 为爆炸的　L 为液体　G 为气体　C 为结晶　D 为密度

附表2　化学药品表

名　　称	分　子　式	附　　注
醋酸	CH_2COOH	!!!（腐蚀性）
乙酰丙酮	C_5H_2O	$F, L、D_{0.972}$
（二乙酰基甲烷）	$(CH_3COCH_2COCH_3)$	
氯化铝	$AlCl_3$	C
氨	NH_3	!!!, $G, D_{0.596}$
氨水	NH_2+H_2O	!!! $L, D_{0.91}$
醋酸铵	CH_2COONH_4	C
氯化铵	NH_4Cl	C
重构橡酸氢铵	$C_6H_{14}N_2O_7$	C
柠檬酸氢二铵	$[(NH_4)_2HC_6H_3O_7]$	C
重酒石酸铵	$(NH_4)_2C_4H_4O_6$	C
氢氟酸铵	$(NH_4)_2HF_2$	C
钼酸铵	$(NH_4)_6MO_7O_{24}\cdot4H_2O$	C
过硫酸铵	$(NH_4)_2S_2O_8$	C
多硫化铵	$(NH_4)_2S_X$	!!! L
硫代硫酸铵	$(NH_4)_2S_2O_3$	C
氩	Ar	G
溴	Br_2	!!!, 蒸汽, $L, D_{3.11}$
1 – 丁醇	$CH_3(CH_2)_3OH$	F, L
氯化镉	$CdCl_2\cdot H_2O$	!!! C
硝酸铈（Ⅳ）	$Ce(NO_3)_4$	C
三氧化二铬（Ⅲ）	Cr_2O_3	C
氧化铬（Ⅳ）（铬酸）	CrO_3	!!! C(腐蚀性)

名　　称	分 子 式	附　　注
柠檬酸	$C_6H_8O_7 \cdot H_2O$	C
氯化铵铜（Ⅱ）	$(NH_4)_2(CuCl_4) \cdot 2H_2O$	!!! C
过硫酸铵铜	$[Cu(NH_2)_4]S_2O_3$	C
氯化铜（Ⅱ）	$CuCl_2 \cdot H_2O$	!!! C
硝酸铜（Ⅱ）	$Cu(NO_3)_2 \cdot 6H_2O$	!!! C
硫酸铜（Ⅱ）	$CuSO_4 \cdot 5H_2O$	!!! C
1，2 - 乙二醇	$C_2H_6O_2$	$L, D_{1.11}$
甘醇，乙撑二醇	$HOCH_2CH_2OH$	
己二醇	$C_6H_{14}O_2$	$L, D_{0.90}$
乙醇	C_2H_5OH	$F, L, D_{0.81-0.79}$
乙二醇	见 1，2 - 乙二醇	
氟硼酸	HBF_4	!!!（腐蚀性）$L, D_{1.23}$
蚁酸	$HCOOH$	$L, D_{1.22}$
甘油	C_3H_8O	$L, D_{1.26}$
	$HOCH_2CHOHCH_2OH$	
氯化金（Ⅲ）	$AuCl_3 \cdot H_2O$	C
盐酸	HCl	!!!（腐蚀性），$L, D_{1.19}$
氢氟酸	$HF + H_2O$	!!!（腐蚀性）L, 40%
氢	H_2	$E, F, G.$
过氧化氢	H_2O_2	$L, D_{1.11}$
硫化氢	H_2S	!!! G
氯化铁（Ⅲ）	$FeCl_3 \cdot 6H_2O$	C
硝酸铁（Ⅲ）	$Fe(NO_3)_3 \cdot 9H_2O$	C
硫酸亚铁（Ⅱ）	$FeSO_4 \cdot 7H_2O$	C
乳酸	$C_3H_6O_3$	$L, D_{1.21}$
醋酸铅	$Pb(CH_3COO)_2$	!!! C
氧化镁	MgO	C

名　　称	分 子 式	附　　注
硝酸汞(Ⅱ)	$Hg(NO_3)_2 \cdot 8H_2O$	!!! C
甲醇	CH_3OH	!!! $L, D_{0.76}$
硝酸	HNO_3	!!!（腐蚀性）$L, D_{1.40}$
氮	N_2	G
草酸	$C_2H_2O_2 \cdot 2H_3O$	!!!, C
过氯酸	$HClO_4$	!!!（腐蚀性）$L, E, D_{1.67}$
磷酸	H_6PO_4	!!!（腐蚀性）$L, D_{1.71}$
苦味酸	$C_6H_3N_3O_7$	!!!（腐蚀性）E, C
碳酸氢钾	$KHCO_3$	C
碳酸钾	K_2CO_3	C
氯化钾	KCl	C
氰化钾	KCN	!!! C
重铬酸钾	$K_2Cr_2O_7$	!!!（腐蚀性）C
赤血盐（铁氰化钾）	$K_3[Fe(CN)_6]$	C
黄血盐（亚铁氰化钾）	$K_4[Fe(CN)_6]$	C
氢氧化钾溶液	$KOH + H_2O$	!!!（腐蚀性），L
氟化氢钾	KHF_2	C
硫酸氢钾	$KHSO_4$	C
氢氧化钾	KOH	!!!（腐蚀性），C
碘化钾	KI	C
偏重亚硫酸钾	$K_2S_2O_5$	C
硝酸钾	KHN_3	C
苯二甲酸氢钾	$C_8H_4K_2O_4$	C
硫酸氰钾	$KSCN$	!!! C
硝酸银	$AgNO_3$	C
氰化银	$AgCN$	!!! C
碳酸氢钠	$NaHCO_8$	C

名　　称	分　子　式	附　　注
碳酸钠	$Na_2CO_3 \cdot 10H_2O$	C
氯化钠	NaCl	C
络酸钠	Na_2CrO_4	C
氰化钠	NaCN	!!! C
重铬酸钠	$Na_2Cr_2O_7 \cdot 2H_2O$	!!!（腐蚀性），C
氟化钠	NaF	C
磷酸氢二钠	$Na_2HPO_4 \cdot 12H_2O$	C
氢氧化钠	NaOH	!!!（腐蚀性），C
硫酸钠	$Na_2SO_4 \cdot 10H_2O$	C
无水硫酸钠	Na_2SO_4	C
硫化钠	Na_2S	C
四硼酸钠	$Na_2B_4O_7$	C
硫氰酸钠	NaSCN	C
硫代硫酸钠	$Na_2S_2O_3 \cdot 5H_2O$	C
氨水	$NH_3 + H_2O$	!!!，L，$D_{0.91}$
硫酸	H_2SO_4	!!!（腐蚀性）L，$D_{1.84}$
酒石酸	$C_4H_6O_6$	L
硫代乙醇酸	$HSCH_2COOH$	L
硫脲	$CS(NH_2)_2$	C
1，3，二甲基 2 硫脲	$C_3H_8N_2S$	C
	$(CH_3NHCSNHCH_3)$	
氯化锡（Ⅱ）	$SnCl_2 \cdot 2H_2O$	!!!（腐蚀性），C
Vogel's 特别	柏油和亚硫酸	L
（试剂）	混合煮沸、过滤好，	
（不锈钢浸蚀剂）	用作保护商品	
润湿剂	降低表面张力的添加剂	
氯化锌	$ZnCl_2$	!!!（腐蚀性），C

注：润湿剂有多种，通常用的是：十三烷磺酸苯钠和氯化苄基·二甲基·烷基铵

附录 4　中国金相检验标准目录汇编

1　钢材

(1) 低倍检验

GB/T 226—1991	钢的低倍组织及缺陷酸蚀检验法
GB/T 1979—2001	结构钢低倍组织缺陷评级图
GB/T 4236—1984	钢的硫印检验方法
GB/T 1814—1979	钢材断口检验法
YB/T 153—1999	优质碳素结构钢和合金结构钢连铸方坯低倍组织缺陷评级图
TB/T 3031—2002	铁路用辗钢整体车轮径向全截面低倍组织缺陷的评定
GB/T 3380—1991	船用钢材焊接接头宏观组织缺陷酸蚀试验法

(2) 基础标准

GB/T 224—2008	钢的脱碳层深度测定法
GB/T 6394—2002	金属平均晶粒度测定方法
GB/T 10561—2005	钢中非金属夹杂物含量的测定标准评级图显微检验法
GB/T 13298—1991	金属显微组织检验方法
GB/T13299—1991	钢的显微组织评定方法
GB/T 13302—1991	钢中石墨碳显微评定方法
GB/T 4335—1984	低碳钢冷轧薄板铁素体晶粒度测定法
JB/T 5074—2007	低、中碳钢球化体评级
JB-T 9211—2008	中碳钢与中碳合金结构钢马氏体等级
DL/T 652—1998	金相复型技术工艺导则

GB/T 15749—2008　　　定量金相测定方法
GB/T 18876.1—2002　　应用自动图像分析测定钢和其他金
　　　　　　　　　　　属中金相组织、夹杂物含量和级别的
　　　　　　　　　　　标准试验方法　第1部分：钢和其他
　　　　　　　　　　　金属中夹杂物或第二相组织含量的
　　　　　　　　　　　图像分析与体视学测定
GB/T 18876.2—2006　　应用自动图像分析测定钢和其他金
　　　　　　　　　　　属中金相组织、夹杂物含量和级别的
　　　　　　　　　　　标准试验方法　第2部分：钢中夹杂
　　　　　　　　　　　物级别的图像分析与体视学测定
GB/T 18876.3—2008　　应用自动图像分析测定钢和其他金
　　　　　　　　　　　属中金相组织、夹杂物含量和级别的
　　　　　　　　　　　标准试验方法　第3部分：钢中碳化
　　　　　　　　　　　物级别的图像分析与体视学测定
（3）不锈钢
GB/T 13305—2008　　　不锈钢中 α 相面积含量金相测定法
GB/T 1954—2008　　　铬镍奥氏体不锈钢焊缝铁素体含量
　　　　　　　　　　　测量方法
GB/T 13305—2008　　　奥氏不锈钢中 α 相面积含量金相测
　　　　　　　　　　　定法
CB/T 1209—1992　　　0Cr17Ni4Cu4Nb（17 - 4PH）+ 马氏体
　　　　　　　　　　　沉淀硬化不锈钢金相检验
（4）铸钢
TB/T 2451—1993　　　铸钢中非金属夹杂物金相检验
TB/T 2450—1993　　　ZG230 - 450 铸钢金相检验
GB/T 13925—2010　　　铸造高锰钢金相
YB/T 036.4—1992　　　冶金设备制造通用技术条件高锰钢
　　　　　　　　　　　铸件（高锰钢金相组织检验）

(5)化学热处理及感应淬火

GB/T 1354—2005	钢铁零件　渗氮层深度测定和金相组织检验
GB/T 9450—2005	钢件渗碳淬火硬化层深度的测定和校核
JB/T 7710—2007	薄层碳氮共渗或薄层渗碳钢件显微组织检测
QC – T 262—1999	汽车渗碳齿轮金相检验
TB/T 2254—1991	机车牵引用渗碳淬硬齿轮金相检验
JB/T 6141.1—1992	重载齿轮　渗碳层球化处理后金相检验
JB/T 6141.2—1992	重载齿轮　渗碳质量检验
JB/T 6141.3—1992	重载齿轮　渗碳金相检验
JB/6 6141.4—1992	重载齿轮　渗碳表面碳含量金相判别法
GB/T 5617—2005	钢的感应淬火或火焰淬火有效硬化层深度的测定
GB/T 9451—2005	钢件薄表面总硬化层深度或有效硬化层深度的测定
JB/T 9204—2008	钢件感应淬火金相检验
JB/T 9205—2008	珠光体球墨铸铁零件感应淬火金相检验
QC/T 502—1999	汽车感应淬火零件金相检验
CB/T 3385—1991	钢铁零件渗氮层深度测定方法

(6)轴承钢

| GB/T 18254—2002 | 高碳铬轴承钢 |
| GB/T 3086—2008 | 高碳铬不锈轴承钢 |

JB/T 1255—2001	高碳铬轴承钢滚动轴承零件热处理技术条件
JB/T 1460—2011	高碳铬不锈钢滚动轴承零件热处理技术条件
JB/T 2850—2007	Cr4Mo4V 高温轴承钢滚动轴承零件热处理技术条件
JB/T 6366—2007	55SiMoVA 钢滚动轴承零件热处理技术条件
JB/T 8881—2001	滚动轴承零件渗碳热处理质量标准

（7）工具钢

GB/T 1298—2008	碳素工具钢
GB/T 1299—2000	合金工具钢
GB/T 14979—1994	钢的共晶碳化物不均匀度评定法
GB/T 5013—2008	高速工具钢

（8）零部件专用标准

GB/T 13320—2007	钢质模锻件金相组织评级图及评定方法
JB/T 9.29—2000	60Si2Mn 钢螺旋弹簧金相检验
JB/T 9730—1999	柴油机喷嘴偶件、喷油泵柱塞偶件、喷油泵出油阀偶件金相检验
JB/T 8837—2000	内燃机连杆螺栓金相检验
JB/T 8118—2011	内燃机活塞销金相检验标准
JB/T 6012—2008	内燃机排气门金相检验标准
JB/T/GQ · T 1150—1989	机床用 38CrMoAl 钢验收技术条件及调质后金相检验
JB/T/T 5664—2007	重载齿轮失效判据
GJ/T 31—1999	液化石油气钢瓶金相组织评定

2　铸铁

（1）基础标准

GB/T 7216—2009	灰铸铁金相
GB/T 9441—2007	球墨铸铁金相检验
JB/T 3829—1999	蠕墨铸铁金相标准
JB/T 2112—1997	铁素体可锻铸铁金相标准
CB/T 1030—1983	蠕虫状石墨铸铁金相检验
TB/T 2255—1991	高磷铸铁金相

（2）零部件专用标准

JB/T 6016－1—2008	内燃机单体铸造活塞环金相检验（JB/T 6016—92）
JB/T 6290—2007	内燃机筒体铸造活塞环金相检验（JB/T 6290—92）
JB/T 5082—2011	内燃机高磷铸铁缸套金相标准
NJ 325—1984	内燃机硼铸铁单体铸造活塞环金相标准
JB/T/T 5082—1991	内燃机硼铸铁气缸套金相检验
JB/T 60163—2008	内燃机球墨铸铁活塞环金相检验
QC/T 555—2000	汽车、摩托车发动机单体铸造活塞环金相检验
QC/T 284—1999	汽车、摩托车发动机球墨铸铁活塞环金相标准
QC/T 275—1999	汽车发动机镶耐磨圈活塞金相标准
TB/T 2253—1991	球墨铸铁活塞金相检验
TB/T 2448—1993	合金灰铸铁单体铸造活塞环金相检验
JB/T 6954—2007	灰铸铁接触电阻加热淬火质量检验

和评级

CB/T 3903—1999　　　中、大功率柴油机离心铸造气缸套金相检验

JB/T 10407—2004　　　内燃机铝活塞奥氏体铸铁镶圈金相检验

3　表面处理

GB/T 4677.6—1984　　金属和氧化覆盖厚度测试方法－截面金相法

GB/T 5929—1986　　　轻工产品金属镀层和化学处理层的厚度测试方法－金相显微镜法

GB/T 6462—2005　　　金属和氧化物覆盖层－横断面厚度显微镜测量方法

GB/T 6463—2005　　　金属和其他无机覆盖层－厚度测量方法评述

GB/T 9790—1988　　　金属覆盖层及其他有关覆盖层维氏和努氏显微硬度试验

GB/T 11250.1—1989　　复合金属覆盖层厚度测定－金相法

JB/T 5069—2007　　　钢铁零件渗金属层金相检验方法

JB/T 6075—1992　　　氧化钛涂层金相检验方法

ZBJ 92004—1987　　　内燃机精密电镀减摩层轴瓦检验标准

4　铝合金及铜合金

GB/T 3246.1—2000　　铝及铝合金加工制品显微组织检验方法

GB/T 3246.2—2000　　及铝合金加工制品低倍组织检验方法

JB/T 7946.1—1999　　　铸造铝合金金相铸造硅合金变质
JB/T 7946.2—1999　　　铸造铝合金金相铸造铝硅合金过烧
JB/T 7946.3—1999　　　铸造铝合金金相铸造铝合金针孔
JB/T 7946.4—1999　　　铸造铝合金金相铸造铝铜合金晶
　　　　　　　　　　　　粒度
GB/T 7998—2005　　　　铝合金晶间腐蚀测定法
GB/T 8014—2005　　　　铝及铝合金阳极氧化阳极氧化膜厚
　　　　　　　　　　　　度的定义和有关测量厚度的规定
QJ 1675—1989　　　　　变形铝合金过烧金相试验方法
QC/T 553—2008　　　　　汽车、摩托车发动机铸造铝活塞金相
　　　　　　　　　　　　标准
JB/T/T 5108—1991　　　铸造黄铜金相
QJ 2337—1992　　　　　铍青铜的金相检验方法
YS/T 347—2004　　　　　铜及铜合金平均晶粒度测定方法
YS/T 335—2009　　　　　无氧铜含氧量金相检验法
QC/T 281—1999　　　　　汽车发动机轴瓦铜铅合金金相标准
JB/T 9749—1999　　　　内燃机铸造铜铅合金轴瓦金相检验
　　　　　　　　　　　　标准
JB/T 6289—2005　　　　内燃机铸造铝活塞金相检验

5　粉末冶金及硬质合金

GB/T 9095—2008　　　　烧结铁基材料 – 渗碳或碳氮共渗硬
　　　　　　　　　　　　化层深度的测定
JB/T 2798—1999　　　　铁基粉末冶金烧结制品金相标准
JB/T 2867—1981　　　　烧结金属材料表观硬度的测定
ZBH 72007—1989　　　　烧结金属摩擦材料金相检验法
ZBH 72012—1990　　　　碳化钨钢结硬质合金金相试样制备
　　　　　　　　　　　　方法

| GB/T 3488—1983 | 硬质合金 – 显微组织的金相测定 |
| GB/T 3489—1983 | 硬质合金 – 孔隙度和非化合碳的金相测定 |

6　有色合金及稀有金属

GB/T 4296—2004	镁合金加工制品显微组织检验方法
GB/T 4297—2004	变形镁合金低倍组织检验方法
GB/T 1554—2009	硅单晶(111)晶面位错蚀坑显示测量方法
GB/T 4194—1984	钨丝蠕变试验、高温处理及金相检验方法
GB/T 4197—1984	钨相及其合金的烧结坯条、棒材晶粒度测试方法
GB/T 5168—2008	两相钛合金高、低倍组织检验方法
GB/T 5594.8—85	电子元器件结构陶瓷材料性能测试方法 – 显微结构的测定
GB/T 4058—1995	抛光硅片表面热氧化层错的测试方法
GB/T 6611—2008	钛及钛合金术语和金相图谱
GB/T 8756—1988	锗单晶缺陷图谱
GB/T 8760—2008	砷化镓单晶位错密度的测量方法
GB/T 11809—2008	核燃料棒焊缝金相检验
YS/T 935—2006	贵金属及其合金的金相试样制备方法
YS/T 336—2010	铜、镍及其合金管材和棒材断口检验方法
QC/T 516—1999	汽车发动机轴瓦锡基和铅基合金金相标准

GB/T 1156—2011　　ChSnSb11 – 6 合金轴瓦金相评级
CB/T 1156—1992　　锡基轴承合金金相检验

7　高温合金相关标准

GB/T 14999. 1—1994　高温合金棒材纵向低倍组织酸浸试
　　　　　　　　　　　验法
GB/T 14999. 2—1994　高温合金横向低倍组织酸浸试验法
GB/T 14999. 3—1994　高温合金棒材纵向断口试验法
GB/T 14999. 4—1994　高温合金显微组织试验法
GB/T 14999. 5—1994　高温合金低倍、高倍组织标准评级
　　　　　　　　　　　图谱
　YB/T 4093—1993　　GH4133B 合金盘形锻件纵向低倍组
　　　　　　　　　　　织标准

8　其他有关标准

JB/T 10077. 1—1999　金相显微镜系列
JB/T 10077. 2—1999　金相显微镜技术条件
　GB/T 6846—2008　　确定暗室照明安全时间的方法
GB/T 4340. 1—2009　金属维氏硬度试验第 1 部分：试验
　　　　　　　　　　　方法
GB/T 4340. 2—2009　金属维氏硬度试验第 2 部分：硬度的
　　　　　　　　　　　检验
GB/T 4340. 3—2009　金属维氏硬度试验第 3 部分：标准硬
　　　　　　　　　　　度块的标定
GB/T 15749—2008　　定量金相手工测定方法
GB/T 17359—1998　　电子探针和扫描电镜，X 射线能谱定
　　　　　　　　　　　量分析通则

GB/T 18876.1—2002　　应用自动图像分析测定钢和其他金属中金相组织、夹杂物含量和级别的标准

试验方法第 1 部分：　　钢和其他金属中夹杂物或第二相组织含量的图像分析与体视学测定

注：国家标准和行业标准代号及其说明

代号	说明
GB	国家标准(强制性标准)
GB/T	国家标准(加 T 为推荐性标准)
JB	国家机械行业标准
YB	国家黑色冶金行业标准
YS	国家有色金属行业标准
TB	国家铁道行业标准
DL	国家电力行业标准
QC	国家汽车行业标准
QJ	国家航天工业标准
CB	国家船舶行业标准

参考文献

[1] 包钢中央试验室. 球墨铸铁金相试样的制备方法. 理化检验通讯. 上海材料研究所, 1966(3)

[2] 红湘江机器厂金相室. 几种显示钢材晶粒度方法的比较. 理化检验通讯. 上海材料研究所, 1978(4)

[3] 邓光华. 合金钢氮化层组织的热染显示法. 理化检验—物理分册. 上海材料研究所, 1981(3)

[4] 岗特·斐卓著. 金相浸蚀手册. 李新立译. 科学普及出版社, 1982

[5] B. C. 科瓦连科著. 金相显示剂手册. 李云盛, 郑运荣译. 国防工业出版社, 1983

[6] 沈桂琴编著. 光学金相技术. 国防工业出版社, 1983

[7] 唐文英. 钢结硬质合金金相检验法. 理化检验—物理分册. 上海材料研究所, 1982(1)

[8] 郭训. 铝合金金相试样的电解抛光. 理化检验—物理分册. 上海材料研究所, 1982(1)

[9] 阎殿然等. 显示高速钢奥氏体晶界及马氏体形态的新腐蚀剂. 理化检验—物理分册. 上海材料研究所, 1983(3)

[10] 洛阳铜加工厂中心试验室金相组. 铜及铜合金金相图谱. 冶金工业出版社, 1983

[11] 谷桂芳. 氮化层中脉、网状组织的显示方法. 理化检验——物理分册. 上海材料研究所, 1985(2)

[12] 任怀亮. 金相实验技术. 冶金工业出版社, 1986

[13] 屠世润, 高越编译. 金相原理与实践. 机械工业出版社, 1990

[14] 韩德伟等编. 金属学实验指导书. 中南工业大学出版社, 1990

[15] 姚德超主编. 粉末冶金实验技术. 中南工业大学出版社, 1990

[16] 桂立丰, 唐汝钧主编. 机械工程材料测试手册. 物理金相卷. 辽宁科学技术出版社, 1999

［17］ 李维铖. 金相检验(试验)技术标准目录汇编(一)、(二). 理化检验——物理分册. 上海材料研究所, 1998(1~2)

［18］ 热处理手册. 第四分册. 机械工业出版社, 2001

［19］ 任颂赞、张静江等编著. 钢铁金相图谱. 上海科学技术出版社, 2003

［20］ 龚磊清, 金长庚等编著. 铸造铝合金金相图谱. 中南工业大学出版社, 1987

［21］ 黄积荣. 铸造合金金相图谱. 机械工业出版社, 1980

［22］ 金相图谱编写组. 变形铝合金金相图谱. 冶金工业出版社, 1975

［23］ 林丽华等. 金属表面渗层与覆盖层金相组织图谱. 机械工业出版社, 1998

［24］ 王岚, 杨平, 李长荣主编. 金相实验技术(第二版). 冶金工业出版社, 2010

［25］ 徐祖耀, 黄本立, 鄢国强. 材料表征与检测技术手册. 化学工业出版社, 2009

［26］ 李炯辉, 林德成. 金属材料金相图谱. 冶金工业出版社, 2006

［27］ E. BERAHA B. SHPIGLER 著. 林慧国译, 彩色金相. 冶金工业出版社, 1984

［28］ 高温合金金相图谱编写组. 高温合金金相图谱. 冶金工业出版社, 1979

［29］ 赵永庆, 洪权, 葛鹏编著. 钛及钛合金金相图谱. 中南大学出版社, 2011

［30］ 路俊攀, 李湘海编著. 加工铜及铜合金金相图谱. 中南大学出版社, 2010

［31］ 李学朝编著. 铝合金材料组织与金相图谱. 冶金工业出版社, 2010

图书在版编目（CIP）数据

金相试样制备与显示技术 / 韩德伟, 张建新编著. —2 版
—长沙: 中南大学出版社, 2014.5

ISBN 978 - 7 - 5487 - 1056 - 1

Ⅰ. 金… Ⅱ.①韩…②张… Ⅲ.①金相技术－试样制备
②金相组织－显示－技术 Ⅳ. TG115.21

中国版本图书馆 CIP 数据核字(2014)第 056208 号

金相试样制备与显示技术
（第二版）

韩德伟 张建新 编著

□责任编辑	田荣璋
□责任印制	易红卫
□出版发行	中南大学出版社

社址: 长沙市麓山南路　　　　邮编: 410083
发行科电话: 0731 - 88876770　　　传真: 0731 - 88710482

□印　　装　长沙鸿和印务有限公司

□开　　本　880×1230 1/32　□印张 13.5　□字数 362 千字　□插页 2
□版　　次　2014 年 5 月第 2 版　□2019 年 11 月第 2 次印刷
□书　　号　ISBN 978 - 7 - 5487 - 1056 - 1
□定　　价　58.00 元

图书出现印装问题，请与经销商调换

彩图 1　试样经电解抛光并阳极复膜(偏光)100×

合金及状态　纯铝 1060M

规　　　格　厚 0.8 mm

组织特征　偏振光组织,材料已完全再结晶,晶粒细小均匀[31]

彩图 2　低碳钢,用 3 号试剂侵蚀　500×

铁素体晶粒按不同的晶体学位向而着成多种色彩;渗碳体呈白色[27]

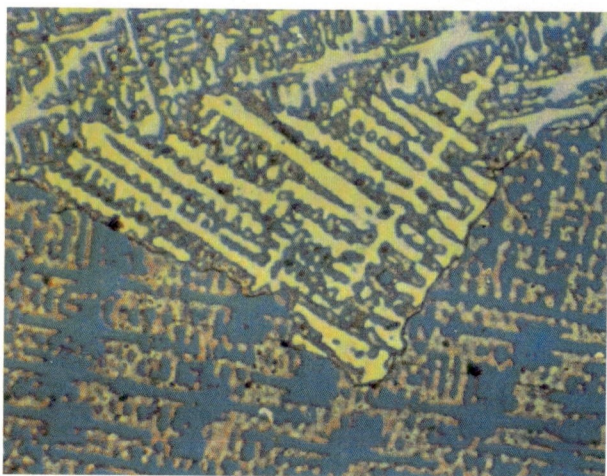

彩图 3　冷模铸造的 5% Sn 青铜　150×

选用 10% 过硫酸铵侵蚀，再用 12a 号试剂侵蚀。显现芯型偏析枝晶的 α 晶粒按其晶体学位向和浓度梯度的不同而着成各种颜色（蓝、黄、棕）[27]

彩图 4　热染后的钛－铝化合物为基的合金　100×

钨丝灯（热光）照明。由于光源的波长和光的温度的变化，使各种相的颜色受到影响[27]